Bulgarian Mathematical Olympiad

保加利亚数学奥林匹克

● [保] 鲍瓦伦库（P.Boyvalenkov）编著

● 隋振林　译

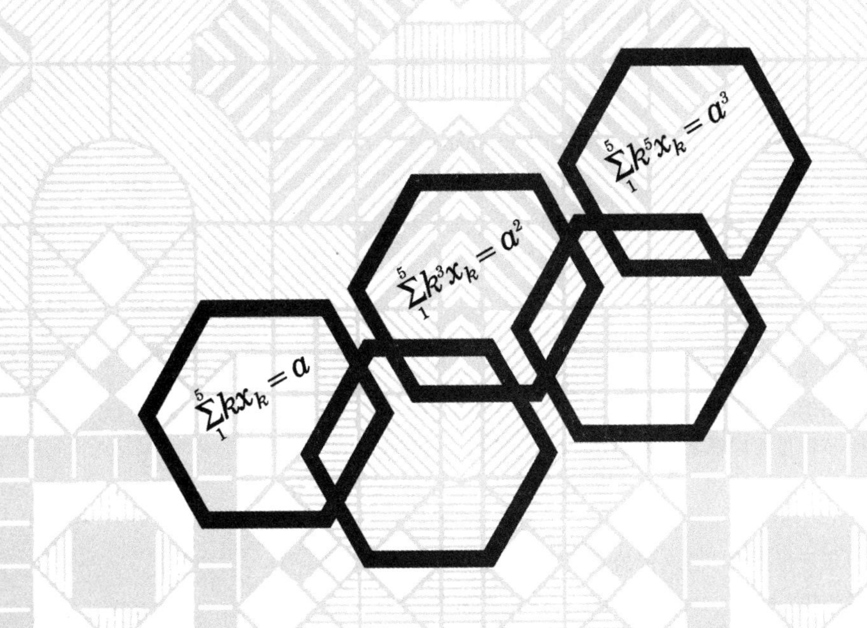

黑版贸审字 08－2014－049 号

内容提要

本书汇集了 2003－2006 年保加利亚各级竞赛及选拔赛试题.本书所有题目均给出了详细的解答过程，且大多数问题的难度与 IMO 及 BMO 试题的难度相同.

本书适合数学竞赛选手和教练员、高等学校相关专业研究人员及数学爱好者使用.

图书在版编目(CIP)数据

保加利亚数学奥林匹克/(保)鲍瓦伦库(Boyvalenkov,P.)编著;隋振林译.—哈尔滨:哈尔滨工业大学出版社,2014.10

ISBN 978－7－5603－4857－5

Ⅰ.①保… Ⅱ.①鲍… ②隋… Ⅲ.①数学-竞赛题 Ⅳ.①O1－44

中国版本图书馆 CIP 数据核字(2014)第 182617 号

策划编辑 刘培杰 张永芹
责任编辑 张永芹 刘春雷
封面设计 孙茵艾
出版发行 哈尔滨工业大学出版社
社 址 哈尔滨市南岗区复华四道街 10 号 邮编 150006
传 真 0451－86414749
网 址 http://hitpress.hit.edu.cn
印 刷 哈尔滨市石桥印务有限公司
开 本 787mm×1092mm 1/16 印张 13.5 字数 247 千字
版 次 2014 年 10 月第 1 版 2014 年 10 月第 1 次印刷
书 号 ISBN 978－7－5603－4857－5
定 价 38.00 元

(如因印装质量问题影响阅读,我社负责调换)

本书作者

Dr. Oleg Mushkarov

- 保加利亚科学院数学与信息学院教授,复分析教研室主任.
- 研究方向 复分析、微分几何、磁扭线理论.
- 保加利亚数学联合会会长.
- 数学与信息学院大学生指导员.
- 保加利亚 IMO 领队(1994—1998).
- 保加利亚 BMO 领队(1989—1993).

Dr. Nikolai Nikolov

- 保加利亚科学院数学与信息学院,复分析教研室副教授.
- 研究方向 多变量研究.
- 保加利亚 IMO 副领队(自 2004 年以来).
- 保加利亚 BMO 副领队(1999—2003).
- 保加利亚 BMO 领队(自 2004 年以来).

Dr. Emil Kolev

- 保加利亚科学院信息与数学学院,数学信息基础教研室副教授.
- 研究方向 编码理论、搜索问题.
- 保加利亚 IMO 领队(自 2004 年以来).
- 保加利亚 BMO 领队(1999—2003).

Dr. Peter Boyvalenkov

- 保加利亚科学院数学与信息学院,数学信息基础教研室副教授.
- 研究方向 编码理论、球形编码与设计.
- 保加利亚 BMO 副领队(自 2004 年以来).

⊙ 前言

保加利亚是一个具有悠久数学竞赛传统的国家.大量的地区竞赛与基督教日历的重要日期或保加利亚的历史相关联.这些系列数学竞赛在形式和难度上为所有低年级或高年级的学生提供了检测他们解决问题能力的机会.他们中的绝大多数人已经深深地为这样的竞赛而努力获取新的数学知识所吸引.

在保加利亚最重要的和最有威望的国家竞赛是冬季数学竞赛、春季数学竞赛和国家奥林匹克竞赛. 这些赛事的组织机构是由科教部、保加利亚数学联合会以及地区组织共同完成的.竞赛用的试题是由保加利亚数学联合会的专业团队(称为特别课程研究团队)提供的.

冬季数学竞赛 第一次冬季数学竞赛是1982年在城市Russe举行的. 自那儿以后,每年的一月底二月初,保持从4年级到12年级大约1 000名学生参加这个竞赛.保加利亚的四个城市Vorna,Russe,Bourgas和Pleven轮流组织竞赛活动.

春季数学竞赛 第一次春季数学竞赛是1971年在城镇Kazanlyk举行的,竞赛活动在每年的五月底举行.每年有来自8年级到12年级的大约500名学生参加这个竞赛活动.保加利亚的两个城市Kazanlyk和Iambol轮流组织竞赛活动.在Iambol举行竞赛活动之后,命名为Atanas Radev(1886—1970)数学竞赛.Atanas Radev是著名的数学教师,他为数学教育贡献了自己的一生.

为了选拔保加利亚巴尔干地区奥林匹克竞赛团队,考虑选手冬季数学竞赛和春季数学竞赛的成绩,综合两次选拔赛成绩确定团队人选.

国家奥林匹克数学竞赛 首届国家奥林匹克数学竞赛可以追溯到1949—1950学年度.按校级竞赛、地市级竞赛和全国性决赛三轮进行组织.校级竞赛一轮,在不同年级由地市级数学权威机构组织实施,他们编制试题和级别方案.地市级竞赛一轮也是在不同的年级,由地市中心组织实施.试题由全国奥林匹克竞赛委员会提供,地市级数学主管部门的职责是进行等级划分.全国决赛一轮安排两天进行,每天三道试题,试题及组织类似于IMO.12名成绩较好的学生应邀参加两次选拔赛.按惯例,每一次选拔赛安排两天,每天三个问题,由两次选拔赛的结果确定6名学生组成保加利亚IMO团队.

保加利亚和国际数学竞赛 保加利亚是1959年六国(保加利亚,捷克斯洛伐克,德意志民主共和国,匈牙利,罗马尼亚和苏维埃社会主义共和国联盟)数学竞赛发起国之一,IMO现在非常流行.自那儿以后,保加利亚团队参加所有的IMO.保加利亚的学生也要参加日益普及的巴尔干地区数学奥林匹克和最后一轮的全俄数学奥林匹克.

本书包含的全部问题来自上面提到过的2003—2006年全国数学竞赛试题(8—12年级),也包括了同期BMO,IMO选拔赛试题.问题中的大多数和IMO的试题难度相当.本书适合对奥林匹克数学竞赛感兴趣的大学生、高中生和教师研读.

⊙ 一些标准记号列表

N——所有自然数集合,即 $\mathbf{N}=\{1,2,3,4,\cdots\}$.

Z——所有整数集合,即 $\mathbf{Z}=\{\cdots,-4,-3,-2,-1,0,1,2,3,4,\cdots\}$.

Q——所有有理数集合,即 $\mathbf{Q}=\left\{\frac{p}{q}\,\middle|\,p,q\in\mathbf{Z}\right\}$.

R——所有实数的集合.

C——所有复数的集合,即 $\mathbf{C}=\{a+b\mathrm{i}\mid a,b\in\mathbf{R},\mathrm{i}^2=-1\}$.

$[x]$——x 的整数部分,即不超过 x 的最大整数.

$\{x\}$——x 的小数部分,即 $\{x\}=x-[x]$.

(a,b)——整数 a,b 的最大公因数.

$[a,b]$——整数 a,b 的最小公倍数.

目录 | Contest

2003 年冬季数学竞赛

问题 9.1 如图 1,设 $\triangle ABC$ 是等腰三角形,$AC = BC$,k 是圆心在 C 点,半径小于高 CH 的圆,$H \in AB$. 过 A,B 两点分别做圆 k 的切线,切点是 P,Q,且 P,Q 两点位于高 CH 的同侧. 证明:P,Q 和 H 三点共线.

Oleg Mushkarov

证明一 因为 $CP = CQ$,$CA = CB$,且 $\angle APC = \angle BQC = 90°$,则 $\triangle APC \cong \triangle BQC$,因此 $\angle CAP = \angle CBQ$.

设 $AP \cap BQ = T$,由此可见,四边形 $ABTC$ 四点共圆,则 $\angle BAC = \angle QTC$,又 $\angle TQC = \angle AHC = 90°$,因此,$\angle QCT = \angle ACH$. 由关系式 $\angle AHC = \angle APC = \angle CPT = \angle CQT = 90°$ 可见,四边形 $AHPC$,$CPTQ$ 都是圆内接四边形,所以 $\angle APH = \angle ACH$,$\angle QPT = \angle QCT$,从而 $\angle APH = \angle QPT$,所以 H,P,Q 三点共线.

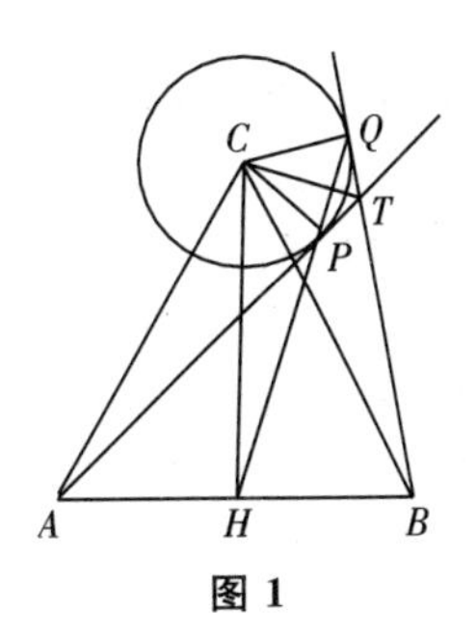

图 1

证明二 设 $S = HQ \cap k$,由于四边形 $BHCQ$ 四点共圆,又 $\triangle ABC$,$\triangle CQS$ 是等腰三角形. 由此可见,$\angle BAC = \angle ABC = \angle HQC = \angle CSQ$,所以 $AHSC$ 是圆内接四边形.

因此,$\angle ASC = \angle AHC = 90°$,因此点 S 与点 P 重合,即 H,P,Q 三点共线.

问题 9.2 求 a 的所有值,使得方程

$$\frac{2a}{(x+1)^2} + \frac{a+1}{x+1} - \frac{2(a+1)x-(a+3)}{2x^2-x-1} = 0$$

有两个实根 x_1 和 x_2,且满足关系 $x_1^2 - ax_1 = a^2 - a - 1$.

Ivan Landjev

解 给定的方程等价于

$$ax^2 + (1-2a)x + (1-a) = 0$$

其中 $x \neq -1, -\frac{1}{2}, 1$. 所以这个方程有两个实根 x_1,x_2,满足 $x_2^2 - ax_1 = a^2 - a - 1$. 因为 $x_1 + x_2 = \frac{2a-1}{a}$,则有

$$x_2^2 + ax_2 - a^2 - a + 2 = 0$$

以及,$ax_2^2 + (1-2a)x_2 + 1 - a = 0$. 所以

$$(a^2+2a-1)x_2 = a^3 + a^2 - 3a + 1 = (a^2+2a-1)(a-1)$$

当 $a=-1\pm\sqrt{2}$ 时，x_2 的系数变为 0.

如果 $a=-1+\sqrt{2}$，则

$$(-1+\sqrt{2})x_2^2+(3-2\sqrt{2})x_2+2-\sqrt{2}=0$$

这是不可能的. 因为该二次方程判别式 $\Delta=33-24\sqrt{2}<0$，方程没有实根.

如果 $a=-1-\sqrt{2}$，则

$$(-1-\sqrt{2})x_2^2+(3+2\sqrt{2})x_2+2+\sqrt{2}=0$$

有两个不等于 $\pm 1,-\dfrac{1}{2}$ 的实根.

现设 $a\neq -1\pm\sqrt{2}$，则 $x_2=a-1$，于是 $a(a-1)(a-3)=0$. 因为 $a\neq 0,1$，所以 $a=3$. 此时，方程的实根是 $-\dfrac{1}{3}$，2，满足给定的条件. 因此，所求 a 的值为 $-1-\sqrt{2}$，3.

问题 9.3 求小于 2 003 的正整数 a，使得存在一个正整数 n，满足 $3^{2\,003}$ 能被 n^3+a 所整除.

Emil Kolev, Nikolai Nikolov

解 我们要证明，所求数具有下列形式之一

$$9k\pm 1,3^3(9k\pm 1),3^6(9k\pm 1)$$

假设 3 不能整除 a，因为 $n^3\equiv 0,\pm 1 \pmod 9$，则 $a\equiv\pm 1\pmod 9$. 相反的，设 $a\equiv\pm 1\pmod 9$，因为 9 整除 1^3-1，2^3+1，则有 n_0 满足 $n_0^3+a=3^s t\ (s\geqslant 2)$，其中 t 不能被 3 整除. 我们要证明，如果 $n_1=n_0+2\cdot 3^{s-1}t$，则 3^{s+1} 整除 n_1^3+a. 我们有

$$(n_0+2\cdot 3^{s-1}t)^3+a=3^s t(2n_0^2+1)+4n_0 3^{2s-1}t^2+8\cdot 3^{3s-3}\cdot t^2$$

因为 3 不能整除 n_0，则 $2n_0^2+1$ 能被 3 整除，此外，$2s-1\geqslant s+1$，$3s-3\geqslant s+1$. 所以，n_1^3+a 能被 3^{s+1} 整除，但 3 不能整除 n_1. 重复同样的论证，我们得到正整数 n_p 满足 $3^{2\,003}$ 整除 n_p^3+a.

现设 3 整除 $a<2\,003$，则 $a=3^s b\ (s\leqslant 6)$. 因此，n 能被 3 整除，即 $n=3^p n_0$，其中 $p\geqslant 1$，且 3 不能整除 n_0. 如果 $p\geqslant 3$，则 3^9 整除 n^3，但不能整除 a. 这就意味着 $3^{2\,003}$ 不能整除 n^3+a. 所以 $p=1$ 或 2，易见 $s=3$ 或 6.

第一种情况，我们得到 $3^{2\,000}$ 整除 n_0^3+b，其中 3 不能整除 b，且 $27b<2\,003$. 由上述可见，$b\equiv\pm 1\pmod 9$.

第二种情况，类似地，我们得到 $3^{1\,997}$ 整除 n_0^3+b，其中 $729b<2\,003$. 且 $b\equiv\pm\ (\mathrm{mod}\ 9)$.

正整数 $b\equiv\pm 1\pmod 9$，满足 $b<2\,003$，$27b<2\,003$，$729b<2\,003$ 的个数分别等于 $2\times 222+1=445$，$2\times 8+1=17$，1，所

以,所求的数为 $445+17+1=463$.

问题 10.1 求 a 的所有值,使得方程

$$\sqrt{ax^2+ax+2}=ax+2$$

有唯一实根.

Alexander Ivanov, Emil Kolev

解 如果 $ax+2<0$,则方程没有实根.如果 $ax+2\geqslant 0$,则方程等价于 $ax^2+ax+2=(ax+2)^2$,即 $(a^2-a)x^2+3ax+2=0$.这最后的方程,在下列三种情况下有唯一实根.

情况 1 x^2 的系数变为 0.各自的线性方程有一根 x,满足 $ax+2\geqslant 0$.

如果 $a=0$,则 $2=0$,这是不可能的.如果 $a=1$,则 $x=\frac{2}{3}$,且 $ax+2=-\frac{2}{3}+2=\frac{4}{3}>0$,所以 $a=1$ 是一个解.

情况 2 x^2 的系数非 0.即 $a\neq 0,1$,这个二次方程有唯一一个实根 x,且 $ax+2\geqslant 0$.因此判别式 $\Delta=9a^2-8(a^2-a)=a^2+8a=0$,所以 $a=-8$,从而 $x=\frac{1}{6}$,且 $ax+2=-8\times\frac{1}{6}+2=\frac{2}{3}>0$.即 $a=-8$ 是一个解.

情况 3 x^2 的系数非 0.即 $a\neq 0,1$,且这个二次方程有两个实根 $x_1<x_2$,满足 $ax_1+2<0\leqslant ax_2+2$,即 $-\frac{2}{a}\in(x_1,x_2]$.

如果 $-\frac{2}{a}=x_2$,则 $(a^2-a)\left(-\frac{2}{a}\right)^2+3a\left(-\frac{2}{a}\right)+2=0$.所以 $-\frac{1}{a}=0$,矛盾.于是

$$-\frac{2}{a}\in(x_1,x_2)\Leftrightarrow(a^2-a)\left[(a^2-a)\left(-\frac{2}{a}\right)^2+3a\left(-\frac{2}{a}\right)+2\right]<0$$

容易求出上面不等式的解是 $a>1$.所以,当 $a=-8$ 或 $a\geqslant 1$ 时,给定的方程有唯一实根.

问题 10.2 设 k_1,k_2 分别表示圆心在点 O_1,O_2,半径为 R_1,R_2 的两个圆,且 $O_1O_2=25$,$R_1=4$,$R_2=16$.又设圆 k 满足:圆 k_1 内切圆 k 于切点 A,圆 k_2 外切圆 k 于切点 B.

a) 证明:线段 AB 过一定点(即与圆 k 无关);

b) 直线 O_1O_2 分别交圆 k_1,k_2 于 P,Q 两点,满足 O_1 在线段 PQ 上,O_2 不在 PQ 上.证明:四点 P,A,Q,B 共圆;

c) 求线段 AB 长度的最小可能值(当圆 k 变动时).

Stoyan Atansov, Emil kolev

解 a) 我们要证明,点 $S = O_1O_2 \cap AB$ 的位置与 k 无关.设圆 k 的圆心是 O_3,对 $\triangle O_1O_2O_3$ 及直线 AB,使用 Menelaus 定理,有

$$\frac{O_3B}{BO_2} \cdot \frac{O_2S}{SO_1} \cdot \frac{O_1A}{AO_3} = 1$$

因为 $O_3B = AO_3$,所以,$\frac{O_2S}{SO_1} = \frac{BO_2}{O_1A} = \frac{R_2}{R_1} = \frac{16}{4} = 4$.因此,$S$ 是一个固定点.由关系式 $O_1O_2 = 25 = O_2S + O_1S$,有 $O_2S = 20, O_1S = 5$.

b) 设 $\angle O_1O_3O_2 = x$,$\angle O_1O_2O_3 = y$,则 $\angle AO_1S = x + y$.因为 $\triangle O_1AP$ 是等腰三角形,所以 $\angle APS = \frac{x+y}{2}$.另一方面,$\triangle AO_3B$,$\triangle BO_2Q$ 也是等腰三角形,所以 $\angle SBO_3 = 90° - \frac{x}{2}$,$\angle QBO_2 = 90° - \frac{y}{2}$.于是,$\angle SBQ = \frac{x+y}{2}$,所以 $\angle APS = \angle SBQ$.即 $PBQA$ 是圆内接四边形.

c) 注意关系式 $SP \cdot SQ = SA \cdot SB$,$SP \cdot SQ = (SO_1 + R_1)(SO_2 - R_2) = 9 \times 4 = 36$.由基本不等式,有 $AB = SA + SB \geqslant 2\sqrt{SA \cdot SB} = 2\sqrt{SP \cdot SQ} = 12$.从而当且仅当 $SA = SB$ 时,不等式成立.

余下要证明,有一个圆 k,满足 $SA = SB$.

取点 $A \in k_1$,满足 $SA = 6$.因为 S 对 k_1 的幂等于 $SO_1^2 - R_1^2 = 5^2 - 4^2 = 9$,而 $SA^2 = 36 > 9$.容易看出,通过点 A 的圆 k 满足问题的条件,则 $SB = \sqrt{SP \cdot SQ} = 6$,即 $SA = SB$.

问题 10.3 设 A 是由 0 和 1 组成的所有四元组的集合,两个四元组称为"邻居",如果它们在三个位置准确地重合.设 M 是 A 的子集,具有如下性质:M 中的任何两个元素不是"邻居",且存在 M 中的一个元素和其中的一个是"邻居",求 M 的最小可能的基数.

Ivan Landjev, Emil Kolev

解 考虑一个表,其行对应 A 的元素,其列对应 M 的元素.如果单元格中,其行元素(属于 A)与列元素(属于 M)是"邻居",则在该单元格里写下 $\times$.设 $|M| = k$,由给定的条件可以得出,没有两个相同的行,从而 M 至少有 16 个不同的子集.因为具有 n 个元素的集合有 2^n 个子集,所以 $k \geqslant 4$.

任何行确有 5 对元素是"邻居",因而,任何列确有包含 5 个"$\times$",即"$\times$"的总数是 $5k$."$\times$"的最小个数,由各行达到.如果一行没有"$\times$",k 行包含一个"$\times$",$\binom{k}{2}$ 行包含两个"$\times$",等等.

如果 $k=4$，则 M 的所有子集是 16 个，因此，M 的任何子集确实出现一次与 A 的某些元素的集合是“邻居”．则我们有一行没有“×”，4 行有一个“×”，6 行有两个“×”，4 行有三个“×” 以及一行有 4 个“×”．“×” 的总数变成 $32>20$，矛盾．

对于 $k=5$，有 25 个“×”，它们的最小数由行达到．当一行没有包含“×”，5 行包含一个“×” 和 10 行包含 2 个“×”．由于 $5\times1+10\times2=25$，25 个“×” 的分布必须如此．这种情况上面已经描述过，这个意思是 M 中的任何两个元素，都是与 A 的某些元素是“邻居”．容易发现，如果 M 中的两个元素，至多在两个位置不重合，则就没有 A 的一个元素与它们是“邻居”．所以，M 的任何两个元素，在一或两个位置不重合．两个元素如果在一个位置不重合，我们可以假定它们是 $a=0000$，$b=1000$，在 M 中与 a，b 是邻居的是 0000，1000．因此，a 和 b 的行重合，矛盾．这表明 M 的任何两个元素在确定的两个位置上是不同的．我们可以假定 $0000\in M$，则余下的 4 个元素是在 0011，1100，0101，1010，1001，0110 当中．但是对(0011，1100)，(0101，1010)，(1001，0110) 中任何一个，至多可以选择一个元素，矛盾．

对于 $k=6$，集合 $M=\{0000,1111,0111,0100,1001,0101\}$ 分离 A 的任何两个元素，所以要求的最小值是 6．

问题 11.1　设 $a_1=1$，$a_{n+1}=a_n+\dfrac{1}{2a_n}$ $(n\geqslant1)$，证明：

a) $n\leqslant a_n^2\leqslant n+\sqrt[3]{n}$；

b) $\lim\limits_{n\to+\infty}(a_n-\sqrt{n})=0$．

Nikolai Nikolov

证明　a) 我们有 $a_{n+1}^2=a_n^2+1+\dfrac{1}{4a_n^2}$．特别地 $a_{n+1}^2>a_n^2+1$，由数学归纳法可知 $a_n^2\geqslant n$．

我们再次使用归纳法来证明不等式的右边．对于 $n=1$，不等式显然成立．假定 $a_n^2<n+\sqrt[3]{n}$，则 $a_{n+1}^2<n+\sqrt[3]{n}+1+\dfrac{1}{4n}$，只需证明

$$\sqrt[3]{n}+\frac{1}{4n}<\sqrt[3]{n+1}\Leftrightarrow\frac{1}{4n}<\sqrt[3]{n+1}-\sqrt[3]{n}\Leftrightarrow$$

$$\sqrt[3]{n^2}+\sqrt[3]{n(n+1)}+\sqrt[3]{(n+1)^2}<4n\Leftrightarrow$$

$$1+\sqrt[3]{1+\frac{1}{n}}+\sqrt[3]{\left(1+\frac{1}{n}\right)^2}<4\sqrt[3]{n}$$

这个不等式，可由不等式 $1+\dfrac{1}{n}\leqslant2$，$1+\sqrt[3]{2}+\sqrt[3]{4}=\dfrac{1}{\sqrt[3]{2}-1}<$

4 求得.

b) 命题是下列不等式的一个推论

$$0\leqslant a_n-\sqrt{n}<\sqrt{n+\sqrt[3]{n}}-\sqrt{n}=\frac{\sqrt[3]{n}}{\sqrt{n+\sqrt[3]{n}}+\sqrt{n}}<\frac{\sqrt[3]{n}}{\sqrt{n}}=\frac{1}{\sqrt[6]{n}}$$

问题 11.2 如图 2,设 M 是 $\triangle ABC$ 内部一点,直线 AM,BM 和 CM 与直线 BC,CA 和 AB 分别交于点 A_1, B_1 和 C_1,满足 $S_{\triangle CB_1M}=2S_{\triangle AC_1M}$. 证明:$A_1$ 是线段 BC 的中点,当且仅当 $S_{\triangle BA_1M}=3S_{\triangle AC_1M}$.

Oleg Mushkarov

证明 设 A_1 是线段 BC 的中点,由 Ceva 定理,有

$$\frac{AC_1}{C_1B}\cdot\frac{BA_1}{A_1C}\cdot\frac{CB_1}{B_1A}=1$$

即$\frac{AC_1}{C_1B}=\frac{B_1A}{B_1C}$. 所以 $B_1C_1\parallel BC$,即有

$$S_{\triangle BC_1M}=S_{\triangle CB_1M}=2S_{\triangle AC_1M},S_{\triangle AB_1M}=S_{\triangle AC_1M}$$

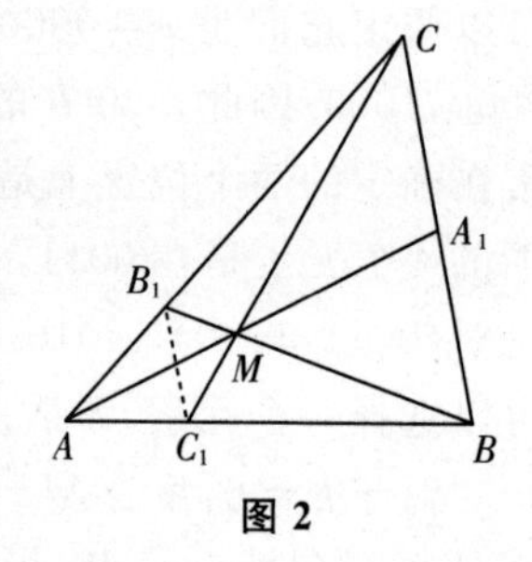

图 2

则

$$\frac{1}{3}=\frac{S_{\triangle AC_1M}}{S_{\triangle AMC}}=\frac{C_1M}{MC}=\frac{S_{\triangle BC_1M}}{S_{\triangle BMC}}=\frac{2S_{\triangle AC_1M}}{2S_{\triangle BA_1M}}$$

从而有 $S_{\triangle BA_1M}=3S_{\triangle AC_1M}$.

相反,设 $S_{\triangle AC_1M}=1$, $S_{\triangle CB_1M}=2$, $S_{\triangle BA_1M}=3$, $S_{\triangle BC_1M}=x$, $S_{\triangle CA_1M}=3y$, $S_{\triangle AB_1M}=2z$,我们有 $y=1$. 注意到

$$\frac{1}{2(z+1)}=\frac{S_{\triangle AC_1M}}{S_{\triangle AMC}}=\frac{C_1M}{CM}=\frac{S_{\triangle C_1MB}}{S_{\triangle CMB}}=\frac{x}{3(y+1)}$$

类似地

$$\frac{3}{x+1}=\frac{3y}{2(z+1)},\frac{2}{3(y+1)}=\frac{2z}{x+1}$$

这些等式相乘,有 $xyz=1\Rightarrow z=\frac{1}{xy}$.

由第一个等式,有

$$xy=\frac{3y^2+3y-2}{2} \tag{1}$$

类似地,由第二个等式,有

$$2\left(1+\frac{1}{xy}\right)=xy+y \tag{2}$$

把式(1) 代入式(2),有

$$(3y^2+3y-2)^2+2y(3y^2+3y-2)-12y(y+1)=0$$

即

$$(y-1)[3(y+2)(3y^2+3y+2)+6y^2-16]=0$$

由式(1) 得 $3y^2+3y>2$，且由于 $y>0$，所以

$$3(y+2)(3y^2+3y+2)+6y^2-16>6(3y^2+3y+2)-16>8$$

因此，$y=1, x=2, z=\frac{1}{2}$.

问题 11.3 Aleksander 写了一个正整数作为一个四次多项式的系数之后，Elitza 也写了一个正整数作为同一个多项式的系数，如此下去，直到多项式的 5 个系数全部填满为止. 如果多项式有一个整数根，那么 Aleksander 赢，否则 Elitza 赢，他们中谁有赢的策略?

解 我们来证明，Elitza 有赢的策略.

如果多项式是 $a_0x^4+a_1x^3+a_2x^2+a_3x+a_4$，且 Aleksander 写下了 a_0, a_1, a_2 或 a_3，则 Elitza 分别写下了 $a_1=a_0$，$a_0=a_1$，$a_3=a_2$ 或 $a_2=a_3$. 如果 Aleksander 写下了 a_4，Elitza 写下了 $a_1=1$. 同理 Elitza 写下第二个数之后，能够得到 $a_1\leqslant a_0$，且 $a_3\leqslant a_2$. 假定多项式有一个整数根 y，则 $y\geqslant 1$，因此，$a_4=y^3(a_1-a_0y)+a_3-a_2y\leqslant 0$，矛盾.

问题 12.1 考虑函数 $f(x)=4x^4+6x^3+2x^2+2\,003x-2\,003^2$，证明：

a) $f'(x)$ 的局部极值是正数；

b) 方程 $f(x)=0$ 确有两个实根，并求出这两个实根.

Sava Grozdev, Svetlozar

证明 a) 因为 $\lim\limits_{x\to+\infty} f'(x)=+\infty$，$\lim\limits_{x\to-\infty} f'(x)=-\infty$，这足以表明，$f'(x)$ 的局部最小值 m 是正数. 因为方程 $f''(x)=0$ 有两个实根 $x_1>x_2$，由此可知 $m=f'(x_1)>0$. 现易证 $x_1\in(-1,0)$，且 $m>0$.

b) 由 a) 可得方程 $f'(x)=0$ 有唯一实根. 因为 $\lim\limits_{x\to+\infty} f(x)=\lim\limits_{x\to-\infty} f(x)=+\infty$，且 $f(0)<0$，我们推出方程 $f(x)=0$ 确有两个实根. 为找到它们，设 $y=2\,003$，并考虑方程 $f(x)=0$ 作为关于 y 的二次方程，我们有

$$y_{1,2}=\frac{x\pm x(4x+3)}{2}$$

于是，$2y=x-x(4x+3)$ 或 $2y=x+x(4x+3)$. 对于 $y=2\,003$，第一个方程没有实根，第二个方程有两个实根 $x_{1,2}=\frac{-1\pm\sqrt{4\,007}}{2}$.

问题 12.2 如图 3,设 M,N 和 P 分别是 $\triangle ABC$ 三边 AB,BC 和 AC 上的一点,过 M,N 和 P 三点分别作 AB,BC 和 CA 的平行线交于一点 T. 证明:

a) 如果 $\frac{AM}{MB}=\frac{BN}{NC}=\frac{CP}{PA}$,则点 T 是 $\triangle ABC$ 的重心;

b) $S_{\triangle MNP}\leqslant\frac{1}{3}S_{\triangle ABC}$.

Sava Grozdev, Svetlozar Doyohev

证明 设 $PT\cap BC=P_1,NT\cap AB=N_1,MT\cap AC=M_1$,则 $\triangle N_1MT,\triangle PTM_1,\triangle TP_1N\backsim\triangle ABC$. 设 $k_1=\frac{N_1M}{AB}$,$k_2=\frac{PT}{AB},k_3=\frac{TP_1}{AB}$,则

$$k_1+k_2+k_3=1 \tag{1}$$

这是由于 $k_1+k_2+k_3=\frac{N_1M}{AB}+\frac{PT}{AB}+\frac{TP_1}{AB}=\frac{N_1M}{AB}+\frac{AN_1}{AB}+\frac{MB}{AB}=1$.

a) 显然,$\frac{AM}{MB}=\frac{PT+N_1M}{AB}=\frac{k_1+k_2}{k_3}$. 类似可得 $\frac{BN}{NC}=\frac{k_1+k_3}{k_2},\frac{CP}{PA}=\frac{k_2+k_3}{k_1}$.

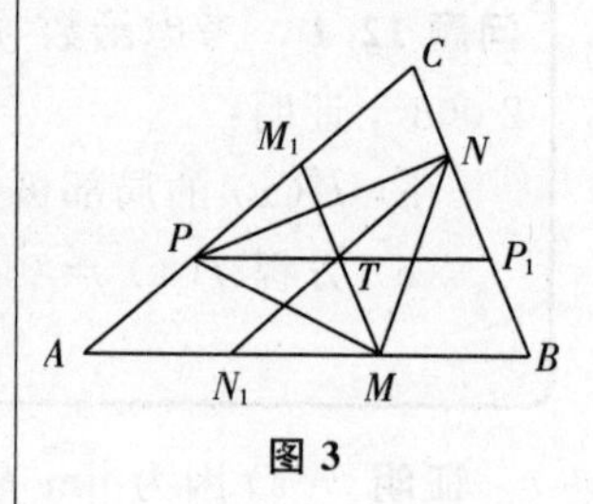

图 3

由 $\frac{AM}{MB}=\frac{BN}{NC}$,可得 $\frac{k_1+k_2}{k_3}=\frac{k_1+k_3}{k_2}$,即 $(k_2-k_3)(k_1+k_2+k_3)=0$. 所以 $k_2=k_3$. 同理可得 $k_1=k_2$.

于是 $k_1=k_2=k_3$. 所以 $PT=TP_1$. 又因为 $PP_1\parallel AB$,由此可见,直线 CT 交于 AB 的中点. 类似地,直线 BT,AT 分别交于 AC,BC 的中点,因此,T 是 $\triangle ABC$ 的重心.

b) 我们有

$$\begin{aligned}S_{\triangle MNP}&=S_{\triangle MNT}+S_{\triangle NPT}+S_{\triangle PMT}=S_{\triangle MBT}+S_{\triangle TNC}+S_{\triangle PAT}=\\&\frac{1}{2}(S_{\text{四边形}MBP_1T}+S_{\text{四边形}TNCM_1}+S_{\text{四边形}PAN_1T})=\\&\frac{1}{2}(1-k_1^2-k_2^2-k_3^2)S_{\triangle ABC}\end{aligned}$$

由不等式 $k_1^2+k_2^2+k_3^2\geqslant\frac{(k_1+k_2+k_3)^2}{3}$ 及式(1)可知,$k_1^2+k_2^2+k_3^2\geqslant\frac{1}{3}$. 所以 $S_{\triangle MNP}\leqslant\frac{S_{\triangle ABC}}{2}\left(1-\frac{1}{3}\right)=\frac{1}{3}S_{\triangle ABC}$.

问题 12.3 n 个人一组，其中有三个人彼此认识，任何一个人至少认识组中一半以上的人，试求：认识人的三元组的最小可能值.

Nickolay Khadzhiivanov

解 用 A,B,C 表示一组人中三个彼此认识的人. 设 $n=2k+1$ 是奇数，则 A,B,C 中的任何一个人至少与 $k+1$ 个人认识（他们当中的 $k-1$ 个人，并不认识 A,B 或 C）. 用 T 表示除 A,B,C 外的所有人的集合，令 $a_i(i=0,1,2,3)$ 表示 T 中与 A,B,C 中 i 个人认识的人的集合. 则 $a_0+a_1+a_2+a_3$ 是 T 的所有成员的人数，即有 $a_0+a_1+a_2+a_3=2k-2$. 另一方面，$a_1+2a_2+3a_3$ 是所有认识 A,B,C 的人数，即有 $a_1+2a_2+3a_3\geqslant 3k-3$. 所以

$$3k-3\leqslant a_1+2a_2+3a_3=a_0+a_1+a_2+a_3+a_2+2a_3=2k-2+a_2+2a_3$$

于是，$a_2+2a_3\geqslant k-1$.

因为，任何认识 A,B,C 中两个的人是认识人的一个三人组成员以及任何认识 A,B,C 是三个这样的三人组成员，则这些三人组的个数至少为 $1+a_2+3a_3$，因而 $1+a_2+3a_3>a_2+2a_3\geqslant k-1$，这就是说，三人组的个数不少于 k.

下面是构造 k 个认识人的三元组的一个例子. 设 T 中没有不认识的人，如果 A 认识 T 中 $k-1$ 个人，那么 B,C 认识余下 $k-1$ 人，则三人组数是 k.

设 $n=2k$ 是偶数，由前面的情况，我们有，认识人的三人组的个数至少为 $k+1$. 如果 A,B 确有 T 中都认识的一个人（这是可能的，因为 $|T|=2k-3$ 以及认识 A,B 的至少为 $k-1$）. 而这个人不认识 C，则三人组确为 $k+1$ 个.

所以，问题的答案是，当 $n=2k+1$ 时是 k，当 $n=2k$ 时是 $k+1$.

备注 这个问题也可以对认识 A,B,C 的人的集合利用包含、排斥原理解答.

2003 年春季数学竞赛

问题 8.1 在一个正八边形的各个顶点上分别写下整数 1,2,3,4,5,6,7,8,问:是否可能使得满足任何相邻的三个顶点的整数之和大于

a) 13;

b) 11;

c) 12.

解 a) 答案是:不可能.设在八边形的各个顶点上写下的数分别为 $a_1, a_2, \cdots, a_8$,则

$$a_1 + a_2 + a_3 \geqslant 14$$
$$a_2 + a_3 + a_4 \geqslant 14$$
$$\vdots$$
$$a_7 + a_8 + a_1 \geqslant 14$$
$$a_8 + a_1 + a_2 \geqslant 14$$

将上述不等式相加,有

$$3(a_1 + a_2 + \cdots + a_8) \geqslant 8 \times 14 = 112$$

另一方面,$a_1 + a_2 + \cdots + a_8 = 1 + 2 + \cdots + 8 = 36$,所以,$108 \geqslant 112$,矛盾.

b) 答案是:可能. 例如

$$a_1 = 1, a_2 = 5, a_3 = 6, a_4 = 2, a_5 = 4, a_6 = 7, a_7 = 3, a_8 = 8$$

c) 答案是:不可能.

若不然,数 2,3 不能放在相邻的顶点上,否则,它们的左边和右边写下的数至少是 8,这是不可能的.另一方面,可以假设 $a_1 = 1$,则容易看出,$a_4 = 2, a_6 = 3$ 或者 $a_4 = 3, a_6 = 2$,从而 $a_5 = 8$.现考虑关于顶点,写为“4”的情况.其中 4 已写下了,我们看到数 8 再一次出现,矛盾.

问题 8.2 如图 1,设 A_1, B_1 和 C_1 分别是 $\triangle ABC$ 三边 BC, CA 和 AB 的中点,重心是 M. 过点 A_1 作 BB_1 的平行线交直线 B_1C_1 于点 D,求证:如果 A, B_1, M 和 C_1 四点共圆,则 $\angle ADA_1 = \angle CAB$.

Chavdar Lozanov

证明 因为 $A_1D \parallel MB_1$，且 A, B_1, M, C_1 四点共圆，由此可见，$\angle AA_1D = \angle AMB_1 = \angle AC_1B_1 = \angle ABC$. 由 $B_1C_1 \parallel BA_1$，$A_1D \parallel BB_1$，则有 BA_1DB_1 是平行四边形. 所以，$BA_1 = B_1D = B_1C_1$. 另一方面，$AB_1 = B_1C$，所以四边形 AC_1CD 是平行四边形. 特别地，$AD \parallel CC_1$. 于是，$\angle DAA_1 = \angle CMA_1 = \angle AMC_1 = \angle AB_1C_1 = \angle ACB$.

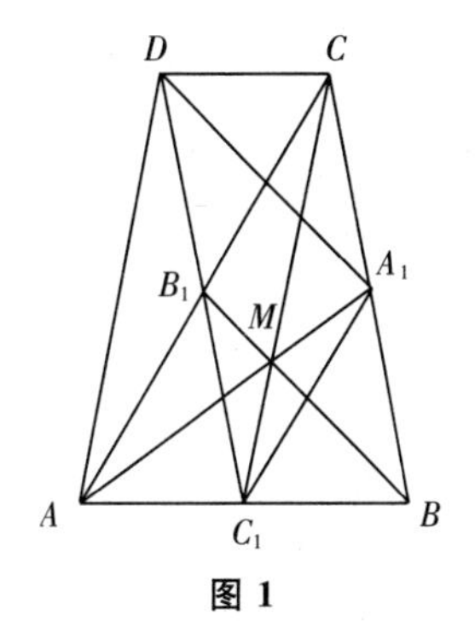

图 1

所以 $\angle ADA_1 = 180° - \angle DAA_1 - \angle DA_1A = 180° - \angle ABC - \angle ACB = \angle CAB$.

问题 8.3 求最小的正整数 m，使得 $2^{2\,000}$ 整除 $2\,003^m - 1$.

Ivan Tonov

解 设 $m = 2^k p$，其中 $p > 1$ 是奇数. 则 $2\,003^m - 1 = 2\,003^{2^k p} - 1 = (2\,003^{2^k} - 1)K$，其中 K 是与 p 相关的偶数与 1 的和. K 是奇数. 因此，m 的形式必定为 $m = 2^k$，在此情况下有

$$2\,003^{2^k} - 1 = (2\,003^{2^{k-1}} - 1)(2\,003^{2^{k-1}} + 1) = (2\,003^{2^{k-1}} + 1)(2\,003^{2^{k-2}} + 1)\cdots(2\,003 + 1)(2\,003 - 1)$$

由于 $2\,003^{2^i} + 1 \equiv 2 \pmod 4$，则 2^{k+2} 整除 $2\,003^{2^k} - 1$，但 2^{k+3} 不能（使用了 $2\,003 + 1 \equiv 4 \pmod 8$，$2\,003 - 1 \equiv 2 \pmod 4$）. 所以，$k + 2 = 2\,000$，即 $k = 1\,998$. 因此，所要求的数是 $2^{1\,998}$.

问题 9.1 求实数 a 的所有值，使得方程组

$$\begin{cases} \dfrac{ax + y}{y + 1} + \dfrac{ay + x}{x + 1} = a \\ ax^2 + ay^2 = (a - 2)xy - x \end{cases}$$

有唯一一组解.

Peter Boyvalenkov

解 如果 $x \neq -1$，$y \neq -1$，则容易求出 $y = a$. 代入第二个方程，得到

$$ax^2 - (a^2 - 2a - 1)x + a^3 = 0 \qquad (*)$$

如果 $a = 0$，方程组有唯一解 $(0, 0)$；

如果 $a \neq 0$，考虑两种情况：

情况 1 -1 是方程（$*$）的一个根，则由方程（$*$）得，$a = 1$ 或 -1. 此时方程组无解.

情况 2 方程（$*$）有重根，则 $a = -1, 1, -\dfrac{1}{3}$. 当 $a = -1, 1$ 时，有 $y = -1$ 或 $x = -1$，即方程组无解；当 $a = -\dfrac{1}{3}$ 时，方程组有唯一解 $(x, y) = \left(\dfrac{1}{3}, -\dfrac{1}{3}\right)$.

所以，所要求的 a 的值是 $0, -\frac{1}{3}$.

问题 9.2 如图 2，设四边形 $ABCD$ 是平行四边形，$\angle BAD$ 是锐角. 由顶点 C 分别向 AB, AD 作垂线，垂足为 E, F，过 D, F 两点的圆与对角线 AC 相切于点 Q，过 B, E 两点的圆与线段 QC 相切于 QC 的中点 P，如果 $AQ = 1$，求对角线 AC 的长度.

Ivaylo Kortezov

解 令 $DH \perp AC$ $(H \in AC)$，则 $\triangle AHD \backsim \triangle AFC$，$\triangle CHD \backsim \triangle AEC$. 所以

$$AC^2 = AH \cdot AC + HC \cdot AC = AF \cdot AD + AE \cdot CD = AQ^2 + AE \cdot AB = AQ^2 + AP^2$$

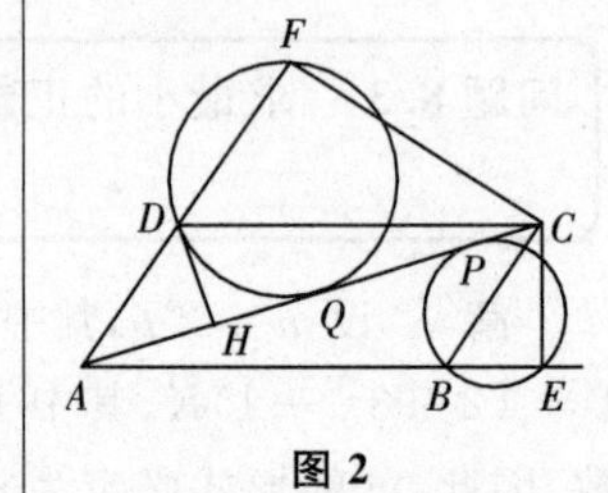

图 2

设 $QP = PC = x$，则我们有方程

$$(1+2x)^2 = 1 + (1+x)^2 \Leftrightarrow 3x^2 + 2x - 1 = 0$$

方程有唯一正根 $x = \frac{1}{3}$. 所以 $AC = 1 + 2x = \frac{5}{3}$.

问题 9.3 龙的首领有一个头，它的家谱由首领、首领的父母、父母的父母等组成. 已知，如果一条龙有 n 个头，则其母亲有 $3n$ 个头，其父亲有 $3n+1$ 个头. 一个正整数称为“好数”，如果它可以唯一地表示为首领家谱中，两条龙的头数之和. 证明：2 003 是一个“好数”，并求出小于 2 003 的“好数”的个数.

证明 我们要说龙的首领的级是 1，其父亲的级是 2，父亲的父亲的级是 3，等等. 任何龙的头数可以用三元基表示. 龙首有一个头，它的母亲有 10 个头，它的父亲有 11 个头，等等. 对龙的级采用归纳法可知，n 级龙的头数是三进制 n 位数字(不包括 2). 由此可知，如果两条龙总共有 $a+b=k$ $(a>b)$，k 是用三进制表示的，则 a, b 在这个位置是 0，其中 k 在这个位置是 0，1 和 2. 此外，如果 k 在某些位置是 1，则 a, b 中的一个为 1，其他在某些位置为 0. 所以，如果 k 的三进制表示中不包含 1，则 $a=b$. 因此 k 不是一个“好数”. 如果这个表示包含至少两个 $1(k = \cdots1\cdots1\cdots)$，我们有两种可能：$(a = \cdots1\cdots1\cdots, b = \cdots0\cdots0\cdots)$，$(a = \cdots1\cdots0\cdots, b = \cdots0\cdots1\cdots)$，这样的一个 k 不是一个好数，除了当 k 确实包含两个 1，而其他的数字是 0 的情况. 如果 k 确实包含 1 个 1，则在这个位置 a 是 0，b 是 1，a, b 的其他数字唯一确定. 只排除当 k 余下的数字全为 0 的情况. 所有有一个 1 以及至少 1 个 2 的数都是“好数”.

因为 $2\,003 = 2202012_3$，则数 2 003 是好的. 我们来统计至多 7 个数字的所有好数. 这有 $\binom{7}{2} = 21$ 个数有两个 1，在其他位置为 0，

总共有 $2^6-1=63$ 个非零数,至多 6 个数字等于 0 或 2,有 7 种可能. 在这样的数中放置 1,所以得到 $7\times63=441$ 个数,另加上面的 21 个数,我们得到 462 个至多 7 个数字的“好数”.

我们统计大于 2202012_3 的 7 个数字的“好数”. 它们是 2202021_3, 2202100_3, 2202102_3, 2202120_3, 2202122_3, 2202201_3, 2202210_3, 2202212_3, 2202221_3.

形式为 $\overline{221mnpq_3}$ 的 16 个数,其中 $m,n,p,q\in\{0,2\}$,以及 $4\times8=32$ 个形式为 $\overline{222mnpq_3}$ 的数,其中数字 m,n,p,q 有一个为 1. 这样,有 $1+9+16+32=58$. 7 个数字的“好数”大于 2202012_3,因此,有 $462-58=404$ 个“好数”小于 2 003.

问题 10.1 a) 求函数 $f(x)=\dfrac{x^2}{x-1}$ 的值域.

b) 求所有实数 a,使得方程 $x^4-ax^3+(a+1)x^2-2x+1=0$ 没有实根.

解 a) 设 $t=\dfrac{x^2}{x-1}$,则 $x^2-tx+t=0$. 这是一个二次方程. 如果它的判别式是非负的,则至少有一个实根. 于是 $t^2-4t\geqslant0$. 这表明,我们要求的函数的值域是 $(-\infty,0]\cup[4,+\infty)$.

b) 把方程写成形式 $f(x)=x^4-ax^2(x-1)+(x-1)^2=0$,很显然,$x=1$ 不是它的解,则两边同时除以 $(x-1)^2$,并设 $t=\dfrac{x^2}{x-1}$,得到方程 $t^2-at+1=0$,其判别式为 a^2-4. 若 $a^2-4<0$,即 $a\in(-2,2)$,则方程 $f(x)=0$ 无解;若 $a\in(-\infty,-2]\cup[2,+\infty)$,用 t_1,t_2 表示上面的方程的两个根. 由 a) 可知,方程 $f(x)=0$ 没有负根,当且仅当 $t_1,t_2\in(0,4)$ 时. 设 $g(t)=t^2-at+1$,这等价于 $\begin{cases}g(0)>0\\ g(4)<0\\ 0<\dfrac{a}{2}<4\end{cases}$,解得 $a\in\left(0,\dfrac{17}{4}\right)$. 注意到 $a\in(-\infty,-2]\cup[2,+\infty)$,则得 $a\in\left[2,\dfrac{17}{4}\right)$.

问题 10.2 与角两边相切的三个圆是 $k_i(O_i,r_i)$,$i=1,2,3$,其中 $r_1<r_2<r_3$. 圆 k_1 和 k_3 与角的一条边相切于 A,B 两点,圆 k_2 与角的另一边相切于点 C. 设过点 C 和点 $K=AC\cap k_1$,$L=AC\cap k_2$,$M=BC\cap k_2$,$N=BC\cap k_3$ 的四条线与 AB 分别交于 X,Y,Z 和 T 四点. $P=AM\cap BK$,$Q=AM\cap BL$,$R=AN\cap BK$,$S=AN\cap BL$,求证:$XZ=YT$.

证明　如图3,如果E,F是圆k_1,k_2与角一边的第二个切点,则有$AF^2=AL\cdot AC$,$CE^2=CK\cdot CA$,且$AF=CE$,于是$AL=CK$,所以$AK=CL$.类似可证$CM=BN$.另一方面,由Ceva定理,有

$$\frac{AX}{XB}=\frac{AK\cdot CM}{KC\cdot MB},\frac{AT}{TB}=\frac{AL\cdot CN}{LC\cdot NB}$$

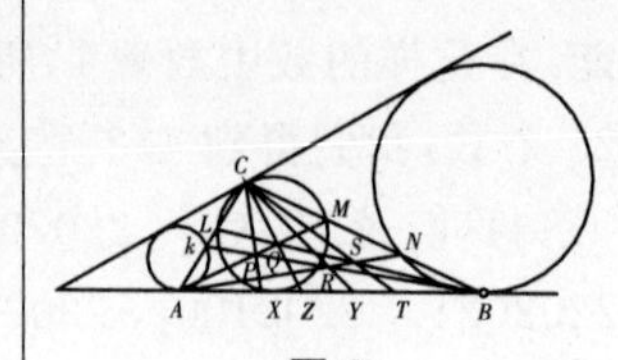

图3

两式相乘,得$\frac{AX}{XB}=\frac{TB}{AT}$.因此,$\frac{AX+XB}{XB}=\frac{TB+AT}{AT}\Leftrightarrow AT=BX\Leftrightarrow AX=BT$.类似可证$AZ=YB$,从而$XZ=YT$.

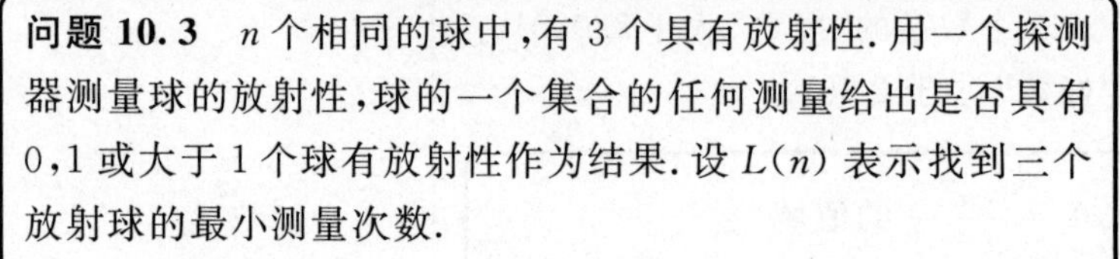

问题 10.3　n个相同的球中,有3个具有放射性.用一个探测器测量球的放射性,球的一个集合的任何测量给出是否具有0,1或大于1个球有放射性作为结果.设$L(n)$表示找到三个放射球的最小测量次数.

a) 求$L(6)$;

b) 证明:$L(n)\leqslant\frac{n+5}{2}$.

解　a) 我们要证明,4次测量就足够了.用1,2,3,4,5,6表示6个球,连续测量$\{1,2\}$,$\{1,3\}$,$\{1,4\}$,$\{1,5\}$.

情况1　如果所有的测量表明有放射性,则1号球是一个放射球.如果$\{1,a\}$ $(a=2,3,4,5)$包含两个放射球,则a是一个放射球,否则它不是.所以我们就知道1,2,3,4,5球具有放射性.从而我们就知道了,6号球是否具有放射性.

情况2　如果某些测量表明无放射性,则1号球无放射性.因此,我们再一次知道1,2,3,4,6号球有放射性.之后,测量6号球是否有放射性.

假设$L(6)\leqslant 3$,即三次测量就足够了.两次测量之后,有$3^2=9$种可能.第一次测量被选择的1,2,3,4,5或6号球之后,很明显,任何包含5号或6号球中至少有2个具有放射性,所以5号或6号球一次测量得不到信息.

设$x\leqslant 4$表示第一次测量时选择的球.如果$x=1$,答案是"一个放射性球",则放射性球有$\binom{5}{2}=10$种可能.另一方面,其他两次测量的可能情况有$3^2=9$种,类似地,对于第一次测量,两个球且结果是"一个放射性球",那么可能情况有$\binom{2}{1}\binom{4}{2}=12>9$种;三个球且结果是"多于一个放射球",则可能情况有$\binom{3}{2}\binom{3}{1}+\binom{3}{3}=10>9$种;三个球且结果是"多于一个放射球",则可能情况有

$\binom{4}{2}\binom{2}{1}+\binom{4}{3}=13>9$ 种. 因此,三次测量是不够的,从而 $L(6)=4$.

b) 我们要证明 $\left[\frac{n+5}{2}\right]$ 次测量就足以找到三个放射球,从而所要证明的不等式成立. 设 $n=2t-\varepsilon$,其中 $\varepsilon\in\{0,1\}$. 我们把球进行配对($\varepsilon=0$) 或取一个球,其他剩余的球配对($\varepsilon=1$). 在这两种情况下,我们来检测任何一对以及取到的球($\varepsilon=1$) 是否有放射性. 两种情况都是可能的.

1. 一个集合有两个放射球和一个集合有一个放射球.

2. 三个集合有一个放射球.

在两种情况下,3 次测量足以找到放射性球. 测量的总次数为 $t-1+3=t+2$. 因为

$$\left[\frac{n+5}{2}\right]=\left[\frac{2t-\varepsilon+5}{2}\right]=t+2+\left[\frac{1-\varepsilon}{2}\right]=t+2$$

我们得到,$L(n)\leqslant\left[\frac{n+5}{2}\right]$.

问题 11.1 设实数 $a\geqslant 2$,方程 $x^2-ax+1=0$ 的两根是 x_1 和 x_2,$S_n=x_1^n+x_2^n(n=1,2,\cdots)$.

a) 证明:序列 $\left\{\frac{S_n}{S_{n+1}}\right\}_{n=1}^{\infty}$ 是递减的;

b) 求出 a 的所有值,使得

$$\frac{S_1}{S_2}+\frac{S_2}{S_3}+\cdots+\frac{S_n}{S_{n+1}}>n-1\quad(n=1,2,\cdots)$$

Oleg Mushkarov

解 如果 $a\geqslant 2$,则方程 $x^2-ax+1=0$ 的实根 x_1,x_2 都是正的,且 $x_1x_2=1$. 特别地 $S_n>0\ (n=1,2,\cdots)$.

a) 我们有

$$\frac{S_{n-1}}{S_n}\geqslant\frac{S_n}{S_{n+1}}\Leftrightarrow(x_1^{n-1}+x_2^{n-1})(x_1^{n+1}+x_2^{n+1})\geqslant(x_1^n+x_2^n)^2\Leftrightarrow$$

$$x_1^{n-1}x_2^{n+1}+x_2^{n-1}x_1^{n+1}\geqslant 2x_1^nx_2^n\Leftrightarrow$$

$$(x_1x_2)^{n-1}(x_1-x_2)^2\geqslant 0$$

这显然成立.

b) 设 $a\geqslant 2$,具有所要求的性质,则 a) 意味着

$$n\frac{S_1}{S_2}\geqslant\frac{S_1}{S_2}+\cdots+\frac{S_n}{S_{n+1}}>n-1\Rightarrow\frac{S_1}{S_2}>1-\frac{1}{n}$$

因为 $\lim\limits_{n\to+\infty}\frac{1}{n}=0$,所以 $\frac{S_1}{S_2}\geqslant 1$.

使用 Vieta 定理,有 $S_1=a,S_2=a^2-2$. 所以 $\frac{a}{a^2-2}\geqslant 1\Leftrightarrow$

$\dfrac{(a+1)(a-2)}{a^2-2} \leqslant 0$，因为 $a \geqslant 2$，所以 $a=2$.

相反的，如果 $a=2$，则 $x_1=x_2=1$，$S_n=2\ (n=1,2,\cdots)$，所以 $\dfrac{S_1}{S_2}+\cdots+\dfrac{S_n}{S_{n+1}}=n>n-1$.

问题 11.2 如图 4，$\triangle ABC$ 的内切圆的半径是 r，与三边 AB，BC 和 CA 分别切于点 C_1，A_1 和 B_1，如果 $N=BC \cap B_1C_1$，$AA_1=2A_1N=2\sqrt{3}r$，求 $\angle ANC$.

Sava Grozdev，Svetlozar Doychev

解 设 $AB=c, BC=a, CA=b, 2p=a+b+c$. 假设 $b>c$，I 表示 $\triangle ABC$ 的内心，条件 $A_1N=\sqrt{3}r$，表明 $\triangle INA_1$ 是直角三角形，且 $\angle NIA_1=60^\circ$. 我们要证明 $AA_1 \perp IN$. 则 $\angle AA_1N=60^\circ$. 如果 M 是线段 AA_1 的中点，则 $\triangle MNA_1$ 是等边三角形，所以 $\triangle ANM$ 是等腰三角形，$\angle ANM=\angle MAN=30^\circ$，于是 $\angle ANC=90^\circ$.

为证明 $AA_1 \perp IN$，我们注意到，这等价于证明等式 $AI^2-IA_1^2=AN^2-A_1N^2$. 对 $\triangle ANB$ 应用余弦定理，有

$$AN^2=c^2+BN^2+2c\cdot BN\cdot\cos\beta=$$
$$c^2+BN^2+2c\cdot BN\cdot\frac{a^2+c^2-b^2}{2ac}$$

另一方面，对 $\triangle ABC$ 和直线 B_1C_1，利用 Menelaus 定理，有

$$\frac{CB_1}{B_1A}\cdot\frac{AC_1}{C_1B}\cdot\frac{BN}{NC}=1$$

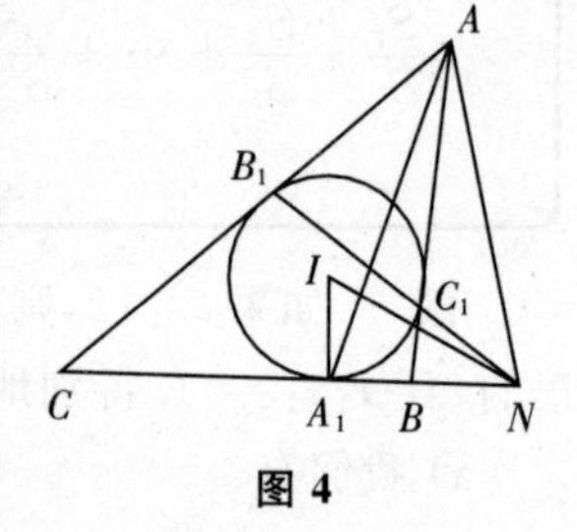

图 4

所以 $\dfrac{p-c}{p-b}\cdot\dfrac{BN}{BN+a}=1 \Rightarrow BN=\dfrac{a(p-b)}{b-c}$. 其中 p 是 $\triangle ABC$ 的半周长. 则 $A_1N=BN+p-b$，因此

$$AI^2-IA_1^2=c^2-(p-b)^2+BN\cdot\frac{a^2+c^2-b^2-a^2-ac+ab}{a}=$$
$$c^2-(p-b)^2-\frac{a(p-b)}{b-c}\cdot\frac{2(b-c)(p-a)}{a}=$$
$$c^2-(p-b)^2-2(p-a)(p-b)=(p-a)^2=$$
$$AI^2-IC_1^2=AI^2-IA_1^2$$

证明完成.

备注 事实上，$AA_1 \perp IN$ 对任何 $\triangle ABC$ 都是成立的. 其证明除了上面给出的证明方法外，还可以利用复数或变换. 另外注意到，P 是直线 AA_1 与 $\triangle ABC$ 内切圆的第二个公共点，则直线 NP 切于该圆，问题中的条件将给出 $P \equiv M$.

问题 11.3 求正整数 n，使得平面上存在 n 个点，满足其中任何点位于由这些点所确定的直线的 $\frac{1}{3}$ 条线上.

解 我们来证明 $n=6$. 如果一般位置的 6 个点（无三点共线），则总共有 15 条线，任意一点位于 5 条线上，即 $n=6$ 是该问题的答案.

由给定的 n 个点定义的直线条数用 k 表示，假设一条直线 l 上，包含了给定点中的 4 个，剩余的点属于 $\frac{k}{3}-1$ 条不同于直线 l 的直线上. 这就意味着至少有 $4\left(\frac{k}{3}-1\right)+1$ 条直线，因此 $4\left(\frac{k}{3}-1\right)+1\leqslant k$，即 $k\leqslant 9$. 另一方面，任何不位于直线 l 上的点，至少位于 4 条直线上（通过点的直线与在 l 上的 4 个点）. 因此 $k\geqslant 12$，引出一个矛盾. 所以任何直线，至多包含 3 个点.

设 a 条直线包含 2 个点，则其他 $k-a$ 条直线中的每一条包含 3 个点. 点数$\left(\text{它们当中的任何一个以}\frac{k}{3}\text{倍计数}\right)$等于 $2a+3(k-a)$，于是 $2a+3(k-a)=\frac{nk}{3}$. 另一方面，因为 n 个点，定义 $\frac{1}{2}n(n-1)$ 条直线（其中某些点可能重合），且任何一条直线包含 3 个点，以 3 倍计数，则 $a+3(k-a)=\frac{1}{2}n(n-1)$. 于是

$$a=\frac{n(n-1)(9-n)}{2(2n-9)},k=\frac{3n(n-1)}{2(2n-9)}$$

因为 $k\leqslant\frac{n(n-1)}{2}$，则 $2n-9\geqslant 3$，即 $n\geqslant 6$. 由 $a\geqslant 0\Rightarrow n\leqslant 9$. 当 $n=7$ 时，a,k 的值不是整数，所以 $n=8$ 或 9. 当 $n=8$ 时，$k=12,a=4$；当 $n=9$ 时，$k=12,a=0$.

用 l 表示给定的 n 个点在一般位置的点的最大个数，则余下的点属于这 l 个点定义的直线上.

情况 1 设 $l=3$. 这三个点表示为 A_1,A_2,A_3，其中任何点位于直线 A_1A_2，A_1A_3，A_2A_3 之一上. 因为任何一条直线包含至多 3 个点，则至多有 6 个点，矛盾.

情况 2 设 $l=4$，设代表的四个点为 A_1,A_2,A_3,A_4. 因为点的总数至少为 8，我们可以找到一个点在由 A_1,A_2,A_3,A_4 定义的直线之一上. 假定这个点是 A_5，且 $A_5\in A_1A_2$，则点 A_3,A_4,A_1,A_5 以及 A_3,A_4,A_2,A_5 是一般位置的点，所以所有点必在由 $A_1,A_2,A_3,A_4,A_3,A_4,A_1,A_5,A_3,A_4,A_2,A_5$ 定义的直线上. 公

共线仅有 A_3A_4，$A_1A_2A_5$，即所有的点都位于这两条直线上. 因任何一条直线，至多包含 3 个点，矛盾.

情况 3 设 $l=5$. 设代表的 5 个点分别为 A_1, A_2, A_3, A_4, A_5，其中任何点属于 4 条直线. 这就是说，$A_6A_i(i=1,2,\cdots,5)$ 是这些直线中的一条，我们假定 $A_6\in A_1A_2$，于是 A_6A_3 是直线 A_3A_4，A_3A_5，A_4A_5 之一，不妨设 $A_6\in A_3A_4$，则 A_6A_5 是一条新的直线，矛盾.

问题 12.1 考虑函数

$$f(x)=\frac{\cos^2 x}{1+\cos x+\cos^2 x} \text{ 和 } g(x)=k\tan x+(1-k)\sin x-x$$

其中 k 是一个实数.

a) 证明：$g'(x)=\dfrac{(1-\cos x)[k-f(x)]}{f(x)}$；

b) 求出 $f(x)$ 在 $x\in\left[0,\dfrac{\pi}{2}\right)$ 时的值域；

c) 求出所有 k，使得 $g(x)\geqslant 0$，$x\in\left[0,\dfrac{\pi}{2}\right)$.

Sava Grozdev, Svetlozar Doychev

解 a) 我们有

$$g'(x)=\frac{(1-\cos x)[k(1+\cos x+\cos^2 x)-\cos^2 x]}{\cos^2 x}=$$

$$\frac{(1-\cos x)(1+\cos x+\cos^2 x)}{\cos^2 x}[k-f(x)]=$$

$$\frac{(1-\cos x)[k-f(x)]}{f(x)}$$

b) 设 $\cos x=t$，则 $t\in(0,1]$ $\left(x\in\left[0,\dfrac{\pi}{2}\right)\right)$，且 $f(x)=h(t)=\dfrac{t^2}{1+t+t^2}$.

由于 $h'(t)=\dfrac{t^2+2t}{(1+t+t^2)^2}>0(t\in(0,1])$，所以 $h(t)$ 是 $(0,1]$ 上的增函数. 注意到，$h(0)=0$，$h(1)=\dfrac{1}{3}$，我们得到，当 $x\in\left[0,\dfrac{\pi}{2}\right)$ 时，$f(x)\in\left(0,\dfrac{1}{3}\right]$.

c) 如果 $k<0$，则 $\lim\limits_{x\to\frac{\pi}{2}^-}g(x)=-\infty$，即任何 $k<0$ 不是问题的解. 也容易得到 $k=0$ 也不是问题的解. 由 b) 可知，如果 $k\geqslant\dfrac{1}{3}$，则

$g'(x)>0$, $x\in\left(0,\frac{\pi}{2}\right)$,即 $g(x)$ 在 $\left(0,\frac{\pi}{2}\right)$ 上是增函数. 注意到 $g(0)=0$,有 $g(x)\geqslant 0$,$x\in\left[0,\frac{\pi}{2}\right)$ 成立.

如果 $k\in\left(0,\frac{1}{3}\right)$,则方程 $g'(x)=0$,由唯一一个根 $x_0\in\left(0,\frac{\pi}{2}\right)$,考虑到 $g'(x)<0$, $x\in(0,x_0)$,即 $g(x)$ 是 $(0,x_0)$ 上的减函数,则在 $(0,x_0)$ 上,$g(x)\leqslant g(0)=0$,所给不等式不成立. 因此所要求的 k 的取值范围是 $k\in\left[\frac{1}{3},+\infty\right)$.

问题 12.2 如图 5,设点 M 是 $\triangle ABC$ 的重心,且 $\angle AMB=2\angle ACB$,求证:

a) $AB^4=AC^4+BC^4-AC^2\cdot BC^2$;

b) $\angle ACB\geqslant 60^\circ$.

Nikolai Nikolov

证明 a) 在 $\triangle ABC$ 中,设 $AB=c$,$CA=b$,$BC=a$,$2p=a+b+c$. 对 $\triangle ABM$,由余弦定理,有

$$\cos\angle AMB=\frac{AM^2+BM^2-AB^2}{2\cdot AM\cdot MB}=\frac{a^2+b^2-5c^2}{12S_{\triangle ABC}}$$

因为 $\cot 2\gamma=\frac{2\cos^2\gamma-1}{2\sin\gamma\cos\gamma}$,则条件 $\angle AMB=2\gamma$ 变成

$$\frac{a^2+b^2-5c^2}{3ab}=2\cos\gamma-\frac{1}{\cos\gamma}\Leftrightarrow$$

$$\frac{a^2+b^2-5c^2}{3ab}-\frac{a^2+b^2-c^2}{ab}=-\frac{2ab}{a^2+b^2-c^2}\Leftrightarrow$$

$$\frac{a^2+b^2+c^2}{3ab}=\frac{ab}{a^2+b^2-c^2}\Leftrightarrow$$

$$(a^2+b^2)^2-c^4=3a^2b^2\Leftrightarrow$$

$$c^4=a^4+b^4-a^2b^2$$

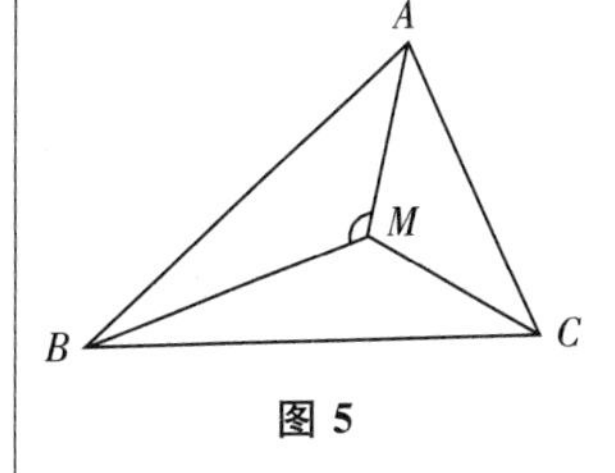

图 5

b) 易证,当 $a,b>0$ 时,$a^4+b^4-a^2b^2\geqslant(a^2+b^2-ab)^2$,则由 a) 得

$$a^2+b^2-2ab\cos\gamma=c^2\geqslant a^2+b^2-ab\Rightarrow\cos\gamma\leqslant\frac{1}{2},\text{即 }\gamma\geqslant 60^\circ$$

备注 b) 中的不等式还可以用下列方法证明. 注意这样一个事实,点 M 位于 $\triangle ABC$ 的外接圆的圆心 O 和垂心 H 为端点的线段上. 事实上,由于 $\angle AMB=2\gamma=\angle AOB$,则点 H 不可能在 $\triangle AOB$ 外接圆的内部,则不等式 $\gamma<90^\circ$ 表明点 O,H 和 C 位于直线 AB 的同侧,所以 $180^\circ-\gamma=\angle AHB\leqslant\angle AOB=2\gamma\Rightarrow\gamma\geqslant 60^\circ$.

问题 12.3 设 $\mathbf{R}$ 是实数集，求所有正数 a，满足存在一个函数 $f:\mathbf{R}\to\mathbf{R}$，具有下列两个性质：

a) $f(x)=ax+1-a(\forall x\in[2,3))$；

b) $f(f(x))=3-2x(\forall x\in\mathbf{R})$.

Oleg Mushkarov, Nikolai Nikolov.

解 设 $h(x)=f(x+1)-1$，易见，关于 $f(x)$ 的条件等价于 $h(x)=ax(x\in[1,2))$；$h(h(x))=-2x(x\in\mathbf{R})$.

则 $h(-2x)=h(h(h(x)))=-2h(x)$，特别地，$h(0)=0$.

由数学归纳法可以证明 $h(4^nx)=4^nh(x)$，因此 $h(x)>0$，$x\in[4^n,2\times 4^n)$，其中 n 是任意整数. 由于 $0>-2x=h(h(x))=h(ax)(x\in[1,2))$，存在整数 k，使得 $[a,2a)\subset[2\times 4^k,4^{k+1})$，因此 $a=2\cdot 4^k$.

相反的，如果 a 是这样的形式，则容易证明函数

$$h(x)=\begin{cases}ax & x\in[4^n,2\times 4^n)\\ -\dfrac{2x}{a} & x\in[2\times 4^n,4^{n+1})\\ 0 & x=0\\ ax & x\in(-4^{n+1},-2\times 4^n]\\ -\dfrac{2x}{a} & x\in(-2\times 4^n,-4^n]\end{cases}$$

其中 n 是整数，就是所要求的性质. 可以很容易地证明具有上面这个性质的函数是唯一的.

2003 年国家奥林匹克地区轮回赛

问题 1 面积为 10，高为 4 的一个直角梯形，被平行于它的底的平行线分成两个外切梯形，求两个内切圆的半径.

Oleg Mushkarov

解 如图 1，设四边形 $ABCD$ 是直角梯形，面积为 10，高 $AD=4$. 设 $MN /\!/ AB$，$M\in AD$，$N\in BC$，把直角梯形 $ABCD$ 分成两个外切梯形. 设 $AB=a$，$CD=b(a>b)$，$MN=c$，$AM=h_1$，$DM=h_2$，则

$$h_1^2+(a-c)^2=(a+c-h_1)^2\Rightarrow h_1=\frac{2ac}{a+c}$$

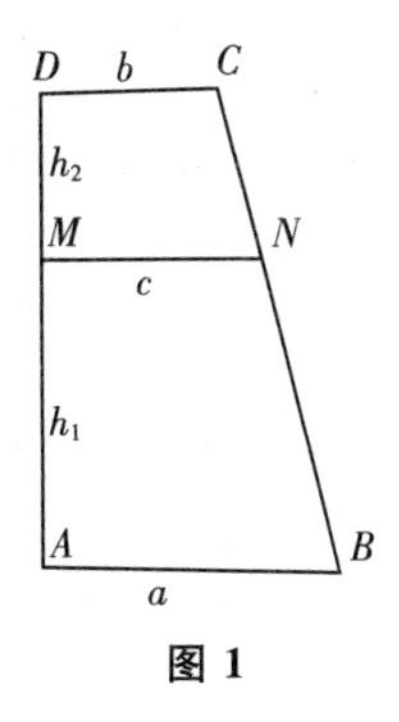

图 1

类似地可以求出 $h_2=\dfrac{2bc}{b+c}$. 所以 $\dfrac{h_1}{h_2}=\dfrac{a(b+c)}{b(a+c)}$. 另一方面，$\dfrac{h_1}{h_2}=\dfrac{a-c}{c-b}$. 所以 $(a+b)(ab-c^2)=0$，因此 $c^2=ab$. 从而

$$h_1=\frac{2a\sqrt{b}}{\sqrt{a}+\sqrt{b}},h_2=\frac{2b\sqrt{a}}{\sqrt{a}+\sqrt{b}}$$

则 $\sqrt{ab}=2$，$a+b=5$. 所以 a,b 是方程 $x^2-5x+4=0$ 的两个根，解得 $a=4,b=1$. 所以内切圆的半径分别为 $\dfrac{h_1}{2}=\dfrac{4}{3}$，$\dfrac{h_2}{2}=\dfrac{2}{3}$.

问题 2 设 n 是一个正整数，Ann 写下了 n 个不同的正整数. 然后 Ivo 删除了其中的一些数(可能没有删除，但不是全部删除)，在每一次剩下的数的前面放上“+”或“-”，然后求和. 如果求和所得结果能被 2 003 整除，那么 Ivo 获胜，否则 Ann 获胜，谁有获胜的策略？

Ivailo Kortezov

解 对于 $n\leqslant 10$，Ann 获胜. 她写下了数字 $1,2,\cdots,2^{n-1}$. 实际上，Ivo 得到的结果是 $-1\,023$ 和 $1\,023$ 之间的一个非零整数. 因为它与最大剩余数 $\left(2^j>2^j-1=\sum\limits_{i=0}^{j-1}2^i\right)$ 具有相同的符号.

对于 $n\geqslant 11$，Ann 写下的数的集合 C 是具有 $2^n-1>2\,003$ 个

不同点的非空子集. 所以其中两个数的和,比如说是 A 和 B,它们是模 2 003 同余的. 如果 Ivo 在数集 $A\backslash B$ 的前面放上"+"号,在 $B\backslash A$ 前面放上了"−"号,并删除了 C 中剩余的数,则他获胜.

问题 3 求所有实数 a,满足 $4[an]=n+[a[an]]$,对任何正整数 n 成立($[x]$ 表示小于或等于 x 的最大整数).

Nikolai Nikolov

解 由给定的条件可知,$4(an-1)<n+a(an)$,$4an>n+a(an-1)-1$,即 $1+a^2-\frac{a+1}{n}<4a<1+a^2+\frac{4}{n}$. 令 $n\to+\infty$,给出 $1+a^2=4a\Rightarrow a=2-\sqrt{3}$ 或 $2+\sqrt{3}$. 当 $n=1$ 时,给定的等式产生的第一种情况是不可能的. 在第二种情况,设 $b=\left[\frac{n}{a}\right]$,$c=\frac{n}{a}-b$,因为 $a=4-\frac{1}{a}$,则

$$
\begin{aligned}
n+[a[an]]&=\left[n+a\left[4n-\frac{n}{a}\right]\right]=[n+a(4n-b-1)]=\\
&[a(4n-1+c)]=\left[\left(4-\frac{1}{a}\right)(4n-1+c)\right]=\\
&\left[4(4n-1)-4\left(\frac{n}{a}-c\right)+\frac{1-c}{a}\right]=\\
&4(4n-1-b)=4\left[4n-\frac{n}{a}\right]=4[an]
\end{aligned}
$$

所以,$a=2+\sqrt{3}$ 是本题的唯一解.

问题 4 如图 2,设 D 是 $\triangle ABC$ 边 AC 上的一点,满足 $BD=CD$,平行于 BD 的直线分别交边 BC,AB 于点 E,F,设 $G=AE\cap BD$,证明:$\angle BCG=\angle BCF$.

Oleg Mushkarov, Nikolai Nikolov

证明 设 $H=AC\cap EF$,则 $\angle CDG=\angle FHC$,且 $\frac{CD}{DG}=\frac{BD}{DG}=\frac{FH}{HE}=\frac{FH}{HC}$. 由此可见,$\triangle CDG\backsim\triangle FHC$. 于是 $\angle GCD=\angle CFH$. 所以 $\angle BCG=\angle BCD-\angle GCD=\angle CEH-\angle CFH=\angle BCF$.

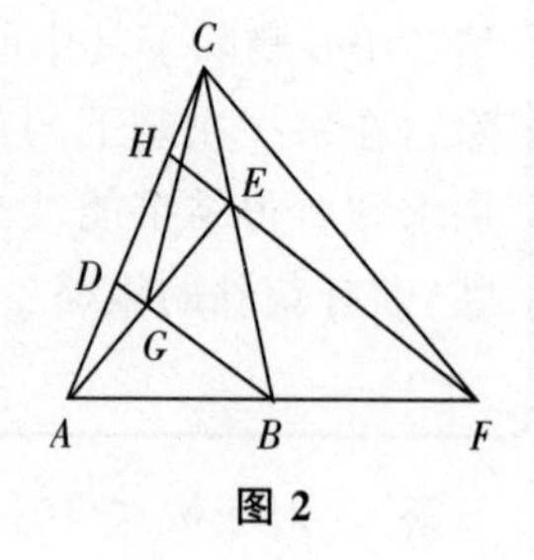

图 2

问题 5 求下面方程组的实数解

$$
\begin{cases}
x+y+z=3xy\\
x^2+y^2+z^2=3xz\\
x^3+y^3+z^3=3yz
\end{cases}
$$

Sava Grozdev, Svetlozar Doychev

解 首先注意三元组(0,0,0)是方程组的一个解.

如果$y=0$,由第一个方程,可得$x=-z$.由第二个方程,可得$x=z=0$;如果$y\neq 0$,设$a=\frac{x}{y}$,$b=\frac{z}{y}$,则方程组变成

$$\begin{cases}1+a+b=3ay & (1)\\ 1+a^2+b^2=3ab & (2)\\ y(1+a^3+b^3)=3b & (3)\end{cases}$$

所以,由(1)解得$y=\frac{1+a+b}{3a}$,代入(2)(3)有

$$\begin{cases}(1+a+b)(1+a^3+b^3)=9ab\\ 1+a^3+b^3=3ab\end{cases}$$

设$u=a+b$,$v=ab$,则$\begin{cases}(1+u)(1+u^3-3uv)=9v & (4)\\ 1+u^2-2v=3v & (5)\end{cases}$

由(5)解得,$v=\frac{u^2+1}{5}$,代入(4),得

$$(1+u)\left(1+u^3-3u\cdot\frac{1+u^2}{5}\right)=9\cdot\frac{1+u^2}{5}\Leftrightarrow$$

$$(u-2)(u^3+3u^2+1)=0$$

当$u=2$时,$v=1\Rightarrow a=b=1$.方程组的解为$(x,y,z)=(1,1,1)$.

函数$f(u)=u^3+3u^2+1$,在$u=-2$有局部最大值,在$u=0$有局部最小值.由于$f(0)=1>0$,所以方程$f(u)=0$只有唯一实根$u_0<-2$.则$u_0^2-4\cdot\frac{u_0^2+1}{5}=\frac{u_0^2-4}{5}>0$,这表明方程组

$\begin{cases}a+b=u_0\\ ab=\frac{u_0^2+1}{5}\end{cases}$有两组解.因此给定的方程组有四组实数解.

问题6 一个正整数集合C称为"好集",如果对任何正整数k,存在$a,b\in C$ $(a\neq b)$,使得$a+k,b+k$不是互质的.证明:如果一个"好集"C的元素之和等于2 003,则存在$c\in C$,使得$C\setminus\{c\}$是"好集".

Alexander Ivanov, Emil Kolev

证明 设$p_1,p_2,\cdots p_n$是C中两个不同数所有可能不同的质因数.假设对任意p_i,存在一个整数α_i,使得$c\equiv\alpha_i \pmod{p_i}$,对至多一个$c\in C$成立.由中国剩余定理可知,有一个整数$k$,满足$k=p_i-\alpha_i \pmod{p_i}$ $(i=1,2,\cdots,n)$.则问题的条件意味着,对某些j和某些$a,b\in C$,p_j整除$a+k$, $b+k$,则$a\equiv b\equiv\alpha_j \pmod{p_j}$,矛盾.

我们推出,对某些质数p的每一个模p余数,出现至少两次.假定任何余数的出现确有2次.我们得到C中的元素之和等于

$pr+2(0+1+\cdots+p-1)=p(r+p-1)$；$r\geqslant 1$. 矛盾. 因为 2 003 是一个质数，所以某些余数出现至少 3 次. 去掉 C 中一个元素给出的这个余数，得到一个新的"好集"C'（实际上，对任意 k，我们可以找到 $a,b\in C'$，$a\neq b$，满足 $p|a+k$，$p|b+k$）.

2003年国家奥林匹克国家轮回赛

问题1 求最小正整数 n，满足下列性质：如果 n 个不同形式的和式 $x_p+x_q+x_r(1\leqslant p<q<r\leqslant 5)$ 都等于0，则 $x_1=x_2=x_3=x_4=x_5=0$.

Sava Grozdev, Svetlozar Doychev

解 如果 $x_1=2$, $x_2=x_3=x_4=x_5=-1$，则所有形式为 $x_1+x_q+x_r(2\leqslant q<r\leqslant 5)$ 的6个代数式的和都等于0. 所以 $n\geqslant 7$.

现设形式为 $x_p+x_q+x_r(1\leqslant p<q<r\leqslant 5)$ 的7个元素的和都等于0. 因为 $\frac{7\times 3}{5}>4$，存在 x_i，在这些和中至少出现5次. 假定 $i=1$，形式为 $x_1+x_q+x_r(2\leqslant q<r\leqslant 5)$ 的和有6个，所以其中至多有一个是非零的. 因此，可以假定 $x_1+x_2+x_4=x_1+x_2+x_5=x_1+x_3+x_4=x_1+x_3+x_5=x_1+x_4+x_5=0$，由此可见，$x_2=x_3=x_4=x_5=-\frac{x_1}{2}$. 所以有6个形式为 $x_1+x_q+x_r(2\leqslant q<r\leqslant 5)$ 的和都等于0. 因为第7个和式为0，其形式为 $x_p+x_q+x_r(2\leqslant p<q<r\leqslant 5)$ 我们得到 $3x_p=0$. 这就是说，$x_1=x_2=x_3=x_4=x_5=0$.

问题2 如图1，设 H 是一个锐角 $\triangle ABC$ 高 $CP(P\in AB)$ 上一点，直线 AH 和 BH 分别交边 BC 和 AC 于点 M 和 N.

a) 证明：$\angle MPC=\angle NPC$；

b) 直线 MN 和 CP 相交于点 O，过点 O 的直线交四边形 $CNHM$ 于点 D 和点 E，证明：$\angle DPC=\angle EPC$.

Alexander Ivanov

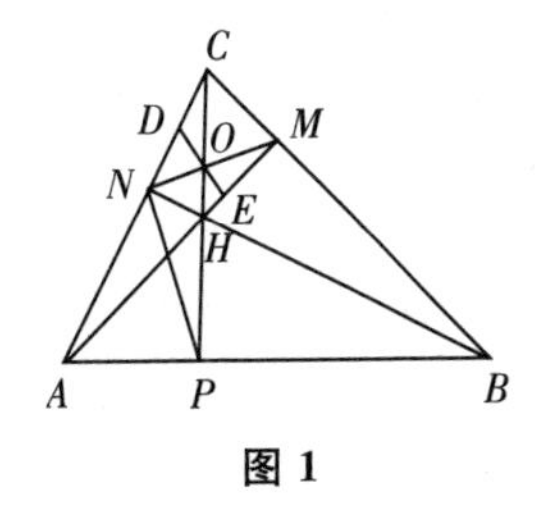

图1

证明 a) 设 $\angle NPC=\varphi_1$，$\angle MPC=\varphi_2$，则 $\frac{CN}{AN}=\frac{S_{\triangle NPC}}{S_{\triangle NPA}}=\frac{CP\sin\varphi_1}{AP\sin(90^\circ-\varphi_1)}$，所以，$\tan\varphi_1=\frac{CN\cdot AP}{AN\cdot CP}$. 类似可得，$\tan\varphi_2=\frac{CM\cdot BP}{BM\cdot CP}$. 因此，等式 $\varphi_1=\varphi_2$ 等价于 $\frac{CN\cdot AP\cdot BM}{AN\cdot BP\cdot CM}=1$.

对 $\triangle ABC$ 以及直线 AM，BN，CP 应用Ceva定理可知等式是

成立的.

b) 设$\angle NPC = \angle MPC = \varphi$,$\angle EPO = x$,$\angle DPO = y$,不难看出

$$x = y \Leftrightarrow \cot x = \cot y \Leftrightarrow \frac{\sin(\varphi - x)}{\sin x} = \frac{\sin(\varphi - y)}{\sin y}$$

设$E \in MH$,$D \in CN$,则$\frac{ME}{EH} = \frac{S_{\triangle MEP}}{S_{\triangle HEP}} = \frac{MP\sin(\varphi - x)}{PH\sin x} \Leftrightarrow$
$\frac{\sin(\varphi - x)}{\sin x} = \frac{ME \cdot PH}{EH \cdot MP}$.

类似地可得,$\frac{\sin(\varphi - y)}{\sin y} = \frac{DN \cdot CP}{CD \cdot PN}$. 由于$PO$是$\angle NPM$的角平分线,有$\frac{PM}{PN} = \frac{MO}{NO}$,所以,只需证明

$$\frac{ME}{EH} \cdot \frac{CD}{DN} \cdot \frac{PH}{CP} \cdot \frac{NO}{MO} = 1$$

设$\angle NOD = \delta$, $\angle EOP = \psi$,则

$$\frac{ME}{EH} = \frac{S_{\triangle MEO}}{S_{\triangle HEO}} = \frac{MO\sin\delta}{OH\sin\psi}, \frac{CD}{DN} = \frac{S_{\triangle CDO}}{S_{\triangle DNO}} = \frac{CO\sin\psi}{ON\sin\delta}$$

所以,余下的只需证明$\frac{OC \cdot PH}{OH \cdot PC} = 1$.

对$\triangle BHC$和直线MN,$\triangle CHM$和直线AB,$\triangle BHM$和直线AC,应用 Menelaus 定理,有

$$\frac{BN \cdot HO \cdot CM}{NH \cdot OC \cdot MB} = 1, \frac{CP \cdot HA \cdot MB}{PH \cdot AM \cdot BC} = 1, \frac{HN \cdot BC \cdot MA}{BN \cdot CM \cdot HA} = 1$$

这三式相乘即得所要证明的结论.

问题 3 考虑序列

$$y_1 = y_2 = 1, \ y_{n+2} = (4k-5)y_{n+1} - y_n + 4 - 2k \ (n \geqslant 1)$$

求所有正整数k,满足序列中的任何一项都是一个完全平方数.

Sava Grozdev, Svetlozar Doychev

解 设k具有给定的性质. 我们有$y_3 = 2k - 2 = 4a^2 (a \geqslant 0)$,即$k = 2a^2 + 1$. 进一步地,$y_4 = 8k^2 - 20k + 13$,$y_5 = 32k^3 - 120k^2 + 148k - 59 = 256a^6 - 96a^4 + 8a^2 + 1$.

如果$a = 0$,则$k = 1$. 给定的序列是$1,1,0,1,1,0,\cdots$. 所以,$k = 1$是一个解.

设$a > 0$,不难验证

$$(16a^3 - 3a)^2 \geqslant y_5 = 256a^6 - 96a^4 + 8a^2 + 1 > (16a^3 - 3a - 1)^2$$

由于y_5是完全平方数,第一个不等式必须是等式,即$a = 1$,

从而 $k=3$.

我们来证明 $k=3$ 是问题的一个解. 在此情况下,序列由下式来定义

$$y_1=y_2=1,\ y_{n+2}=7y_{n+1}-y_n-2\quad (n\geqslant 1)$$

由于 $y_3=2^2$, $y_4=5^2$, $y_5=13^2$,猜想 $y_n=u_{2n-3}^2(n\geqslant 2)$. 其中序列 $\{u_n\}$ 是Fibonacci序列: $u_1=u_2=1, u_{n+2}=u_{n+1}+u_n(n\geqslant 1)$. 为证明这个结论,首先注意到 $u_{n+2}=3u_n-u_{n-2}$ 和 $u_{n+2}u_{n-2}-u_n^2=1(n\geqslant 3$ 是奇数$)$,由此可知 $(u_{n+2}+u_{n-2})^2=9u_n^2$. 所以 $u_{n+2}^2=9u_n^2-u_{n-2}^2-2u_{n-2}u_{n+2}=7u_n^2-u_{n-2}^2-2$.

因此, $y_n=u_{2n-3}^2(n\geqslant 2)$.

问题 4 至少含有 3 个正整数的集合称为均匀集合,如果移去集合中任意一个元素,剩下的集合可以形成两个元素之和相等的不相交的子集. 求均匀集合的最小基数.

Peter Boyvalenkov, Emil Kolev

解 设 $A=\{a_1,a_2,\cdots,a_n\}$ 是一个均匀集合, $S=a_1+a_2+\cdots+a_n$,由给定的条件可知, $S-a_i(i=1,2,\cdots,n)$ 是偶数. 假定 S 是偶数,则所有数 $a_i(i=1,2,\cdots,n)$ 是偶数. 设 $a_i=2b_i(i=1,2,\cdots,n)$,则不难看出集合 $B=\{b_1,b_2,\cdots,b_n\}$ 也是均匀的. 所以我们可以假定 S 是奇数,从而 $a_1,a_2,\cdots,a_n$ 以及 n 也都是奇数.

我们来证明 $n=7$. 不难验证 $\{1,3,5,7,9,11,13\}$ 是均匀集合. 因为 3 个元素的集合,显然不是均匀的. 下面就要证明 5 个元素的集合是不均匀的.

设 $A=\{a_1,a_2,a_3,a_4,a_5\}$ 是均匀集合,且 $a_1<a_2<a_3<a_4<a_5$. 考虑集合 $A\backslash\{a_1\}$,我们得到 $a_2+a_5=a_3+a_4$ 或者 $a_2+a_3+a_4=a_5$. 考虑集合 $A\backslash\{a_2\}$,我们得到 $a_1+a_5=a_3+a_4$ 或者 $a_1+a_3+a_4=a_5$.

如果 $a_2+a_5=a_3+a_4$,且 $a_1+a_5=a_3+a_4$,则 $a_1=a_2$.

如果 $a_2+a_5=a_3+a_4$,且 $a_1+a_3+a_4=a_5$,则 $a_1=-a_2$.

如果 $a_2+a_3+a_4=a_5$,且 $a_1+a_5=a_3+a_4$,则 $a_1=-a_2$.

如果 $a_2+a_3+a_4=a_5$,且 $a_1+a_3+a_4=a_5$,则 $a_1=a_2$.

因为上面的所有可能都导致矛盾,所以我们得到 5 个元素的集合是不均匀的.

问题 5 设 a,b 和 c 是有理数,满足 $a+b+c$ 和 $a^2+b^2+c^2$ 是相等的整数,证明:数 abc 可以表示成一个完全立方和一个完全平方的比值互质的形式.

Oleg Mushkarov, Nikolai Nikolov

证明 设 $a+b+c=a^2+b^2+c^2=t$，则 $t\geqslant 0$. 另一方面，由均方根－算术平均不等式，有 $\frac{a^2+b^2+c^2}{3}\geqslant\frac{(a+b+c)^2}{9}\Leftrightarrow 3t\geqslant t^2$. 所以，$t\in\{0,1,2,3\}$.

如果 $t=0$ 或 3，则分别有 $a=b=c=0$ 或 $a=b=c=1$（一般的情况）.

设 $t=1$，用 d 表示 $|a|$，$|b|$，$|c|$ 的分母之积，则 $x=ad$，$y=bd$，$z=cd$ 是满足 $x+y+z=d$，$x^2+y^2+z^2=d^2$ 的整数.

设 $z>0$，可知

$$(x+y+z)^2=x^2+y^2+z^2\Leftrightarrow xy+yz+zx=0\Leftrightarrow$$
$$(x+z)(y+z)=z^2.$$

由上式可知，$x+z=rp^2$，$y+z=rq^2$，$z=|r|pq$. 其中 p，q 是互质的正整数，r 是非零整数.

由于 $d=x+y+z=r(p^2+q^2)-|r|pq>0$，则 $r>0$. 于是

$$a=\frac{x}{d}=\frac{p(p-q)}{p^2+q^2-pq},\ b=\frac{y}{d}=\frac{q(q-p)}{p^2+q^2-pq},$$
$$c=\frac{z}{d}=\frac{pq}{p^2+q^2-pq}$$

这样一来，$abc=\frac{[pq(p-q)]^2}{(pq-p^2-q^2)^3}$. 下面证明 $pq(p-q)$ 和 p^2+q^2-pq 是互质的整数.

设 s 是 $pq(p-q)$ 和 p^2+q^2-pq 的一个质因子，又设 $s\mid p$，因为 $s\mid(p^2+q^2-pq)$，则 $s\mid q$，矛盾. 类似可证，s 不能整除 q. 所以 $s\mid(p-q)$，则 $s\mid[(p-q)^2-(p^2+q^2-pq)]=pq$，这是不可能的.

$t=2$ 的情况可以转化为 $t=1$ 的情况. 可以通过设 $a_1=1-a$，$b_1=1-b$，$c_1=1-c$ 进行. 事实上，不难验证 $a_1+b_1+c_1=a_1^2+b_1^2+c_1^2=1$，且 $a_1b_1c_1=-abc$.

问题 6 求所有整系数多项式 $P(x)$ 满足对任意正整数 n，方程 $P(x)=2^n$ 有一个整数解.

Oleg Mushkarov, Nikolai Nikolov

解 用 m，a 分别表示 $P(x)$ 的次数和首项系数. 设 x_n 是方程 $P(x)=2^n$ 的整数解. 因为 $\lim\limits_{n\to+\infty}|x_n|=+\infty$，则 $\lim\limits_{n\to+\infty}\frac{a|x_n|^m}{2^n}=1$，所以 $\lim\limits_{n\to+\infty}\left|\frac{x_{n+1}}{x_n}\right|=\sqrt[m]{2}$. 另一方面，$x_{n+1}-x_n$ 整除 $p(x_{n+1})-p(x_n)$，所以，$|x_{n+1}-x_n|=2^{k_n}(k_n\geqslant 0)$. 则 $\left|\frac{x_{n+1}}{x_n}\right|=\frac{2^{k_n}}{|x_n|}+\varepsilon_n(\varepsilon_n=$

± 1). 我们有

$$\sqrt[m]{2} = \lim_{n \to +\infty} \left(\frac{2^{k_n}}{|x_n|} + \varepsilon_n \right) = \lim_{n \to +\infty} 2^{k_n} \sqrt[m]{\frac{a}{2^n} + \varepsilon_n}$$

注意到,对无限大的 n,都有 $\varepsilon_n = 1$ 或 -1,因为两种情况类似,我们只考虑第二种情况.

设 $1 = \varepsilon_{i_1} = \varepsilon_{i_2} = \cdots$,则$\sqrt[m]{2} + 1 = \sqrt[m]{a} \lim\limits_{j \to +\infty} 2^{k_{i_j} - i_j}$,因此正整数序列 $k_{i_j} - i_j$ 收敛于某个整数 l. 由此可知$(\sqrt[m]{2} + 1)^m = a2^{ml}$ 是有理数,根据 Eisenstein 准则多项式 $x^m - 2$ 是不可约的. 所以$(x-1)^m - 2$ 是$\sqrt[m]{2} + 1$ 的最小多项式. 因此可知只有 $m = 1$ 时,$(x-1)^m - 2 = x^m - a2^{ml}$.

令 $P(x) = ax + b$,则 $a(x_2 - x_1)$ 整除 2,从而 $a = \pm 1, \pm 2$. 容易证明,形式为 $P(x) = a(x + b)$ 的多项式即为所求. 其中 $a = \pm 1, \pm 2$,b 是任意整数.

2003 年 BMO 团队选拔赛

问题 1 如图 1,设 D 是 $\triangle ABC$ 边 AC 上的一点,$AC = BC$,E 是线段 BD 上的一点.证明:如果 $BD = 2AD = 4BE$,则 $\angle EDC = 2\angle CED$.

Mediteranian Mathematical Competition

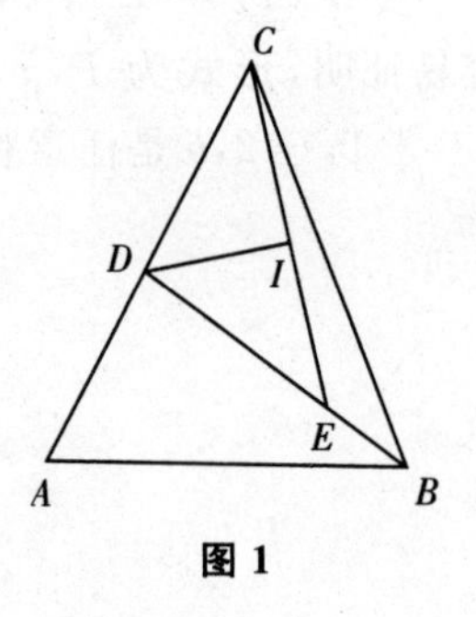

图 1

证明 由于 $\angle EDC = 2\angle CED \Leftrightarrow DI = EI$. 其中 DI ($I \in CE$) 是 $\angle CDE$ 的平分线.

设 $BD = 2AD = 4BE = 4x$, $AC = BC = y$. 则

$$DI = \frac{\sqrt{ED \cdot CD[(ED + CD)^2 - CE^2]}}{ED + CD} =$$

$$\frac{\sqrt{3x(y - 2x)[(x + y)^2 - CE^2]}}{x + y}$$

$$EI = CE \cdot \frac{ED}{ED + CD} = CE \cdot \frac{3x}{x + y}$$

由此容易推出

$$DI = EI \Leftrightarrow CE^2 = (x + y)(y - 2x)$$

对 $\triangle BCD$ 使用 Steward 定理,可得

$$CE^2 = \frac{BC^2 \cdot DE + CD^2 \cdot BE}{BD} - BE \cdot DE =$$

$$\frac{3y^2 + (y - 2x)^2}{4} - 3x^2 = (x + y)(y - 2x)$$

于是所证结论成立.

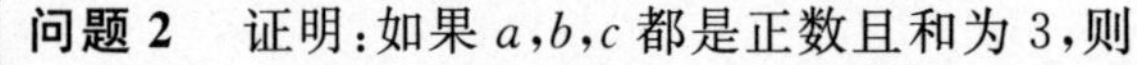

问题 2 证明:如果 a,b,c 都是正数且和为 3,则

$$\frac{a}{b^2 + 1} + \frac{b}{c^2 + 1} + \frac{c}{a^2 + 1} \geqslant \frac{3}{2}$$

Mediteranian Mathematical Competition

证明 我们有

$$a + b + c - \frac{a}{b^2 + 1} - \frac{b}{c^2 + 1} - \frac{c}{a^2 + 1} =$$

$$\frac{b}{b^2 + 1} \cdot ab + \frac{c}{c^2 + 1} \cdot bc + \frac{a}{a^2 + 1} \cdot ca \leqslant$$

$$\frac{ab + bc + ca}{2} \leqslant \frac{(a + b + c)^2}{6}$$

余下的证明使用条件 $a+b+c=3$ 即可得证.

问题 3 在平面上的任何格点,写下区间 $(0,1)$ 中的一个数.已知,任何一个格点中写下的数等于与它最近的四个格点中写下的数的算术平均数.证明:写下的所有数都相等.

证明 设 $f(x,y)$ 是在格点 (x,y) 写下的数,则

$$f(x,y)=\frac{f(x+1,y)+f(x-1,y)+f(x,y+1)+f(x,y-1)}{4}$$

假设所有数不全相等,则除去距离为 1 的两个点,满足写下的数是不同的.旋转平面,假定对某些 $x_0,y_0\in\mathbf{Z}$:$f(x_0+1,y_0)>f(x_0,y_0)$ 成立.

设 $g(x,y)=f(x+1,y)-f(x,y)$,则 $M=\sup\limits_{x,y\in\mathbf{Z}}g(x,y)\in(0,1]$,且

$$g(x,y)=\frac{g(x+1,y)+g(x-1,y)+g(x,y+1)+g(x,y-1)}{4}$$

特别地,如果 $g(a,b)\geqslant M-\varepsilon\ (\varepsilon>0)$,则

$$g(a+1,b)=4g(a,b)-g(a-1,b)-g(a,b+1)-g(a,b-1)\geqslant 4(M-\varepsilon)-3M=M-4\varepsilon$$

由数学归纳法可以证明 $g(a+n,b)\geqslant M-4^n\varepsilon\ (n\in\mathbf{N})$.

取 $n\geqslant\frac{2}{M}$,$\varepsilon\in\left(0,\frac{M}{2\times4^{n-1}}\right]$,且整数 a,b 满足 $g(a,b)\geqslant M-\varepsilon$.则

$$1>f(a+n,b)>f(a+n,b)-f(a,b)=\sum_{k=1}^{n-1}g(a+k,b)\geqslant n\cdot\frac{M}{2}\geqslant1$$

矛盾.

备注 还可以证明,如果在格点上的数目上(或下)一致有界,则问题中的结论仍然成立.

问题 4 对任何正整数 n,设 $A_n=\{j:1\leqslant j\leqslant n,\ (j,n)=1\}$,求所有 n,满足多项式

$$P_n(x)=\sum_{j\in A_n}x^{j-1}$$

是 $Z[x]$ 上的不可约多项式.

解 我们有 $P_1(x)=P_2(x)=1$,$P_3(x)=x+1$,$P_4(x)=x^2+1$,$P_6(x)=x^4+1$.所以整数 $n=1,2,3,4,6$ 具有所要求的性质.我们来证明这是本题的唯一解.

当 $n\geqslant3$ 时,足以证明多项式 $P_n(x)$ 有一个形式为 $1+x^r\ (r\geqslant$

1) 的因式. 当 $n=5$ 和 $n\geqslant 7$ 时,也有相应的恰当的因式.

如果 $n\geqslant 3$ 是质数,可由下面的分解得到

$$P_n(x)=(1+x)(1+x^2+x^4+\cdots+x^{n-3})$$

也要注意到 $P_4(x)=x^2+1$.

现在,我们对 n 使用数学归纳法. 假设命题对 $m\geqslant 3$ 成立($m\leqslant n$).

如果 $n\geqslant 6$ 是合数,则 $n=mp$,p 是质数,$m\geqslant 3$. 有两种可能的情况.

情况 1 p 整除 m. 则有 $A_n=\bigcup\limits_{i=0}^{p-1}(A_m+im)$,从而 $P_n(x)=P_m(x)\sum\limits_{i=0}^{p-1}x^{im}$. 余下的证明过程使用 $P_m(x)$ 有一个形式为 $1+x^r(r\geqslant 1)$ 的因式即可.

情况 2 p 不能整除 m. 利用

$$A_n=(\bigcup_{i=0}^{p-1}(A_m+im))\backslash(pA_m),且\ x^{kp-1}=x^{p-1}(x^p)^{k-1}$$

由此可知,$P_n(x)=P_m(x)\sum\limits_{i=0}^{p-1}x^{im}-x^{p-1}P_m(x^p)$. 由归纳假设可知,$P_m(x)$ 有一个形式为 $1+x^r(r\geqslant 1)$ 的因式. 所以 $1+x^{pr}$ 整除 $P_m(x^p)$.

考虑两个小情况:

a. 如果 $p\geqslant 3$,则 p 是奇数,且 $1+x^r$ 整除 $1+x^{pr}$,所以 $1+x^r$ 整除 $P_n(x)$;

b. 如果 $p=2$,假定 m 为质数(否则,m 有奇质数因子,转到 a 的情况或情况 1). 则 $P_n(x)=(1+x^{m+1})(1+x^2+x^4+\cdots+x^{m-3})$. $P_n(x)=1+x^r$ 仅对 $n=3,4,6$ 成立. 完成解答.

2003 年 IMO 团队选拔赛

问题 1 在一个锐角 $\triangle ABC$ 中画出 2 003 个长方形，满足它们中的任何一个有一条边平行于 AB，求这些长方形面积和的最大值.

解 不难看出，这些矩形的一边必须放在另一个矩形上，所以它们有两个顶点位于 AC 和 BC 边上，且第一个矩形的一边位于 AB 上.

现在，我们利用数学归纳法来证明：当边 AC 被位于其上的矩形的顶点分成 $n+1$ 个相等部分时，n 个这样的矩形面积之和取到最大值. 其面积之和最大值等于 $\frac{n}{n+1}S$ ($S=S_{\triangle ABC}$).

设四边形 $MNPQ$ 是矩形，$M,N\in AB$，$P\in BC$，$Q\in AC$. 设 $\frac{CQ}{AC}=x$，易见 $S_{矩形MNPQ}=2x(1-x)S$. 因此当 $x=\frac{1}{2}$ 时，即 Q 是边 AC 的中点时，$S_{矩形MNPQ}$ 取得最大值. 这表明对于 $n=1$，命题是成立的.

假设命题对 $n=k$ 是成立的，考虑 $n=k+1$ 时的情况.

在矩形 $M_iN_iP_iQ_i$ 中，$M_i,N_i\in P_{i-1}Q_{i-1}$ ($P_0\equiv A,Q_0\equiv B$)，$P_i\in BC,Q_i\in AC(i=1,2,\cdots,k+1)$，设 $\frac{CQ_1}{AC}=x$，则 $S_{矩形M_1N_1P_1Q_1}=2x(1-x)S$. 由归纳假设可知，当 $Q_1Q_2=Q_2Q_3=\cdots=Q_kQ_{k+1}=Q_{k+1}C$ 时，$\sum_{i=2}^{k+1}S_{矩形M_iN_iP_iQ_i}$ 最大. 所以

$$\sum_{i=2}^{k+1}S_{矩形M_iN_iP_iQ_i}\leqslant\frac{k}{k+1}S_{\triangle Q_1P_1C}=\frac{kx^2}{k+1}S$$

则

$$\sum_{i=1}^{k+1}S_{矩形M_iN_iP_iQ_i}\leqslant\left[2x(1-x)+\frac{kx^2}{k+1}\right]S=$$
$$\left[\frac{k+1}{k+2}-\frac{k+2}{k+1}\left(x-\frac{k+1}{k+2}\right)^2\right]S\leqslant$$
$$\frac{k+1}{k+2}S$$

当 $x=\frac{k+1}{k+2}$ 时，即点 $Q_1,Q_2,\cdots,Q_{k+1}$ 把边 AC 分成相等部分时，等号成立.

问题 2 求所有函数 $f:\mathbf{R}\to\mathbf{R}$ 满足 $f(x^2+y+f(y))=2y+f^2(x)(x,y\in\mathbf{R})$.

解 由下式可知

$$f(x^2+y+f(y))=2y+f^2(x) \tag{1}$$

函数 $f(x)$ 是满射的. 注意到 $f^2(x)=f^2(-x)$，选取特殊值 a 使 $f(a)=f(-a)=0$. 在式(1)中设 $x=0,y=\pm a$，则 $0=f(\pm a)=f^2(0)\pm 2a$，即 $a=0$. 在式(1)中代入 $y=-\frac{f^2(x)}{2}$，得到 $f(x^2+y+f(y))=0$. 从而，$y+f(y)=-x^2$. 于是函数 $y+f(y)\leqslant 0$. 因为 $f(0)=0$，由式(1)可知 $f(x^2)=f^2(x)\geqslant 0,f(y+f(y))=2y$.

设 $z=x^2,t=y+f(y)$，再次利用式(1)，我们推出 $f(z+t)=f(z)+f(t)\ (z\geqslant 0\geqslant t)$. 对于 $z=-t$ 有 $f(-t)=-f(t)$. 容易证明，对任意的 z,t 都有 $f(z+t)=f(z)+f(t)$. 因为 $f(t)\geqslant 0\ (t\geqslant 0)$，由此可知 $f(x)$ 是增函数. 假设对于某些 $y,f(y)>y$，则 $f(f(y))\geqslant f(y)$，有 $2y=f(y+f(y))=f(y)+f(f(y))>2f(y)$. 矛盾. 所以 $f(y)\leqslant y$. 用同样的方法，可以证明 $f(y)\geqslant y$. 所以 $f(x)=x$. 该函数显然满足式(1).

问题 3 凸 n 边形的某些顶点，由线段相连，满足任何两条线段没有公共内部点. 证明：一般位置(即其中任何三点不共线)的任何 n 个点，存在这些点与凸 n 边形的顶点之间的一一对应关系，使得各自对应于 n 边形线段的任何两条线段没有内部公共点.

证明 设 $A_1A_2\cdots A_n$ 是凸 n 边形. 用 B 表示相连顶点的集合. 又设 $B_1B_2\cdots B_k$ 是其凸包. 对边数 n 采用数学归纳法证明所要求的性质是一个映射. 即该 n 边形给定的两个相邻顶点到给定凸包 $B_1B_2\cdots B_k$ 相邻两个顶点的对应.

当 $n=3$ 时，命题显然成立. 设命题对任何 $k<n$ 为真. 为证明对 n 也为真，只需对 n 找一个 A_1,A_2 分别射向 B_1,B_2 的映射. 注意到，有唯一一个点 A_i 与 A_1,A_2 相连(否则，某些线段将有一个公共的内部点). 考虑来自 B 中的点 $X_1,X_2,\cdots,X_s$，满足任意 $\triangle B_1X_iB_2$ 不包含 B 中的点. 从中容易找到一点，不妨设为 X_l，满足 $\angle B_1B_2X_l$，$\angle B_2B_1X_l$ 的内部分别包含至多 $n-i$，$i-3$ 个 B 中的点. 很明显，有一条通过点 X_l 和线段 B_1B_2 一个内部点的直线，

把集合 B 分成两个子集 B_1, B_2，分别包含 $n-i+1$，$i-2$ 个点的直线. 设 B_1X_l，B_2X_l 是这两个集合的凸包之边. 如果 A_i 对应于点 X_l，则对集合 $A_2A_3\cdots A_l$ 应用归纳假设，$B_2 \cup \{X_l\}$，$A_iA_{i+1}\cdots A_nA_1$，$B_1 \cup \{X_l\}$，我们看到，命题对 n 个点也为真. 这就完成了本题的证明.

问题 4 证明：对于 $1,2,\cdots,2\,002$ 的任何一个排列 $a_1, a_2, \cdots, a_{2\,002}$，存在奇偶性相同的正整数 m, n，满足 $a_m + a_n = 2a_{\frac{m+n}{2}}$ $(1 \leqslant m < n \leqslant 2\,002)$.

证明 采用数学归纳法证明，对于 $k \geqslant 3$，$a_1, a_2, \cdots, a_k$ 是 $1, 2, \cdots, k$ 的一个排列，满足

(1) 对任意具有相同奇偶性的 m, n, k $(1 \leqslant m < n \leqslant k)$ 有，$a_m + a_n \neq 2a_{\frac{m+n}{2}}$. 当 $k = 3, 4$ 时，分别取排列 $1,3,2;1,3,2,4$. 假定命题对任何小于 k 的整数成立. 从 $1,2,\cdots,k$ 的下列排列开始：奇数为第一块，不能被 4 整除的偶数为第二块，等等. 例如，当 $k = 12$ 时，我们有 $1,3,5,7,9,11;2,6,10;4,12;8$.

如果 a_m, a_n 在不同的块中. 设 $a_m = 2^s b$，$a_n = 2^t c$ $(t > s > 0)$，其中 b, c 是奇数，则 $\frac{a_m + a_n}{2} = 2^{s-1}(b + 2^{t-s}c)$ 在 a_m 前一块，$a_{\frac{m+n}{2}}$ 在 a_m，b_n 所在块之间，所以(1) 成立.

对任意块的整数，按这样的方式进行排序，对这个块中的元素满足(1) 的条件. 考虑第 $r+1$ 个块：$2^r, 3\cdot 2^r, \cdots, (2d-1)\cdot 2^r$，其中 $2d-1 \leqslant k$. 由归纳假设可得，$b_1, b_2, \cdots, b_d$ 是 $1, 2, \cdots, d$ 的一个排列，且满足(1). 设 $c_i = 2b_i - 1$ $(i = 1, 2, \cdots, d)$. 并考虑排列 $2^r c_1, 2^r c_2, \cdots, 2^r c_{2d-1}$. 则 $\frac{c_m + c_n}{2} = b_m + b_n - 1 \neq 2b_{\frac{m+n}{2}} - 1 = c_{\frac{m+n}{2}}$. 这就完成了证明.

问题 5 设 $ABCD$ 是一个外切四边形，点 P 是圆心在对角线 AC 上的正投影，证明：$\angle APB = \angle APD$.

证明 利用下面这样一个结论：

如果 $\alpha, \beta, \gamma, \delta$ 是满足 $\sin\alpha\sin\delta = \sin\beta\sin\gamma$，$\alpha + \beta = \gamma + \delta < 180^\circ$ 的角，则 $\alpha = \gamma$，$\beta = \delta$.

如图 1，用 M, N, R, S 分别表示四边形 $ABCD$ 的内切圆(圆心是 O) 与边 AB, BC, CD, DA 的切点. 则点 A, M, O, P, S 位于直径为 AO 的圆上，且 $\angle APM = \frac{\overset{\frown}{AM}}{2} = \frac{\overset{\frown}{AS}}{2} = \angle APS$.

同理可知，$\angle CPR = \angle CPN$. 从而 $\angle SPR = \angle MPN$. 对 $\triangle BPM$，$\triangle BPN$ 应用正弦定理，有

$$\frac{\sin\angle MPB}{\sin\angle PMB}=\frac{BM}{BP}=\frac{BN}{BP}=\frac{\sin\angle BPN}{\sin\angle BNP}$$

所以$\dfrac{\sin\angle MPB}{\sin\angle NPB}=\dfrac{\sin\angle PMB}{\sin\angle PNB}$.由于

$$\angle PMB=180^\circ-\angle AMP=180^\circ-\angle AOP$$
$$\angle PNB=180^\circ-\angle CNP=180^\circ-\angle COP$$

则

$$\frac{\sin\angle MPB}{\sin\angle NPB}=\frac{\sin\angle AOP}{\sin\angle COP}$$

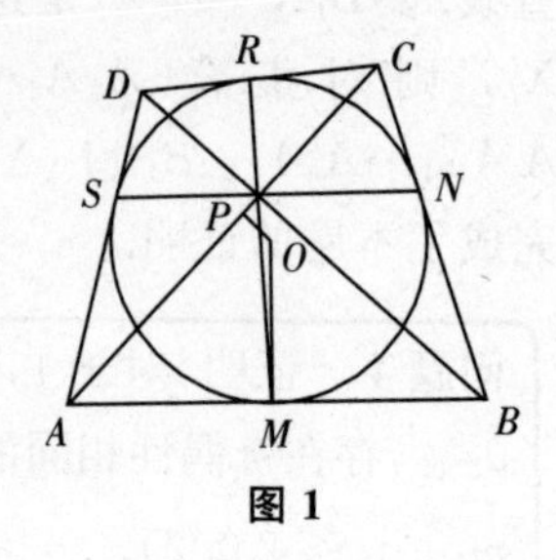

图 1

同理可证,$\dfrac{\sin\angle SPD}{\sin\angle RPD}=\dfrac{\sin\angle AOP}{\sin\angle COP}$.

应用上面提到的事实,对 $\alpha=\angle MPB$, $\beta=\angle NPB$, $\gamma=\angle SPD$, $\delta=\angle RPD$,我们推出 $\angle MPB=\angle SPD$. 从而 $\angle APB=\angle APM+\angle MPB=\angle APS+\angle SPD=\angle APD$.

问题 6 证明:不存在正整数 m 和 n,满足

$$m(m+1)(m+2)(m+3)=n(n+1)^2(n+2)^3(n+3)^4$$

证明 我们使用这样一个结论:如果$(\sqrt{a^2-1}+1)^k=\sqrt{a^2-1}x_k+y_k$,则 Pell 方程$(a^2-1)x^2+1=y^2$ 的所有解是(x_k, y_k). 这就意味着$(a^2-1)x^2+1$是完全平方式,当且仅当 x 是下列序列的项:$x_0=0, x_1=1, x_{k+2}=2ax_{k+1}-x_k(k\geqslant 0)$.

因为 $m(m+1)(m+2)(m+3)+1=(m^2+3m+1)^2$,则

$$n(n+1)^2(n+2)^3(n+3)^4+1=$$
$$[(n+1)^2-1][(n+1)(n+2)(n+3)^2]^2+1$$

是完全平方式. 对 $a=n+1$,应用上面提到的性质,可以得到$(n+1)(n+2)(n+3)^2$ 是下列序列中的一项

$$x_0=0, x_1=1, x_{k+2}=(2n+2)x_{k+1}-x_k\quad(k\geqslant 0)$$

对 k 应用数学归纳法,可知任意的 x_k 模 $2n+1$, $2n+3$ 的余数都是 0,1 或 -1. 所以

$$(n+1)(n+2)(n+3)^2\equiv 0,\pm 1(\bmod(2n+1))$$
$$(2n+2)(2n+4)(2n+6)^2\equiv 0,\pm 16(\bmod(2n+1))$$

利用 $2n+2\equiv 1(\bmod(2n+1))$, $2n+4\equiv 3(\bmod(2n+1))$, $2n+6\equiv 5(\bmod(2n+1))$. 可知 $2n+1$ 整除 75,59 或 91. 重复使用同样的结论,我们得到 $2n+3$ 整除 7,9 或 25. 满足两个条件的数只有$n=1,2,3$. 直接验证,完成我们的解答.

2004 年冬季数学竞赛

问题 9.1 求 a 的所有值，使方程

$$(a^2-a-9)x^2-6x-a=0$$

有两个不同的正根.

Ivan Landjev

解 方程有两个不同的正根，当且仅当

$$\begin{cases}\Delta = a^3-a^2-9a+9>0\\ x_1+x_2=\dfrac{6}{a^2-a-9}>0\\ x_1x_2=\dfrac{-a}{a^2-a-9}>0\end{cases}$$

第一个不等式的解为 $a\in(-3,1)\cup(3,+\infty)$，第二个不等式的解为 $a\in\left(-\infty,\dfrac{1-\sqrt{37}}{2}\right)$ 或 $\left(\dfrac{1+\sqrt{37}}{2},+\infty\right)$，第三个不等式的解为 $a\in(-\infty,0)$. 所以 $a\in\left(-3,\dfrac{1-\sqrt{37}}{2}\right)$.

问题 9.2 圆内接四边形 $ABCD$ 的对角线 AC、BD 相交于点 E，圆心是 I. 如果线段 AD、BC 和 IE 的中点共线，证明：$AB=CD$.

Stoyan Atanasov

证明 如图 1，M，N 分别表示边 AD，BC 的中点. 为了不失一般性，假定 I 位于四边形 $AMNB$ 的内部，E 位于四边形 $MDCN$ 的内部，则

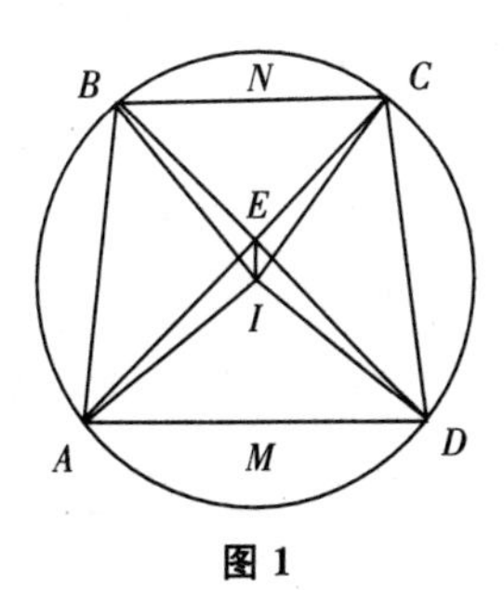

图 1

$$\begin{aligned}S_{\triangle MIN} &= S_{\text{四边形}AMNB}-S_{\triangle ABI}-S_{\triangle AMI}-S_{\triangle BNI}=\\ &S_{\text{四边形}AMNB}-S_{\triangle ABI}-\frac{1}{2}(S_{\triangle ADI}+S_{\triangle BCI})=\\ &S_{\text{四边形}AMNB}-\frac{1}{2}S_{\triangle ABI}-\frac{1}{2}(S_{\text{四边形}ABCD}-S_{\triangle CDI})\end{aligned}$$

类似地，$S_{\triangle MEN}=S_{\text{四边形}MDBC}-\frac{1}{2}S_{\triangle DCE}-\frac{1}{3}(S_{\text{四边形}ABCD}-S_{\triangle ABE})$.

利用 $S_{\triangle MIN}=S_{\triangle MEN}$，我们有

$$S_{\text{四边形}AMNB}-\frac{1}{2}S_{\triangle ABI}-\frac{1}{2}(S_{\text{四边形}ABCD}-S_{\triangle CDI})=$$

$$S_{\text{四边形}MDNC}-\frac{1}{2}S_{\triangle DCE}-\frac{1}{2}(S_{\text{四边形}ABCD}-S_{\triangle ABE})$$

$$\frac{1}{2}S_{\triangle ADN}+\frac{1}{2}S_{\triangle ABC}-\frac{1}{2}S_{\triangle ABI}-\frac{1}{2}\left(S_{\text{四边形}ABCD}+\frac{1}{2}S_{\triangle CDI}\right)=$$

$$\frac{1}{2}S_{\triangle ADN}+\frac{1}{2}S_{\triangle CBD}-\frac{1}{2}S_{\triangle DCE}-\frac{1}{2}\left(S_{\text{四边形}ABCD}+\frac{1}{2}S_{\triangle ABE}\right)$$

$$S_{\triangle ABC}-S_{\triangle CBD}+S_{\triangle DCE}-S_{\triangle ABE}=S_{\triangle ABI}-S_{\triangle CDI}$$

$$S_{\triangle ABE}-S_{\triangle CDE}+S_{\triangle DCE}-S_{\triangle ABE}=S_{\triangle ABI}-S_{\triangle CDI}$$

所以当 $AB=CD$ 时，$S_{\triangle ABI}=S_{\triangle CDI}$.

问题 9.3 求具有下列性质的最小颜色数.

对正整数 $1,2,\cdots,2\,004$ 着色，满足没有这样的整数 a,b,c，使得 a,b,c 具有相同的颜色，且 $a<b<c$，$a|b$，$b|c$.

解 用 $f(n)$ 表示最小颜色数，使得整数 $1,2,\cdots,n$ 可以用所需的方法着色. 我们来证明：$f(n)=\left[\frac{k+1}{2}\right]$，其中 $2^{k-1}\leqslant n<2^k$. 注意到在序列 $1,2,2^2,\cdots,2^{k-1}$ 中，没有相同颜色的三个数. 这就是说，$f(n)\geqslant\left[\frac{k+1}{2}\right]$. 下面考虑 $\left[\frac{k+1}{2}\right]$ 种颜色的着色 $\left(\text{每一种颜色用 }1,2,\cdots,\left[\frac{k+1}{2}\right]\text{中的一个整数标记}\right)$. 如果 $m=p_1^{\alpha_1}p_2^{\alpha_2}\cdots p_t^{\alpha_t}\leqslant n$，其中 p_i 是质数，则有 $h(m)=\alpha_1+\alpha_2+\cdots+\alpha_t<k$. 而且，我们可以用颜色 $\left[\frac{h(m)+1}{2}\right]$ 来修正颜色 m. 如果，$a\mid b$，$b\mid c$，则有 $h(a)<h(b)<h(c)$. 即 $h(c)-h(a)\geqslant 2$. 这就说明 a，c 具有不同的颜色. 所以 $f(n)=\left[\frac{k+1}{2}\right]$. 现在对 $n=2\,004$，应用上面的公式，得 $f(2\,004)=6$.

问题 10.1 设 $f(x)=x^4-x^3+8ax^2-ax+a^2$，$g(y)=y^2-y+6a$.

a) 证明：$f(x)=(x^2-y_1x+a)(x^2-y_2x+a)$，其中 y_1，y_2 是方程 $g(y)=0$ 的两根；

b) 求所有的 a 值，使得方程 $f(x)=0$ 有不同的正根.

Kerope Tchakerian

解 a) 因为 $y_1+y_2=1$，$y_1y_2=6a$，则

$$(x^2-y_1x+a)(x^2-y_2x+a)=$$

$$x^4-(y_1+y_2)x^3+(2a+y_1y_2)x^2-a(y_1+y_2)x+a^2=f(x)$$

b) 方程 $f(x)=0$ 的根 x_1,x_2 与 x_3,x_4 分别是方程 $x^2-y_1x+a=0$，$x^2-y_2x+a=0$ 的根. 容易看出 x_1,x_2,x_3,x_4 是不同的正

实根，当且仅当同时满足下列三个条件：

(1)$a \neq 0$，$y_1 \neq y_2$ 是实数 $\Leftrightarrow a \neq 0, \Delta = 1 - 24a > 0 \Leftrightarrow a \neq 0, a < \frac{1}{24}$.

(2)$\Delta_1 = y_1^2 - 4a > 0, \Delta_2 = y_2^2 - 4a > 0 \Leftrightarrow y_1 > 10a$ 和 $y_2 > 10a$.

(3)$x_1 + x_2 = y_1 > 0, x_1x_2 = a > 0, x_3 + x_4 = y_2 > 0, x_3x_4 = a > 0 \Leftrightarrow y_1 > 0, y_2 > 0, a > 0$.

这些条件等价于 $0 < a < \frac{1}{24}, y_1 > 10a, y_2 > 10a$. 这等同于 $0 < a < \frac{1}{24}, g(10a) > 0, 10a < \frac{1}{2} \Leftrightarrow 0 < a < \frac{1}{24}, 4a(25a-1) > 0$ 和 $a < \frac{1}{20}$. 所以所求的 a 为 $a \in \left(\frac{1}{25}, \frac{1}{24}\right)$.

问题 10.2 设 $ABCDE$ 是圆内接五边形，$AC \parallel DE$，BD 的中点是点 M. 若 $\angle AMB = \angle BMC$，证明：BE 平分 AC.

Peter Boyvalenkov

证明 如图 2，设 BE，AC 相交于点 N. P 是 AB 的中点. 设 $\angle BAC = \angle BDC = \alpha$，$\angle ABE = \angle CBD = \beta$，$\angle ADB = \angle ACB = \gamma$，则 $\triangle ABN \backsim \triangle DBC$. 由此，可以推出 $\triangle BPN \backsim \triangle BMC$.

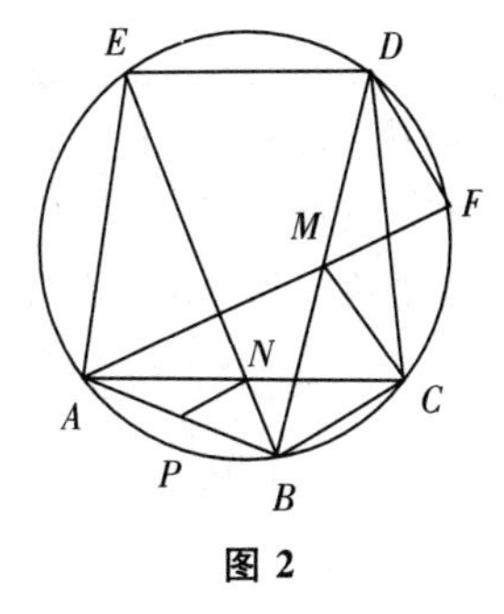

图 2

设 $\angle AMB = \angle BMC = \varphi$. 由上所述，我们有 $\angle BPN = \varphi$. 我们要使用下列结论：

如果一个圆的两条弦平分第三条弦，且与第三条弦形成相等的角，则两弦相等，且交点将它们分成相等的部分(使用全等三角形或直线对称).

设射线 AM，交圆于点 F，则 $CM = FM \Rightarrow \triangle BMC \cong \triangle DMF$. 所以 $BC = DF$，$\angle MAD = \angle BDC = \alpha$. 由 $\triangle AMD$ 可知，$\varphi = \alpha + \gamma$. 由 $\triangle APN$ 可得，$\angle ANP = \varphi - \alpha = \gamma = \angle ACB$. 从而 $NP \parallel BC$. 所以 N 是 AC 的中点. 证明完成.

问题 10.3 求最大的正整数 n，使得存在一个由正整数组成的集合 $\{a_1, a_2, \cdots, a_n\}$，满足：

a) 其中任意两个元素互质；

b) $1 < a_i \leqslant (3n+1)^2 (i = 1, 2, \cdots, n)$.

Ivan Landjev

解 假设 n 具有所需的性质. 对于任意一个 $j = 1, 2, \cdots, n$，用 q_j 表示 a_j 的最小质因数. 又设 $q = \max\limits_{1 \leqslant i \leqslant n} q_i$. 为了不失一般性，假设 $q = q_1$，则

$$(3n+1)^2 \geqslant a_1 \geqslant q_1^2 \geqslant p_n^2$$

其中 p_n 是第 n 个质数. 所以 $p_n \leqslant 3n+1$. 用归纳法容易证明对于 $n \geqslant 15$, $p_n > 3n+1$. 因此 $n \leqslant 14$. 因为集合 $\{2^2, 3^2, 5^2, \cdots, p_{14}^2\}$ 满足题目的要求, 所以 $n = 14$.

问题 11.1 求所有 a 的值, 使得方程

$$4^x - (a^2+3a-2)2^x + 3a^3 - 2a^2 = 0.$$

有唯一解.

Alexander Ivanov, Emil Kolev

解 设 $y = 2^x$. 我们来求满足方程

$$y^2 - (a^2+3a-2)y + 3a^3 - 2a^2 = 0 \Leftrightarrow (y-a^2)(y-3a+2) = 0$$

确有一个正根的所有 a 的值. 显然, $a = 0$ 不是该方程解. 对于 $a \neq 0$, 方程有一个正根 $y_1 = a^2$. 如果 $y_2 = 3a-2 \leqslant 0$ 或 $y_2 = y_1$, 则方程的根是唯一的. 在第一种情况下, 有 $a \leqslant \frac{2}{3}$. 在第二种情况下有 $a^2 = 3a-2$, 即 $a_1 = 1$, $a_2 = 2$. 综上所述, a 的值为 $a \in (-\infty, 0) \cup \left(0, \frac{2}{3}\right) \cup \{1\} \cup \{2\}$.

问题 11.2 如图 3, 设 $\triangle ABC$ 边 AB 上一点 M, 满足 $\triangle AMC$ 和 $\triangle BMC$ 的内切圆半径相等, 其圆心分别为 O_1 和 O_2, 与边 AB 的切点分别为 P, Q, 已知 $S_{\triangle ABC} = 6S_{\text{四边形}PQO_2O_1}$.

a) 证明: $10CM + 5AB = 7(AC+BC)$;

b) 求 $\frac{AC+BC}{AB}$ 的值.

Emil Kolev

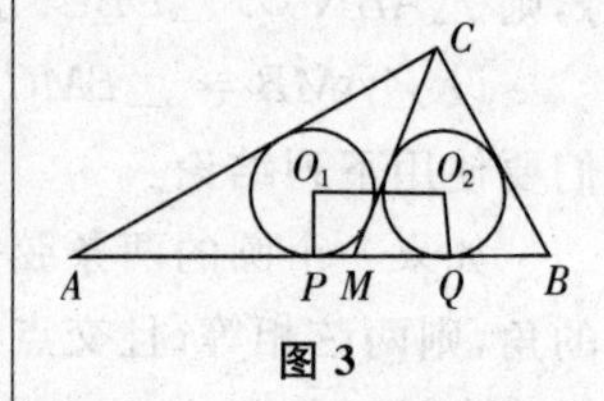

图 3

解 设 $AB = c$, $BC = a$, $CA = b$, $2p = a+b+c$. 又设 $\triangle AMC$, $\triangle BMC$ 的内切圆半径都是 r.

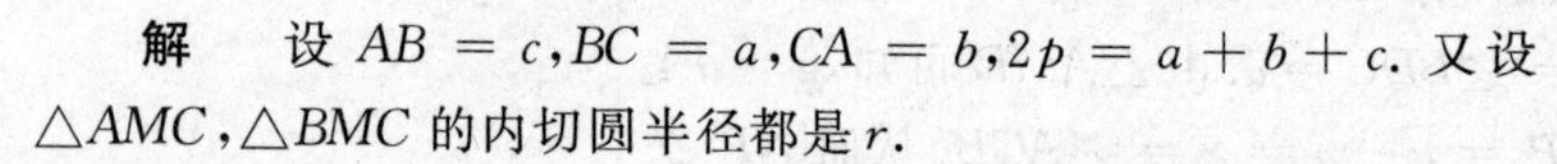

a) 因为

$$S_{\triangle ABC} = r\left(\frac{a+b+c}{2} + CM\right)$$

$$S_{\text{四边形}PQO_2O_1} = r(MQ+MP) = r\left(\frac{MB+CM-a}{2} + \frac{MA+CM-b}{2}\right) = r\left(CM + \frac{c}{2} - \frac{a+b}{2}\right)$$

则有

$$\frac{a+b+c}{2} + CM = 6\left(CM + \frac{c}{2} - \frac{a+b}{2}\right)$$

这等价于所要求的等式.

b) 首先,我们来证明 $CM=\sqrt{p(p-c)}$.

如果 $\angle AMC=\varphi$,则 $PM+QM=r\left(\cot\frac{\varphi}{2}+\tan\frac{\varphi}{2}\right)=\frac{2r}{\sin\varphi}$.

于是 $2r=PA\sin\varphi=\left(CM+\frac{c}{2}-\frac{a+b}{2}\right)\sin\varphi=[CM-(p-c)]\sin\varphi$.

另外,我们有

$$S_{\triangle ABC}=r(p+CM)=\frac{[CM-(p-c)]\sin\varphi}{2}(p+CM)$$

由于 $S_{\triangle ABC}=\frac{c\cdot CM\cdot\sin\varphi}{2}$,则

$$c\cdot CM=[CM-(p-c)](p+CM)\Rightarrow CM=\sqrt{p(p-c)}$$

所以

$$10CM+5c=7(a+b),4CM^2=(a+b+c)(a+b-c)$$

设 $\frac{CM}{c}=m,\frac{a+b}{c}=n$. 则

$$\begin{cases}10m+5=7n\\4m^2=(n+1)(n-1)=n^2-1\end{cases}$$

解得 $m=\frac{3}{8},n=\frac{5}{4}$ 或 $m=\frac{2}{3},n=\frac{5}{3}$. 所以 $\frac{AC+BC}{AB}$ 的值为 $\frac{5}{4}$ 或 $\frac{5}{3}$.

问题 11.3 设 $a>1$ 是正整数,序列 $a_1,a_2,\cdots,a_n,\cdots$ 由下式定义

$$a_1=1,a_2=a,a_{n+2}=a\cdot a_{n+1}-a_n\quad(n\geqslant 1)$$

证明:序列项的质因数有无穷多个.

Alexander Ivanov

证明 对 m 采用数学归纳法证明:$a_{n+m}=a_ma_{n+1}-a_{m-1}a_n(n,m\geqslant 2)$.

当 $m=2$ 时,这是题中给出的定义式. 如果对于 $m\geqslant 2$ 及任意的 n 等式成立,则

$$\begin{aligned}a_{m+1+n}&=a_{m+(n+1)}=a_ma_{n+2}-a_{m-1}a_{n+1}=\\&a_m(aa_{n+1}-a_n)-a_{m-1}a_{n+1}=\\&(aa_m-a_{m-1})a_{n+1}-a_{m-1}a_{n+1}=\\&a_{m+1}a_{n+1}-a_ma_n\end{aligned}$$

这就完成了归纳证明.

递推关系式表明,$\gcd(a_n,a_{n-1})=1\ (n\geqslant 2)$,由此以及 $a_{n+m}=a_ma_{n+1}-a_{m-1}a_n$,有 $\gcd(a_{m+n},a_m)=\gcd(a_m,a_n)$. 再次使用数学归纳法,我们推出对每两个正整数 m,n,都有

$$\gcd(a_m, a_n) = a_{\gcd(m,n)}.$$

到此,由假设立即可得:

如果 $1 < n_1 < n_2 < \cdots < n_k < \cdots$ 是相关质数的无穷序列,则 $\gcd(a_{n_i}, a_{n_j}) = a_{\gcd(n_i,n_j)} = a_1 = 1$. 即 $a_{n_1}, a_{n_2}, \cdots, a_{n_k}, \cdots$ 是互质的质数. 所以它们的质因数集合是无限的.

问题 12.1 设 $a_1 > 0$, $a_{n+1} = a_n + \frac{n}{a_n}(n \geqslant 1)$. 证明:

a) $a_n \geqslant n(n \geqslant 2)$;

b) 序列 $\left\{\frac{a_n}{n}\right\}_{n\geqslant 1}$ 是收敛的,并求其极限.

Oleg Mushkarov, Nikolai Nikolov

证明 a) 由已知,可得 $a_2 = a_1 + \frac{1}{a_1} \geqslant 2$. 如果 $a_n \geqslant n$,则

$$a_{n+1} - (n+1) = a_n + \frac{n}{a_n} - n - 1 = \frac{(a_n - 1)(a_n - n)}{a_n} \geqslant 0$$

由归纳假设可知,命题成立.

b) 设 $n \geqslant 2$. 由 a) 可知 $a_{n+1} \leqslant a_n + 1$. 则 $a_n \leqslant a_2 + n - 2$. 于是 $1 \leqslant \frac{a_n}{n} \leqslant 1 + \frac{a_2 - 2}{n}$. 所以序列 $\left\{\frac{a_n}{n}\right\}_{n\geqslant 1}$ 是收敛的,且其极限为 1.

备注 还可以证明更强的命题 $\lim\limits_{n\to+\infty}(a_n - n) = 0$.

问题 12.2 设 $\triangle ABC$ 的垂心是 H,且满足 $AH \cdot BH \cdot CH = 3$, $AH^2 + BH^2 + CH^2 = 7$,求:

a) $\triangle ABC$ 外接圆半径;

b) 当 $\triangle ABC$ 的面积最大时的三边长.

Oleg Mushkarov, Nikolai Nikolov

解 a) 如果 $\triangle ABC$ 是锐角三角形. 对 $\triangle AHB$ 应用余弦定理,有

$$AB^2 = AH^2 + BH^2 - 2 \cdot AH \cdot BH\cos(\pi - \gamma), \text{其中 } \gamma = \angle C$$

因为 $AB = 2R\sin\gamma$, $CH = 2R\cos\gamma$(利用扩展的余弦定理),有

$$AB^2 + CH^2 = 4R^2$$

所以

$$4R^2 = AH^2 + BH^2 + CH^2 + \frac{AH \cdot BH \cdot CH}{R}$$

则

$$4R^3 = 7R + 3 \Leftrightarrow (R+1)(2R+1)(2R-3) = 0 \Rightarrow R = \frac{3}{2}$$

如果 $\triangle ABC$ 是钝角三角形. 类似地,我们可以得到

$$4R^2 = AH^2 + BH^2 + CH^2 - \frac{AH \cdot BH \cdot CH}{R}$$

则

$$4R^3 = 7R - 3 \Leftrightarrow (R-1)(2R-1)(2R+3) = 0$$

因为 $3 = AH \cdot BH \cdot CH < (2R)^3$,所以 $R = 1$. 可知$R = \frac{3}{2}$ 和 $R = 1$ 的 $\triangle ABC$ 是存在的.

b) 用 S 表示 $\triangle ABC$ 的面积. 因为 $S = \frac{AB \cdot BC \cdot CA}{4R}$,则

$$S^2 = \frac{(4R^2 - AH^2)(4R^2 - BH^2)(4R^2 - CH^2)}{16R^2}$$

设 $x = AH^2$, $y = BH^2$, $z = CH^2$, $t = 4R^2$,则

$$S^2 = \frac{t^3 - 7t^2 + (xy + yz + zx)t - 9}{4t}$$

为了不失一般性,设 $x \geqslant y \geqslant z$,则 $x \geqslant \frac{7}{3}$. 所以

$$xy + yz + zx = \frac{9}{x} + x(7-x) = 15 - \frac{(x-3)^2(x-1)}{x} \leqslant 15$$

当 $x = 3$ 时,等号成立. 所以 $S^2 \leqslant \frac{t^3 - 7t^2 + 15t - 9}{4t}$.

因为 $R = \frac{3}{2}$ 或 $R = 1$,我们推出 $S_{\max} = \sqrt{8}$.

对于锐角 $\triangle ABC$,当 $R = \frac{3}{2}$,$AH = BH = \sqrt{3}$,$CH = 1$ 时满足条件,此时三角形的三边为$\sqrt{6}$,$\sqrt{6}$,$\sqrt{8}$.

问题 12.3 证明:对任意整数 $a \geqslant 4$,存在无穷多个无平方正整数 n 整除 $a^n - 1$.

Oleg Mushkarov,Nikolai Nikolov

证明 首先,我们来证明下面的引理.

引理 设 $p \geqslant 3$ 是 b 的一个奇因子,则存在奇质数 q 整除 $(b+1)^p - 1$,但不能整除 b.

引理的证明 如果 $b = pc$,则

$$\begin{aligned}(b+1)^p - 1 = b[(b+1)^{p-1} + \cdots + b + 1] = \\ b\left[Bb^2 + \frac{p(p-1)}{2}b + p\right] = \\ bp\left[b\left(Bc + \frac{p-1}{2}\right) + 1\right] = bpd\end{aligned}$$

选择 d 的一个质因数. 注意到 d 是奇数(如果 b 是偶数,则 $d = bK + 1$ 是奇数;如果 b 是奇数,则 $(b+1)^p - 1$ 是偶数,由此 d 也是

奇数).

现在,我们要证明如果 $a \neq 2^k + 1$,则存在一个奇质数序列 $p_1, p_2, \cdots$ 使得 p_1 整除 $a-1$. 而且,如果 $P_n = a^{p_0 p_1 \cdots p_n} - 1$, $(P_0 = 1)$,则 p_{n+1} 整除 P_n,但不能整除 $P_{n-1}(n \geqslant 1)$.

设 p_1 是 $a-1$ 的奇质因数,我们已经选择了质数 $p_1, p_2, \cdots, p_k$,对 $b = P_k$, $p = p_k$,应用引理,我们得到一个奇质数 p_{k+1} 整除 P_k,但不能整除 P_{k-1}.

因为 P_{k-1} 能被 $p_1, p_2, \cdots, p_k$ 整除,我们推出 p_{k+1} 与它们是不同的. 所以 $p_1, p_2, \cdots, p_k$ 是所要求的序列.

如果 $a = 2^l + 1\ (l \geqslant 2)$,则 $a^2 \neq 2^m + 1$. 余下的对 a^2 已经找到被 2 相乘的数.

备注 可以证明,如果 n 整除 $2^n - 1$,则 $n = 1$. 如果 n 整除 $3^n - 1$,则 $n = 1$, $n = 2$ 或 n 能被 4 整除. 上面的解答表明,对 $a = 3^4$ 存在无限多个非平方正奇整数 n 使得 $4n$ 整除 $3^{4n} - 1$.

2004 年春季数学竞赛

问题 8.1 如图 1，$\triangle ABC$ 的 $\angle A$，$\angle B$，$\angle C$ 的角平分线分别交其外接圆于点 A_1，B_1 和 C_1. 设 $AA_1 \cap CC_1 = I$，$AA_1 \cap BC = N$，$BB_1 \cap A_1C_1 = P$，$\triangle IPC_1$ 外接圆的圆心是 O，又设 $OP \cap BC = M$. 如果 $BM = MN$，$\angle BAC = 2\angle ABC$，求 $\triangle ABC$ 的各角.

Chavdar Lozanov

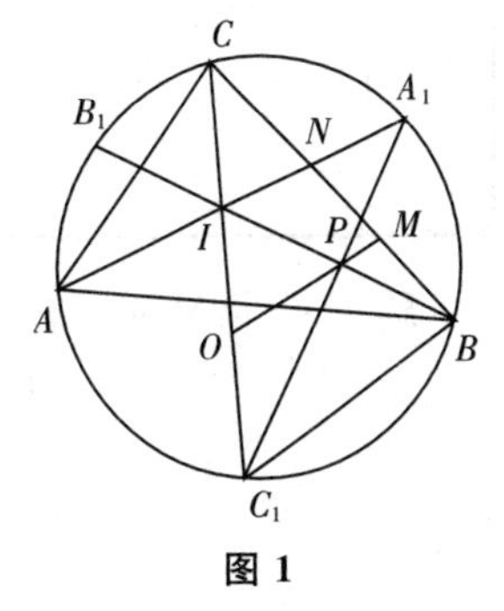

图 1

解 设 $\angle BAC = \alpha$，$\angle ABC = \beta$，$\angle BCA = \gamma$. 则

$$\angle IPC_1 = \frac{1}{2}(\overset{\frown}{BA_1} + \overset{\frown}{C_1B_1}) = \frac{1}{2}(\overset{\frown}{BA_1} + \overset{\frown}{AC_1} + \overset{\frown}{AB_1}) = \frac{1}{2}(\alpha + \beta + \gamma) = 90^\circ$$

所以 O 是线段 IC_1 的中点. 所以 $\angle IOP = 2\angle IC_1P = \overset{\frown}{CA_1} = \alpha$.

类似地，有 $\angle CC_1B = \alpha$. 所以 $OP \mathbin{/\mkern-6mu/} C_1B$. 因为 $C_1O = OI$，$BM = MN$，所以 $IN \mathbin{/\mkern-6mu/} C_1B$. 即 $\angle CIA_1 = \alpha$. 另一方面，$\angle CIA_1 = \frac{1}{2}(\overset{\frown}{CA_1} + \overset{\frown}{AC_1}) = \frac{\alpha+\gamma}{2} = 90^\circ - \frac{\beta}{2}$.

从而 $\alpha = 90^\circ - \frac{\beta}{2} = \frac{\alpha+\gamma}{2} \Rightarrow \alpha = \gamma$. 因为 $\alpha = 2\beta$，所以 $\alpha = \gamma = 72^\circ$，$\beta = 36^\circ$.

问题 8.2 在一次排球锦标赛中，欧洲球队比亚洲球队多 9 支，每两队比赛一次. 欧洲球队比亚洲球队多赢 9 分(获胜队得 1 分，输队得 0 分)，求一支亚洲队获得的最高分数是多少?

Ivan Tonov

解 用 x 表示亚洲球队数，则欧洲球队数是 $x+9$. 亚洲球队相互比赛 $\frac{(x-1)x}{2}$ 场，所以其得分为 $\frac{(x-1)x}{2}+k$，其中 k 是胜欧洲球队的场数.

欧洲球队得分是 $\frac{(x+8)(x+9)}{2}+x(x+9)-k$，则

$$9\left[\frac{(x-1)x}{2}+k\right] = \frac{(x+8)(x+9)}{2}+x(x+9)-k \Leftrightarrow$$

$$3x^2 - 22x + 10k - 36 = 0.$$

因为x是正整数,所以$121-3(10k-36)=229-30k$是一个完全平方数,所以$k \leqslant 7$.并且直接验证表明,只有$k=2$和$k=6$时可以得到完全平方数.当$k=2$时,有$x=8$,所以亚洲球队最好成绩至多得$7+2=9$分.当$k=6$时,有$x=6$.所以有6支亚洲球队和15支欧洲球队.在这种情况下,亚洲球队的最佳成绩为$5+6=11$分.这种情况发生在其胜过所有其他亚洲球队和6支欧洲球队(其他亚洲球队输掉比赛,相反所有欧洲球队获胜),最后答案是11分.

问题8.3 在一个$n \times n$表的每一个单元格中,放置数-1,0和1中的一个.每一行和每一列之和产生的$2n$个数能否互不相同,如果

a)$n=4$;

b)$n=5$.

Ivan Tonov

解 a) 能够互不相同.这里有一个实例

$$\begin{pmatrix} 1 & 0 & 1 & 1 \\ 1 & -1 & -1 & -1 \\ 1 & -1 & 1 & 0 \\ 1 & -1 & 1 & -1 \end{pmatrix}$$

b) 不能.对于这些和,有11种可能:$0,\pm 1,\pm 2,\pm 3,\pm 4,\pm 5$.用$a_i$表示第$i$行数的和,$b_j$表示第$j$列数的和.显然

$a_1+a_2+a_3+a_4+a_5=b_1+b_2+b_3+b_4+b_5$

这表明,和数a_i是奇数的个数与和数b_j是奇数的个数是相同的.所以所有奇数和必须满足.

为不失一般性,假定$b_1=5$,之后a_i不可能是-5.这样一来,可以假定$b_2=-5$.和为4或-4的至少有一个,不妨设为4,这仅在1列中有4个1和1个0的情况下才能满足条件.设$b_3=4$,且最后一行是0.所以$a_i \neq -3\ (i=1,2,3,4,5)$.假定$b_4=-3$,则在第4列中至少有3个$-1$.如果它们在前四行,可以假定它们在前三行,所以$a_1,a_2,a_3$是$-1,0,1$的一个排列.因此$b_5 \neq 3$,由于$a_5 \neq 3$,可知$a_4=3$.即第四行最后两个单元格1的个数.因为$b_4=-3$,第四列最后单元格里的数是$-1$.现在第5行和第5列数的每一种可能都会导致一个矛盾.

接下来考虑第四列前4个单元格里至多有两个-1的情况.假定第四列的数是序列$-1,-1,0,0,-1$.因为该行前四个数的和等

于0,0,1,1,−1.没有等于3的,所以$b_5=3$.对于第一、二、三、四行,我们必须使用不同的数.所以可能至多有3个1.因此,我们可以假定第5列的数是1,0,1,0,1,之后,$a_1=a_4=1$,产生矛盾.

问题9.1 考虑方程组$\begin{cases}x^2+y^2=a^2+2\\ \dfrac{1}{x}+\dfrac{1}{y}=a\end{cases}$,其中$a$是实数.

a) 当$a=0$时,求解这个方程组;

b) 求所有a的值,使得方程组确有两组解.

Svetlozar Doychev, Sava Grozdev

解 a) 如果$a=0$,则$x=-y$.所以$2x^2=2$.可知,$(x,y)=(1,-1)$或$(-1,1)$.

b) 由a)可知,$a=0$是所要求的数之一.设$a\neq 0$,令$x+y=p,xy=q$,则有

$\begin{cases}p=aq\\ p^2-2q=q^2+2\end{cases}$,解得$(p,q)=(-a,-1)$或$\left(\dfrac{a^2+2}{a},\dfrac{a^2+2}{a^2}\right)$.

注意到,这些数对是不同的.

第一种情况.$x+y=-a$,$xy=-1$导致二次方程$z^2+az-1=0$,有两个不同的实根z_1,z_2.可知,$(x,y)=(z_1,z_2)$或(z_2,z_1),是给定方程组的解.

于是,我们必须找到a的所有值,使得第二种情况下方程组无解.这可由二次方程$z^2-\dfrac{a^2+2}{a}z+\dfrac{a^2+2}{a^2}=0$的判别式是负的得到,即$a\in(-\sqrt{2},\sqrt{2})\backslash\{0\}$.所以b)的答案是$a\in(-\sqrt{2},\sqrt{2})$.

问题9.2 如图2,设I是$\triangle ABC$的内心,M是边AB的中点,求当$CI=MI$时,$\angle CIM$的最小可能值.

Svetlozar Doychev, Sava Grozdev

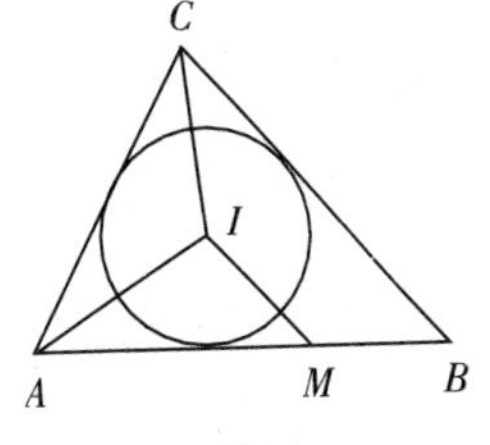

图2

解 假设$AC<BC$.因为$\angle ACI$,$\angle AMI$是锐角,则$\triangle ACI\cong\triangle AMI$.所以$AC=AM$,$\angle AIC=\angle AIM$.即$\angle CIM=360^\circ-2\angle AIC=180^\circ-\angle ABC$.

要使$\angle ABC$取其最大值,则BC与圆心在A点半径为AM的圆相切,于是$\angle ACB=90^\circ$,$\angle ABC=30^\circ$.所以$\angle CIM$的最小可能值是150°.

问题9.3 求所有的奇质数p,使得p能整除$1^{p-1}+2^{p-1}+\cdots+2\,004^{p-1}$.

Kerope Tchakerian

解 如果 p 整除 k，则 $k^{p-1}\equiv 0(\bmod p)$，否则，$k^{p-1}\equiv 1(\bmod p)$（根据 Fermat 小定理），得

$$0\equiv 1^{p-1}+2^{p-1}+\cdots+2\,004^{p-1}\equiv$$

$$0\cdot\left[\frac{2\,004}{p}\right]+1\cdot\left(2\,004-\left[\frac{2\,004}{p}\right]\right)(\bmod p)$$

这就是说

$$2\,004\equiv\left[\frac{2\,004}{p}\right](\bmod p) \tag{1}$$

（特别 $p<2\,004$）. 设 $2\,004=qp+r\ (0\leqslant r\leqslant p-1)$. 则

$$\left[\frac{2\,004}{p}\right]=\left[q+\frac{r}{p}\right]=q$$

(1) 等价于 $r=q(\bmod p)$.

当 $q<p$ 时，由同余有 $r=q$. 则 $2\,004=(p+1)q\leqslant p^2-1$. 所以 $p\geqslant 47$. 因为 $p+1\mid 2\,004=3\cdot 4\cdot 167$. 我们得到 $p=2\,003$ 是问题的一个解.

对于 $q\geqslant p$，我们有 $2\,004\geqslant pq\geqslant p^2$. 即 $p\leqslant 43$. 代入(1) 直接验证表明 $p=17$. 是这个情况的唯一解.

问题 10.1 设 $f(x)=x^2-ax+a^2-4$，其中 a 是实数. 求实数 a 的取值范围，使得

a) 方程 $f(x)=0$ 有两个实根 x_1,x_2，满足 $|x_1^3-x_2^3|\leqslant 4$；

b) 不等式 $f(x)\geqslant 0$ 对所有的整数 x 成立.

Peter Boyvalenkov

解 a) 使用韦达公式，有 $x_1^2+x_1x_2+x_2^2=(x_1+x_2)^2-x_1x_2=4$. 所以

$$|x_1^3-x_2^3|\leqslant 4\Leftrightarrow |x_1-x_2|\leqslant 1$$

设 $\Delta=16-3a^2$ 是 $f(x)$ 的判别式，则 $\Delta\geqslant 0$，$|x_1-x_2|=\sqrt{\Delta}$. 由此可知 $0\leqslant 16-3a^2\leqslant 1$. 解得 $a\in\left[-\frac{4\sqrt{3}}{3},-\sqrt{5}\right]\cup\left[\sqrt{5},\frac{4\sqrt{3}}{3}\right]$.

b) 如果 $\Delta=16-3a^2\leqslant 0$. 即 $a\in\left(-\infty,-\frac{4\sqrt{3}}{3}\right]\cup\left[\frac{4\sqrt{3}}{3},+\infty\right)$，则 $f(x)\geqslant 0$. 如果 $\Delta>0$，则 $|x_1-x_2|\leqslant 1$.（否则，因为 $x\in(x_1,x_2)$，有 $f(x)<0$）. 所以 $a\in\left[-\frac{4\sqrt{3}}{3},-\sqrt{5}\right]\cup\left[\sqrt{5},\frac{4\sqrt{3}}{3}\right]$. 我们找到了满足 $f(x)\geqslant 0$ 的 a 的所有取值的区间.

如果对某些整数 x，使 $f(x)<0$，则 x 和 $\frac{a}{2}$ 之间的距离至多是 $\frac{1}{2}$. 因为 $-\frac{3}{2}<-\frac{2\sqrt{3}}{3}\leqslant\frac{a}{2}\leqslant-\frac{\sqrt{5}}{2}<-1$ 或 $\frac{3}{2}>\frac{2\sqrt{3}}{3}\geqslant\frac{a}{2}\geqslant$

$\frac{\sqrt{5}}{2}>1$. 我们推出 $x=\pm 1$. 由不等式 $f(-1)\geqslant 0$，$f(1)\geqslant 0$，得到 $a\in\left[-\frac{4\sqrt{3}}{3},\frac{-1-\sqrt{13}}{2}\right]\cup\left[\frac{1+\sqrt{13}}{2},\frac{4\sqrt{3}}{3}\right]$. 于是，所要求的 a 满足 $a\in\left(-\infty,\frac{-1-\sqrt{13}}{2}\right]\cup\left[\frac{1+\sqrt{13}}{2},+\infty\right)$.

问题 10.2 如图 3，设 $ABCD$ 是圆内接四边形，I 和 J 分别是 $\triangle ABD$ 和 $\triangle BCD$ 的内心. 证明：四边形 $ABCD$ 是外切四边形，当且仅当点 A,I,J 和 C 共线或者共圆.

Stoyan Atanasov

证明 容易看出，如果点 A,I,J,C 共线，则 $AB=AD$，$BC=BD$. 因此 $ABCD$ 是圆外切四边形.

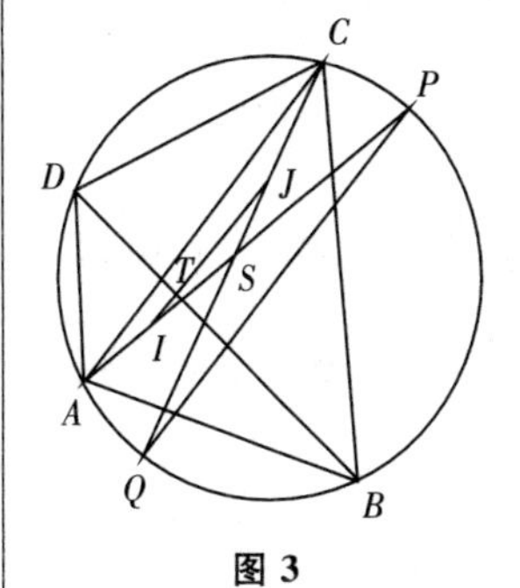

图 3

设点 A,I,J,C 共圆. 因为 $\angle AIC>\angle AIB$ 或 $\angle AIC>\angle AID$. 所以 $\angle AIC>90°$. 类似地可得 $\angle AJC>90°$. 从而，$\angle AIC+\angle AJC>180°$. 所以点 I,J 位于同一边 AC 上.

设 $S=AI\cap CJ$，又设直线 AI，CJ 分别交 $ABCD$ 外接圆于 P，Q 两点. 因为 P,Q 分别是弧 $\overset{\frown}{BCD}$，$\overset{\frown}{BAD}$ 的中点，所以 $PQ\perp BD$.

又因为 $\angle SJI=\angle CAI=\angle CQP$，所以 $IJ\,/\!/\,PQ$. 从而 $IJ\perp BD$. 这说明 $\triangle ABD$，$\triangle BCD$ 的内切圆切于点 $T\in BD$. 则 $DT=\frac{AD+BD-AB}{2}=\frac{BD+CD-BC}{2}\Leftrightarrow AB+CD=BC+AD$. 即 $ABCD$ 是一个圆外切四边形.

相反的，假设 $ABCD$ 是一个圆外切四边形. 如果 $I\in AC$，则 $J\in AC$，假设 $I\notin AC$. 由等式 $AB+CD=BC+AD$，可知 $\triangle ABD$，$\triangle BCD$ 的内切圆相互切于 BD 上一点. 所以 $IJ\perp BD\Rightarrow IJ\,/\!/\,PQ\Rightarrow\angle SJI=\angle CQP=\angle CAI$. 所以 $ACJI$ 是圆内接四边形.

问题 10.3 见问题 9.3.

解 参见问题 9.3.

问题 11.1 求所有使方程 $\log_{4ax}(x-3a)+\frac{1}{2}\log_{(x-3a)}4ax=\frac{3}{2}$ 确有两组解的实数 a.

Emil Kolev

解 在下列条件下，方程才有意义.

$$4ax>0,\ 4ax\neq 1,\ x-3a>0,\ x-3a\neq 1 \qquad (*)$$

设 $t=\log_{4ax}(x-3a)$，则方程变成 $t+\frac{1}{2t}=3$. 解得 $t_1=1$，

$t_2=\frac{1}{2}$.

当 $\log_{4ax}(x-3a)=1$ 时，则 $x_1=\frac{3a}{1-4a}\left(a\neq\frac{1}{4}\right)$. 当 $\log_{4ax}(x-3a)=\frac{1}{2}$ 时，得方程 $x^2-6ax+9a^2=4ax$. 解得 $x_2=9a$，$x_3=a$. 所以我们必须求出确保 $x_1=\frac{3a}{1-4a}\left(a\neq\frac{1}{4}\right)$，$x_2=9a$，$x_3=a$ 是给定方程的不同解的 a 的所有值.

很显然 $a\neq 0$. 考虑两种情况：

(1) 设 $a>0$，则 $x_3-3a=-2a<0$. 因此 x_1，x_2 一定是方程的解. 由于 $x_1=\frac{3a}{1-4a}$ 满足(*)的条件，可知 $4ax_1=\frac{12a^2}{1-4a}>0$，$4ax_1=\frac{12a^2}{1-4a}\neq 1$，$x_1-3a=\frac{3a}{1-4a}-3a>0$，$x_1-3a=\frac{3a}{1-4a}-3a\neq 1$. 解得 $a<\frac{1}{4}$ 且 $a\neq\frac{1}{6}$. 容易验证，如果 $a\neq\frac{1}{6}$，则 $x_1(\neq x_2)$，x_2 满足(*)的条件. 所以 a 的值满足

$$a\in\left(0,\frac{1}{6}\right)\cup\left(\frac{1}{6},\frac{1}{4}\right)$$

(2) 设 $a<0$，则 $x_2-3a=6a<0$. 因此 x_1，x_3 必定是方程的两个解. 因为 $x_1=\frac{3a}{1-4a}$，满足(*)的条件，与(1)相仿，得到 $a\neq-\frac{1}{2}$. 容易验证 $x_1(\neq x_3)$，x_3 满足(*)的条件，于是

$$a\in\left(-\infty,-\frac{1}{2}\right)\cup\left(-\frac{1}{2},0\right)$$

综上所述，问题的答案是

$$a\in\left(-\infty,-\frac{1}{2}\right)\cup\left(-\frac{1}{2},0\right)\cup\left(0,\frac{1}{6}\right)\cup\left(\frac{1}{6},\frac{1}{4}\right)$$

问题 11.2 设 AA_1，BB_1 和 CC_1 是锐角 $\triangle ABC$ 的高($A_1\in BC$，$B_1\in CA$，$C_1\in AB$)，O 是 $\triangle ABC$ 外接圆的圆心，H_1 是 $\triangle A_1B_1C_1$ 的垂心(图 4). 证明：线段 OH_1 的中点正好与以 $\triangle A_1B_1C_1$ 各边中点为顶点的三角形的内心重合.

Alexander Ivanov

证明 设 H 表示 $\triangle ABC$ 的垂心，G_1 表示 $\triangle A_1B_1C_1$ 的重心，令 O_1 表示线段 OH 的中点. 显然 O_1 是 $\triangle A_1B_1C_1$ 的外心，H 是它的内心，则 $H_1G_1=2G_1O_1$. 由点 G_1，按比值 $-\frac{1}{2}$ 把 $\triangle A_1B_1C_1$ 拉伸映射到由线段 B_1C_1，A_1C_1，A_1B_1 的中点形成的三角形

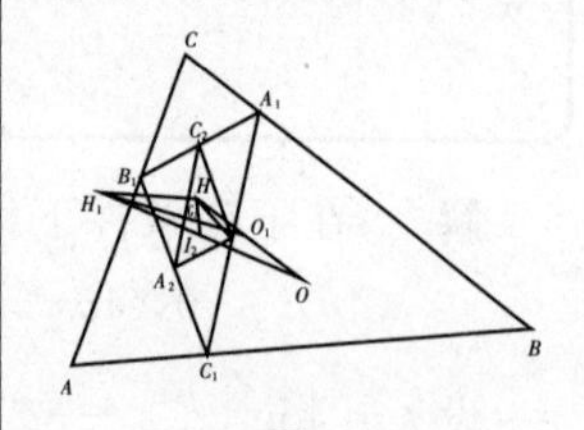

图 4

$\triangle A_2B_2C_2$. 所以在这个拉伸下,H 的像是 $\triangle A_2B_2C_2$ 的内心 I_2. 因为 G_1 是 $\triangle OHH_1$ 的重心,由此可知 I_2 是线段 OH_1 的中点.

问题 11.3 设 k 是整数,$1 < k < 100$. 对于整数 $1,2,\cdots,100$ 的每一个排列 $a_1,a_2,\cdots,a_{100}$,设 $a_{101}=0$,选择最小的整数 $m>k$,满足 a_m 至少小于 $a_1,a_2,\cdots,a_k$ 中的 $k-1$ 个. 求所有的 k,使得当 $a_m=1$ 时的排列数等于 $\frac{100!}{4}$.

Peter Boyvalenkov, Emil Kolev, Nikolai Nikolov

解 考虑 $n+1$ 个数的更一般的问题. 用 $p_{k,n+1}$ 表示 a_m 等于 1 的概率. 如果 1 不是正整数 $1,2,\cdots,n+1$ 的某个排列的最小数,则 $a_m=1$,其概率为 $p_{k,n}$(假定 $p_{n,n}=0$). 否则,仅当 2 和 3 在该排列的前 k 个数中时 $a_m=1$,则

$$p_{k,n+1}=\frac{n}{n+1}p_{k,n}+\frac{1}{n+1}\cdot\frac{k}{n}\cdot\frac{k-1}{n-1}$$

因此

$$(n+1)p_{k,n+1}=\sum_{j=k}^{n}[(j+1)p_{k,j+1}-j\cdot p_{k,j}]=$$
$$k(k-1)\sum_{j=k}^{n}\frac{1}{j(j-1)}=\frac{k(n+1-k)}{n}$$

所以 $p_{k,n}=\frac{k(n-k)}{n(n-1)}$. 因此,当 $k=45$ 或 55 时,$p_{k,100}=\frac{100!}{4}$.

问题 12.1 求所有的实数 a,使得函数 $f(x)=x^2-2ax$ 和 $g(x)=-x^2-1$ 的图像有两条公切线,且以切点为顶点的四边形的周长等于 6.

Oleg Mushkarov, Nikolai Nikolov

解 函数 $f(x),g(x)$ 的图像在点 $(x_1,f(x_1)),(x_2,g(x_2))$ 的公切线方程具有如下形式

$$y=f(x_1)+(x-x_1)f'(x_1)=g(x_2)+(x-x_2)g'(x_2)$$

所以 $f'(x_1)=g'(x_2)$,且 $f(x_1)-f'(x_1)x_1=g(x_2)-g'(x_2)x_2$.

因为 $f'(x)=2x-2a$,$g'(x)=-2x$. 所以

$$\begin{cases}x_1+x_2=a\\x_1^2+x_2^2=1\end{cases}\Rightarrow x_1x_2=\frac{a^2-1}{2}$$

因此 x_1,x_2 是一元二次方程 $x^2-ax+\frac{a^2-1}{2}=0$ 的两根. 因为 $f(x)=x^2-2ax$,$g(x)=-x^2-1$ 的图像有两条公切线,所以

它们的图像是不相交的，即 $x_1 \neq x_2$，$a^2 < 2$. 其切点是 $M(x_1, f(x_1))$，$N(x_2, f(x_2))$，$P(x_2, g(x_2))$，$Q(x_1, g(x_1))$. 则

$$PQ^2 = (x_1 - x_2)^2 + [g(x_1) - g(x_2)]^2 =$$
$$(x_1^2 + x_2^2 - 2x_1x_2)(1 + x_1 + x_2) = (2 - a^2)(1 + a^2)$$
$$MQ = | f(x_1) - g(x_1) | = | x_1^2 - 2ax_1 + x_1^2 + 1 | = 2 - a^2$$

同理可得，$MN^2 = (2 - a^2)(1 + a^2)$，$NP = 2 - a^2$.

所以四边形 $MNPQ$ 是平行四边形. 其周长为

$$2[\sqrt{(2 - a^2)(1 + a^2)} + 2 - a^2] = 6 \Leftrightarrow$$
$$\sqrt{(2 - a^2)(1 + a^2)} = 1 + a^2$$

解得 $a = \pm \dfrac{\sqrt{2}}{2}$.

问题 12.2 如图 5，$\triangle ABC$ 的内切圆分别切于边 AC 和 $BC(AC \neq BC)$ 于点 P 和 Q，边 AC 和 BC 的旁切圆切直线 AB 于点 M 和 N. 当点 M, N, P 和 Q 共圆时，求 $\angle ACB$ 的度数.

Oleg Mushkarov, Nikolai Nikolov

解 线段 AB 的中垂线和 $\angle ACB$ 的平分线相交于 $\triangle ABC$ 外接圆 $\overset{\frown}{AB}$（不包含点 C 的弧）的中点 D.

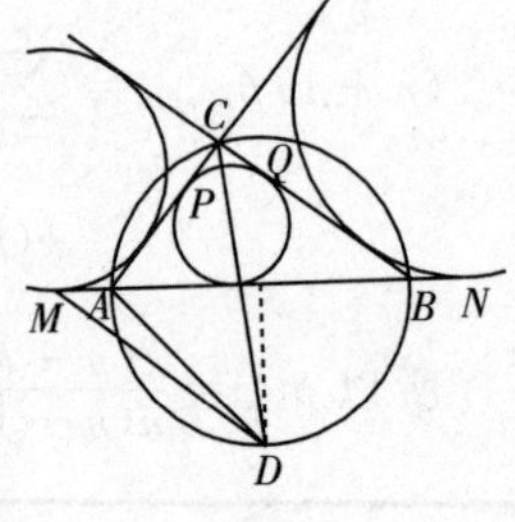

图 5

在 $\triangle ABC$ 中，设 $AB = c, BC = a, CA = b, 2p = a + b + c$，$\angle ACB = \gamma$.

因为 $AM = BN = CP = CQ = p - c$，问题中的条件等价于等式 $DM = DP$. 由余弦定理，可得

$$DP^2 = DC^2 + CP^2 - 2DC \cdot CP \cdot \cos \frac{\gamma}{2}$$

$$DM^2 = DA^2 + AM^2 + 2DA \cdot AM \cdot \cos \frac{\gamma}{2}$$

两式相减，并利用条件 $DM = DP$，可得

$$DC - DA = 2(p - c)\cos \frac{\gamma}{2} \qquad (1)$$

同时，由 Ptolemy 定理得 $DC = \dfrac{(a + b)DA}{c}$.

因为 $DA = \dfrac{c}{2\cos \frac{\gamma}{2}}$，所以 $DC = \dfrac{a + b}{2\cos \frac{\gamma}{2}}$. 由式(1)得 $\cos^2 \dfrac{\gamma}{2} = 1 \Rightarrow \gamma = 90°$.

备注：上面的解答表明当且仅当 $AC = BC$ 或 $\angle ACB = 90°$ 时，点 M, N, P, Q 四点共圆.

问题 12.3 见问题 11.3.

解 参见 11.3.

2004 年国家奥林匹克地区轮回赛

问题 9.1 求所有使方程 $\sqrt{(4a^2-4a-1)x^2-2ax+1}=1-ax-x^2$ 确有两组解 a 的值.

Sava Grozdev, Svetlozar Doychev

解 把方程两边平方得

$$x^2(x^2+2ax-3a^2+4a-1)=0$$

其根为 $x_1=0$, $x_2=1-3a$, $x_3=a-1$. 很显然, $x_1=0$ 是原方程的一个解(对任何 a 都成立). 另一方面, 当且仅当 $1-a(1-3a)-(1-3a)^2\geqslant 0\Leftrightarrow 5a-6a^2\geqslant 0\Leftrightarrow a\in\left[0,\frac{5}{6}\right]$时, $x_2=1-3a$ 是原方程的解. 类似地, 当且仅当 $a\in\left[0,\frac{3}{2}\right]$, $x_3=a$ 是原方程的解. 考虑下面两个情况:

情况 1 x_1,x_2,x_3 中有两个相等, 即 $a=\frac{1}{3},\frac{1}{2},1$. 从上面的求解可知, $a=\frac{1}{3}$ 和 $a=\frac{1}{2}$ 是问题的解;

情况 2 x_1,x_2,x_3 中两两不同, 则易得 $a\in\left(\frac{5}{6},\frac{3}{2}\right]\backslash\{1\}$. 所以, 所要求的 a 的值是

$$a=\frac{1}{3},\frac{1}{2} \text{ 和 } a\in\left(\frac{5}{6},\frac{3}{2}\right]\backslash\{1\}$$

问题 9.2 如图 1, 设 A_1 和 B_1 分别是 $\triangle ABC$ 边 AC 和 BC 上的点, 满足 $4AA_1\cdot BB_1=AB^2$. 如果 $AC=BC$, 证明: 直线 AB 和 $\angle AA_1B_1$, $\angle BB_1A_1$ 的平分线有公共点.

Sava Grozdev, Svetlozar Doychev

证明 点 M 是边 AB 的中点, 由此可知, $\frac{AM}{BB_1}=\frac{AA_1}{BM}$, 则 $\triangle AMA_1\backsim\triangle BB_1M$. 所以 $\frac{AA_1}{BM}=\frac{MA_1}{B_1M}$, 即 $\frac{AA_1}{AM}=\frac{MA_1}{MB_1}$. 因此 $\angle AA_1M=\angle BMB_1$. 所以有

$$\angle A_1MB_1=180^\circ-\angle AMA_1-\angle BMB_1=$$
$$180^\circ-\angle AMA_1-\angle AA_1M=\angle A_1AM$$

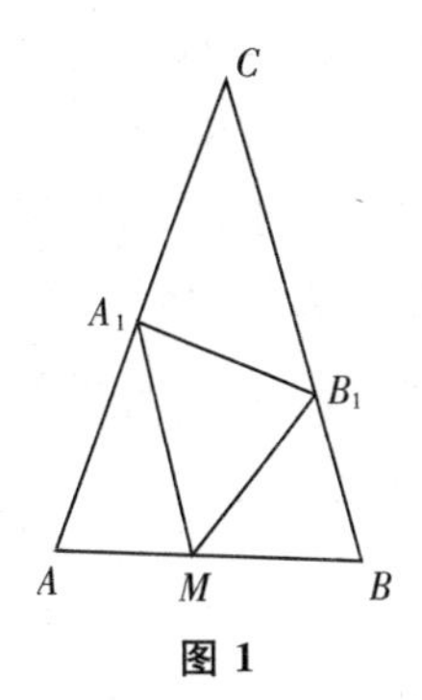

图 1

于是，$\triangle AMA_1 \backsim \triangle MB_1A_1 \Rightarrow \angle AA_1M = \angle MA_1B_1$.

因为 $\triangle BB_1M \backsim \triangle AMA_1 \backsim \triangle MB_1A_1$，可知 $\angle BB_1M = \angle MB_1A_1$. 所以点 M 是角 $\angle AA_1B_1$，$\angle BB_1A_1$ 的平分线的交点.

问题 9.3 设 $a,b,c>0$ 且 $a+b+c=1$，证明：

$$\frac{9}{10} \leqslant \frac{a}{1+bc}+\frac{b}{1+ca}+\frac{c}{1+ab}<1$$

Sava Grozdev，Svetlozar Doychev

证明 为证明不等式的右边，利用分母大于 1. 所以

$$\frac{a}{1+bc}+\frac{b}{1+ca}+\frac{c}{1+ab}<a+b+c=1$$

为证明不等式的左边，假设 $a \leqslant b \leqslant c \Rightarrow \frac{1}{1+bc} \leqslant \frac{1}{1+ca} \leqslant \frac{1}{1+ab}$. 连续利用 Chebyshev 不等式，算术－调和均值不等式以及不等式 $(a+b+c)^2 \geqslant 3(ab+bc+ca)$，得

$$3\left(\frac{a}{1+bc}+\frac{b}{1+ca}+\frac{c}{1+ab}\right) \geqslant$$

$$(a+b+c)\left(\frac{1}{1+bc}+\frac{1}{1+ca}+\frac{1}{1+ab}\right)=$$

$$\frac{1}{1+bc}+\frac{1}{1+ca}+\frac{1}{1+ab} \geqslant \frac{9}{3+ab+bc+ca} \geqslant$$

$$\frac{9}{3+\frac{(a+b+c)^2}{3}}=\frac{27}{10}$$

问题 9.4 求方程 $x^3+10x-1=y^3+6y^2$ 的整数解.

Sava Grozdev，Svetlozar Doychev

解 很明显，x,y 有不同的奇偶性，所以 $k=x-y$ 是奇数，且方程 $(3k-6)y^2+(3k^2+10)y+k^3+10k-1=0$ 的判别式 $\Delta = -3k^4+24k^3-60k^2+252k+76$ 必须是完全平方数. 因为 $\Delta = -k^2(3k^2-24k+60)+252k+76$，对于 $k \leqslant -1$，有 $\Delta<0$. 又因为 $\Delta = 3k^3(8-k)+2(38-k^2)+2k(126-29k)$. 当对于 $k \geqslant 8$ 时，$\Delta<0$. 对于 $k=7$，$\Delta=-71<0$. 余下只需验证 $k=1,3,5$ 的情况. 分别有 $\Delta=289=17^2$，$\Delta=697$，$D=961=31^2$. 因此，给出的解为 $x=6,y=5$ 和 $x=2,y=-3$.

问题 9.5　一个 $n \times n$ ($n \geqslant 2$) 的方块被划分为 n^2 个小方块，用黑色或白色对小方块着色，满足在任何长方形(至少包含四个小方块)的四个角上的小方块没有相同的颜色，求 n 的最大可能值.

Sava Grozdev, Svetlozar Doychev

解　我们来证明所要求的值为 4.

设 (i,j) 是 4×4 方块的第 i 行第 j 列的方块. 容易验证，如果单位方块(1,1)，(1,2)，(2,1)，(2,3)，(3,2)，(3,4)，(4,3)，(4,4)是白色的，而其他方块是黑色的，则满足问题的条件.

对于 $n \geqslant 5$，要证明不满足着色要求，只需处理 $n = 5$ 的情况(任何 $n \times n$ 方块包含一个 5×5 的方块). 考虑任何一个 5×5 方块的黑白着色. 至少有 13 个单位方块具有相同的颜色. 例如，黑色. 有三种可能情况：

情况 1　有一行，假设是第 l 行，仅包含黑色方块. 则其他行之一至少有 2 个黑方块. 所以长方形方块的四角在这些方块中有两个顶点，其他两个顶点在 l 中是黑色的.

情况 2　有一行，假设是第 l 行，包含 4 个黑色方块. 则其他行中，有一行至少包含 3 个黑色方块. 因此，它们当中至少有 2 个在 l 中不是白色方块. 所以长方形的四角在这些方块中有两个顶点，其他两个顶点在 l 中是黑色的.

情况 3　任意一行包含至多 3 个黑色方块. 则至少有 3 行包含 3 个黑色方块. 假设是上面的 1,2,3 行，我们称一个黑(白)列是指它的上面的方块是白(黑)的，则有 3 个黑列. 如果一行包含 2 个黑色方块位于一个黑列中，则这个长方形显然有四个黑角. 否则，在行 2 中有 2 个黑方块，在两个白列的两个黑方块是一个长方形的黑角. 解答完成.

问题 9.6　考虑方程 $[x]^3 + x^2 = x^3 + [x]^2$ 和 $[x^3] + x^2 = x^3 + [x^2]$，其中 $[t]$ 表示不超过 t 的最大整数. 证明：

a) 第一个方程的任何一个解都是整数；

b) 第二个方程有一个非整数解.

Sava Grozdev, Svetlozar Doychev

证明　a) 设 x 满足等式 $[x]^3 + x^2 = x^3 + [x]^2$. 设 $t = [x]$，$\alpha = x - t \in [0,1)$，则有

$$t^3 - t^2 = (t+\alpha)^3 - (t+\alpha)^2 \Leftrightarrow \alpha[\alpha^2 + (3t-1)\alpha + 3t^2 - 2t] = 0$$

所以，$\alpha = 0$ 或 t 是方程 $\alpha^2 + (3t-1)\alpha + 3t^2 - 2t = 0$ 的根.

又因为，这个方程的判别式 $(3t+1)(1-t)$ 必须是非负的，因

为 t 是整数，所以 $t=0$ 或 1. 则 $\alpha=0,1,-1$. 由于 $\alpha\in[0,1)$，所以 $\alpha=0$，所以 x 是整数.

b) 多项式 y^3-y^2-1 的次数是奇数. 所以它有一个实根 α，显然 α 不是整数.（事实上，α 是唯一的，且 $\alpha\in(1,2)$）. 则 $[\alpha^3]=[\alpha^2+1]=[\alpha^2]+1$. 所以 $[\alpha^3]-[\alpha^2]=1=\alpha^3-\alpha^2$.

问题 10.1 求解不等式 $\sqrt{x^2-1}+\sqrt{2x^2-3}+\sqrt{3}x>0$.

Peter Boyvalenkov

解 要使不等式有意义，必须满足条件 $\begin{cases}x^2-1\geqslant 0\\2x^2-3\geqslant 0\end{cases}\Rightarrow x\in\left(-\infty,-\frac{\sqrt{6}}{2}\right]\cup\left[\frac{\sqrt{6}}{2},+\infty\right)$. 显然 $\left[\frac{\sqrt{6}}{2},+\infty\right)$ 是原不等式的解.

设 $x\in\left(-\infty,-\frac{\sqrt{6}}{2}\right]$，则原不等式等价于 $\sqrt{(x^2-1)(2x^2-3)}>2\Leftrightarrow 2x^4-5x^2-1>0$. 解得 $x\in\left(-\infty,-\frac{\sqrt{5+\sqrt{33}}}{2}\right)$. 综上所述，原不等式的解为

$$x\in\left(-\infty,-\frac{\sqrt{5+\sqrt{33}}}{2}\right)\cup\left[\frac{\sqrt{6}}{2},+\infty\right)$$

问题 10.2 设点 M 是 $\triangle ABC$ 的重心，证明：

a) $\cot\angle AMB=\frac{BC^2+CA^2-5AB^2}{12S_{\triangle ABC}}$；

b) $\cot\angle AMB+\cot\angle BMC+\cot\angle CMA\leqslant-\sqrt{3}$.

Peter Boyvalenkov

证明 在 $\triangle ABC$ 中，设 $AB=c, BC=a, CA=b, 2p=a+b+c, S=S_{\triangle ABC}$.

a) 对 $\triangle AMB$，由余弦定理得 $\cos\angle AMB=\frac{AM^2+BM^2-AB^2}{2\cdot AM\cdot MB}$ 以及等式 $\sin\angle AMB=\frac{2S}{3AM\cdot MB}$ 和中线公式，有

$$\cot\angle AMB=\frac{3(AM^2+BM^2-AB^2)}{4S}=\frac{a^2+b^2-5c^2}{12S}$$

b) 由 a) 可知

$$\cot\angle BMC=\frac{b^2+c^2-5a^2}{12S},\cot\angle CMA=\frac{c^2+a^2-5b^2}{12S}$$

所以

$$\cot\angle AMB+\cot\angle BMC+\cot\angle CMA=-\frac{a^2+b^2+c^2}{4S}$$

下面只需证明 $a^2+b^2+c^2\geqslant 4\sqrt{3}S$. 由 Heron 公式和算术平均－几何平均不等式,得

$$S^2=p(p-a)(p-b)(p-c)\leqslant p\left(\frac{p-a+p-b+p-c}{3}\right)=\frac{p^4}{27}$$

所以

$$S\leqslant\frac{p^2}{3\sqrt{3}}=\frac{(a+b+c)^2}{12\sqrt{3}}\leqslant\frac{a^2+b^2+c^2}{4\sqrt{3}}\Leftrightarrow a^2+b^2+c^2\geqslant 4\sqrt{3}S$$

问题 10.3 某校有 m 个男生和 j 个女生($m\geqslant 1$, $1\leqslant j<2\,004$). 每一位学生发一张明信片给其他学生,已知男生发送明信片的数目等于女生发给女生的明信片数目. 求 j 的所有可能值.

Ivailo Krotezov

解 由题设条件可知,$m(m+j-1)=j(j-1)$, $m^2=(j-m)(j-1)$. 如果 p 是 $j-m$, $j-1$ 的质因数,则 p 整除 m. 所以 p 整除 j,1,矛盾. 这说明 $j-m$, $j-1$ 是互质的. 所以 $j-m=u^2$, $j-1=v^2$,其中 u,v 是非负整数. 由此可知,$uv=m$, $u^2+uv=j=v^2+1$. 由条件 $1\leqslant j\leqslant 2\,004$ 可得 $0\leqslant v\leqslant 44$. 所以,我们必须求解一个非负整数方程

$$u^2+uv=v^2+1\qquad(*)$$

如果 $v=0$,则 $u=1$. 设(u_0,v_0)是方程$(*)$的一组解,且 $v_0\geqslant 1$,则 $u_0\geqslant 1$. 由于 $u_0v_0\geqslant 1$,可知 $u_0\leqslant v_0$. 因此,显然有 $v_0<2u_0$. 设$v_1=v_0-u_0(0\leqslant v_1<v_0)$,则有

$$u_0^2=v_0(v_0-u_0)+1=(v_0+v_1)v_1+1=v_0v_1+v_1^2+1$$

设 $u_1=u_0-v_1=2u_0-v_0>0$,则

$$(u_1+v_1)^2=(u_1+v_1)v_1+v_1^2+1\Leftrightarrow u_1^2+u_1v_1=v_1^2+1$$

即得到方程$(*)$的一组新解.

如果 $v_1=0$,则 $u_1=1$. 如果 $v_1\geqslant 1$,则 $u_1\geqslant 1$. 设 $v_2=v_1-u_1<v_1$, $u_2=u_1-v_2$,以同样的方法得到一组新解. 从而得到非负整数序列 $v_0>v_1>\cdots$.

如果对某些 k,有 $v_k=0$,则 $u_k=1$,所以 $u_{k-1},v_{k-1},\cdots,u_0,v_0$ 即为 Fibonacci 序列.

于是方程$(*)$的解是$(u,v)=(1,0),(1,1),(2,3),(5,8),(13,21)$. 对于其他的解有 $v>44$. 方程$(*)$的第一个解给出 $j=v^2+1=0^2+1=1$,则 $m=uv=0$. 这不满足给定的条件. 其他解给出了问题的解

$j=1^2+1=2, j=3^2+1=10, j=8^2+1=65, j=21^2+$

$1 = 442.$

问题 10.4 考虑函数 $f(x) = (a^2 + 4a + 2)x^3 + (a^3 + 4a^2 + a + 1)x^2 + (2a - a^2)x + a^2$，其中 a 是一个实数.

a) 证明：$f(-a) = 0$；

b) 求所有 a 的值，满足方程 $f(x) = 0$ 有三个不同的正根.

Ivan Landjev

解 a) 直接验证即可.

b) 原方程可写成如下形式

$$(x + a)[(a^2 + 4a + 2)x^2 + (1 - a)x + a] = 0 \quad (1)$$

我们得到 $a < 0$. 此外，方程(1)中的二次多项式必有两个不同的实零点. 即判别式

$$\Delta = (1 - a)^2 - 4a(a^2 + 4a + 2) > 0 \Leftrightarrow$$
$$(a + 1)(-4a^2 - 11a + 1) > 0$$

解此不等式，因为 $a < 0$. 所以

$$a \in \left(-\infty, \frac{-11 - \sqrt{137}}{8}\right) \cup (-1, 0) \quad (2)$$

在方程(1)中的二次多项式的根是正数，当且仅当

$$\begin{cases} \dfrac{a}{a^2 + 4a + 2} > 0 \\ -\dfrac{1 - a}{a^2 + 4a + 2} > 0 \end{cases} \Rightarrow a \in (-2 - \sqrt{2}, -2 + \sqrt{2})$$

结合条件(2)，可以得到

$$a \in \left(-2 - \sqrt{2}, \frac{-11 - \sqrt{137}}{8}\right) \cup (-1, -2 + \sqrt{2}) \quad (3)$$

当 $-a$ 是方程(1)中多项式的零点时，有

$$(a^2 + 4a + 2)(-a)^2 + (1 - a)(-a) + a = 0 \Leftrightarrow$$
$$a^2(a^2 + 4a + 3) = 0$$

解得 $a = -3, -1, 0$. 所以问题的答案是

$$a \in (-2 - \sqrt{2}, -3) \cup \left(-3, \frac{-11 - \sqrt{137}}{8}\right) \cup (-1, -2 + \sqrt{2})$$

问题 10.5 如图 2，设 O 和 G 分别表示 $\triangle ABC$ 的外心和重心，M 是边 AB 的中点，如果 $OG \perp CM$，证明：$\triangle ABC$ 是等腰三角形.

Ivailo Kortezov

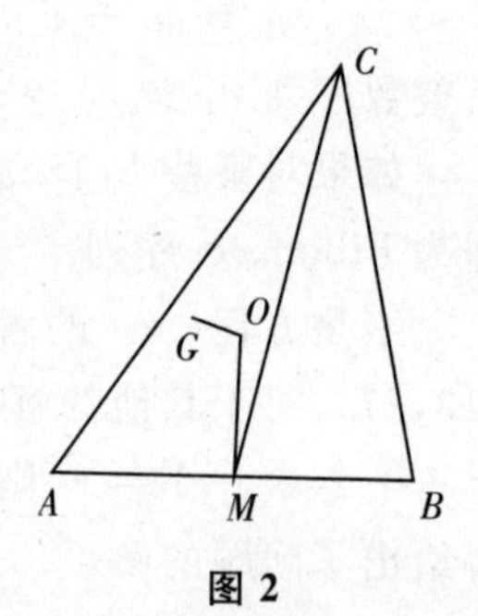

图 2

证明 设 $\boldsymbol{a} = \overrightarrow{OA}, \boldsymbol{b} = \overrightarrow{OB}, \boldsymbol{c} = \overrightarrow{OC}$. 则 $\overrightarrow{OM} = \frac{1}{2}(\boldsymbol{a} + \boldsymbol{b})$. 所以，$\overrightarrow{OG} = \frac{1}{6}(3\boldsymbol{a} + \boldsymbol{b} + 2\boldsymbol{c})$.

另一方面，$\overrightarrow{CM}=\frac{1}{2}(\boldsymbol{a}+\boldsymbol{b}-2\boldsymbol{c})$. 则

$$0=\overrightarrow{OG}\cdot\overrightarrow{CM}=(3\boldsymbol{a}+\boldsymbol{b}+2\boldsymbol{c})(\boldsymbol{a}+\boldsymbol{b}-2\boldsymbol{c})=$$
$$3R^2+3\boldsymbol{ab}-6\boldsymbol{ac}+\boldsymbol{ab}+R^2-2\boldsymbol{bc}+2\boldsymbol{ac}+2\boldsymbol{bc}-4R^2=$$
$$4\boldsymbol{a}(\boldsymbol{b}-\boldsymbol{c})$$

所以，$OA\perp BC$. 即 $AB=AC$.

问题 10.6 证明：任何具有10个顶点和26条边的图形，至少包含4个三角形.

Ivan Landjev

证明 分别用V,E表示G的顶点集合与边的集合. 对任一个顶点 $x\in V$，设 $\Gamma(x)$ 是 G 与顶点 x 相连的边的集合. $d(x)=|\Gamma(x)|$. 则对于 $x,y\in V$，有

$$|\Gamma(x)\cup\Gamma(y)|=|\Gamma(x)|+|\Gamma(y)|-|\Gamma(x)\cup\Gamma(y)|\geqslant$$
$$d(x)+d(y)-|V|$$

对所有的边$(x,y)\in E$，将这些不等式相加，有

$$3t(G)=\sum_{(x,y)\in E}|\Gamma(x)\cap\Gamma(y)|\geqslant\sum_{(x,y)\in E}[d(x)+d(y)]-|V|\cdot|E|=$$
$$\sum_{x\in V}d^2(x)-|V|\cdot|E|\text{（其中}t(G)\text{是}G\text{中三角形的个数）}$$

所以

$$3t(G)\geqslant\frac{1}{|V|}\Big(\sum_{x\in V}d(x)\Big)^2-|V|\cdot|E|=\frac{4|E|^2}{|V|}-|V|\cdot|E|$$

在本题中 $|V|=10$，$|E|=26$，所以 $t(G)\geqslant\frac{52}{15}$. 所以 $t(G)\geqslant 4$.

问题 11.1 求所有 $x\in(-\pi,\pi)$ 的值，使得 $2^{\sin x}$，$2-2^{\sin x+\cos x}$ 和 $2^{\cos x}$ 是等比级数的相邻项.

Emil Kolev

解 所给数构成几何级数，当且仅当

$$2^{\sin x}\cdot 2^{\cos x}=(2-2^{\sin x+\cos x})^2\Leftrightarrow 4^{\sin x+\cos x}-5\cdot 2^{\sin x+\cos x}+4=0$$

设 $y=2^{\sin x+\cos x}$，则 $y^2-5y+4=0$，解得 $y=4$ 或 1.

如果 $2^{\sin x+\cos x}=4$，则 $\sin x+\cos x=2\Leftrightarrow\sin\left(x+\frac{\pi}{4}\right)=\sqrt{2}$. 这是不可能的.

如果 $2^{\sin x+\cos x}=1$，则 $\sin x+\cos x=0\Leftrightarrow\sin\left(x+\frac{\pi}{4}\right)=0$. 所以，$x=-\frac{\pi}{4}+k\pi\ (k\in\mathbf{Z})$.

因为 $x\in(-\pi,\pi)$，所以 $x=-\frac{\pi}{4}$ 或 $\frac{3\pi}{4}$.

问题 11.2 如图 3,过顶点 A 和 B,切于 $\triangle ABC$ 外接圆的两条直线相交于点 D. 如果 M 是边 AB 的中点,求证:$\angle ACM = \angle BCD$.

Emil Kolev

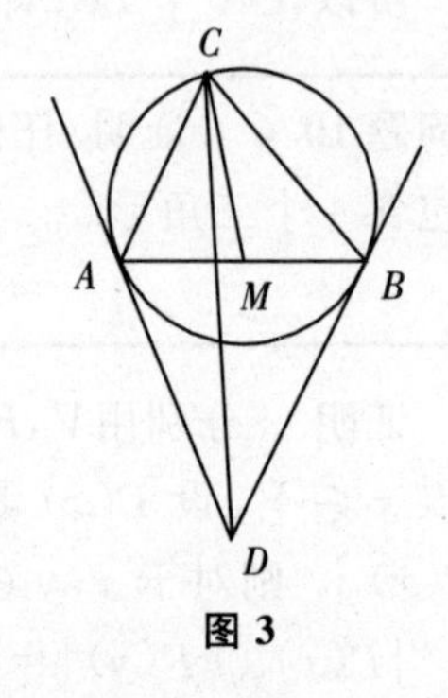

图 3

证明 对 $\triangle AMC$,$\triangle BMC$ 应用正弦定理,得

$$\frac{AM}{CM}=\frac{\sin\angle ACM}{\sin\alpha},\quad \frac{BM}{CM}=\frac{\sin(\gamma-\angle ACM)}{\sin\beta}$$

因为 $AM=BM$,有 $\dfrac{\sin\angle ACM}{\sin\alpha}=\dfrac{\sin(\gamma-\angle ACM)}{\sin\beta}$. 所以

$$\tan\angle ACM=\frac{\sin\alpha\sin\gamma}{\sin\beta+\sin\alpha\cos\gamma} \tag{1}$$

对 $\triangle ADC$,$\triangle BDC$ 应用正弦定理,有

$$\frac{AD}{CD}=\frac{\sin(\gamma-\angle BCD)}{\sin(\alpha+\gamma)},\frac{BD}{CD}=\frac{\sin\angle BCD}{\sin(\beta+\gamma)}$$

由于 $AD=BD$,所以 $\dfrac{\sin(\gamma-\angle BCD)}{\sin\beta}=\dfrac{\sin\angle BCD}{\sin\alpha}$. 即

$$\tan\angle BCD=\frac{\sin\alpha\sin\gamma}{\sin\beta+\sin\alpha\cos\gamma} \tag{2}$$

由式(1)(2) 可知 $\tan\angle ACM=\tan\angle BCD$. 因为 $\angle ACM$,$\angle BCD$ 都是锐角,所以 $\angle ACM=\angle BCD$.

问题 11.3 设整数 $m\geqslant 3$, $n\geqslant 2$. 证明:在 $N=mn-n+1$ 个人组成的人群中,满足任何 m 个人中有两个人认识,有一个人认识 n 个人. 如果 $N<mn-n+1$,这命题还成立吗?

Alexander Ivanov

证明 考虑人数最多的一组,使得他们中任何两个人都不认识. 很显然,如果 l 个人在这个组中,则 $l\leqslant m-1$. 此外,由 l 的最大性可知,其他 $N-l$ 个人的任何人至少认识这个组中 l 个人. 所以,这 l 个人中至少认识 $\dfrac{N-l}{l}$ 个人. 因为

$$\frac{N-l}{l}=\frac{N}{l}-1\geqslant\frac{N}{m-1}-1=n+\frac{1}{m-1}-1>n-1$$

表明有一个人认识 n 个人.

设 $N=mn-n=(m-1)n$,考虑 n 个人的 $m-1$ 个组,满足来自一组的任何两人是认识的,来自其他不同组是不认识的. 则在任何 m 个人中,有两个来自相同的组. 即他们是认识的. 另一方面,任何一个人认识其他 $n-1$ 个人,所以如果 $N<mn-n+1$,命题是不对的.

问题 11.4 如图4，点 D 和 E 分别位于 $\triangle ABC$ 的边 AB 和 BC 的中垂线上. 已知点 D 在 $\triangle ABC$ 内部，点 E 在 $\triangle ABC$ 的外部，且 $\angle ADB = \angle CEB$. 如果直线 AE 与线段 CD 交于点 O. 证明：$\triangle ACO$ 的面积等于四边形 $DBEO$ 的面积.

Emil Kolev

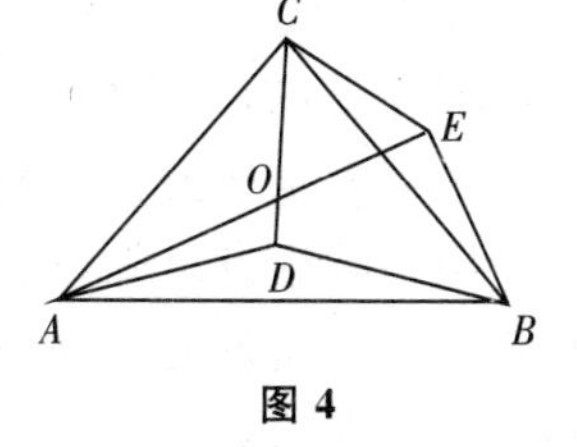

图 4

证明 因为等腰 $\triangle ABD \backsim \triangle CBE$，则 $\frac{AB}{DB} = \frac{CB}{BE}$. 因为 $\angle ABC = \angle DBE$，所以 $\triangle ABC \backsim \triangle DBE$，且 $\frac{DB}{AB} = 2\cos\varphi$，其中 $\varphi = \angle ABD$. 所以 $\angle ACB = \angle DEB = \gamma$. 因此

$$S_{\triangle ACE} = \frac{1}{2}AC \cdot CE \cdot \sin(\varphi+\gamma) = \frac{1}{2}b \cdot \frac{a}{2\cos\varphi} \cdot \sin(\varphi+\gamma)$$

$$S_{四边形EBDC} = \frac{1}{2}CB \cdot DE\sin(\varphi+\gamma) = \frac{1}{2}a \cdot \frac{b}{2\cos\varphi} \cdot \sin(\varphi+\gamma)$$

所以 $S_{\triangle ACE} = S_{四边形EBDC}$，命题成立.

问题 11.5 设 a，b 和 c 都是正整数，满足其中任何一个与另外两个互质. 证明：存在三个正整数 x，y 和 z，使得 $x^a = y^b + z^c$.

Alexander Ivanov

证明 考虑两种情况.

情况 1 设 $(a,b) = (a,c) = 1$，则 $(a,bc) = 1$. 所以存在正整数 u，v 满足 $ua + vbc = 1$. 所以，$a \mid (1 - vbc)$. 如果 $k \geqslant 1$ 是正整数，满足 $a \mid (-v-k)$，则 $a \mid (kbc+1)$. 即 $kbc + 1 = at$. 所以，可以设 $x = 2^t$，$y = 2^{kc}$，$z = 2^{kb}$，则

$$y^b + z^c = 2^{kbc} + 2^{kbc} = 2^{kbc+1} = (2^t)^a = x^a$$

情况 2 设 $(c,a) = (c,b) = 1$，则 $(c,ab) = 1$. 由情况 1，我们能够找到一个正整数 k，使得 $c \mid (kab+1)$. 即 $kab+1 = ct$. 所以可以设 $x = 2(2^a-1)^{kb}$，$y = (2^a-1)^{ka}$，$z = (2^a-1)^t$，则

$$x^a - y^b = 2^a(2^a-1)^{kab} - (2^a-1)^{kab} = (2^a-1)^{kab+1} = z^c$$

问题 11.6 在面积为1的 $\triangle ABC$ 内选取一点，并将其与三角形的顶点相连. 再在三个新的三角形之一的内部选取一点，并把该点与该三角形顶点相连，如此依次进行下去. 在任何一步得到的三角形之一内部选取一点，联结它与这个三角形的各顶点. 证明：第 n 步之后

a) $\triangle ABC$ 被划分为 $2n+1$ 个三角形；

b) 有两个具有公共边的三角形其组合的面积不小于 $\frac{2}{2n+1}$.

Alexander Ivanov

证明 a) 每一步选择的点分成三个新的三角形，即三角形的个数增加 2 个. 所以，第 n 步有 $2n+1$ 个三角形.

b) 对 n 采用数学归纳法证明，移去任何一个三角形，则余下的三角形中的一对满足在任何一对三角形中有一条公共边.

命题对 $n=1$ 显然是成立的. 设 $n=k$ 时命题成立. 我们来证明，当$n=k+1$ 时，命题也成立.

设点 O 是在第$k+1$步 $\triangle MNP$ 中增加的一点，移去 $\triangle OMN$，$\triangle OMP$，$\triangle ONP$ 中的任何一个三角形(假定是 $\triangle OMN$)$\triangle XYZ$，考虑在第 k 步移去 $\triangle MNP$，得到的图形.

由归纳假设可知，余下的三角形可以按这样的方法配对，即任何一对三角形有一条公共边，添加对($\triangle OMP$，$\triangle ONP$)，我们得到所要求的对.

如果 $\triangle XYZ$ 与 $\triangle OMN$，$\triangle OMP$，$\triangle ONP$ 不重合，我们考虑第 k 步移去 $\triangle XYZ$ 后得到的图形. 假定 $\triangle MNP$ 与 $\triangle QMN$ 配对，则使用对 ($\triangle OMN$，$\triangle QMN$) 和 ($\triangle OMP$，$\triangle OPN$) 替换对 ($\triangle MNP$，$\triangle QMN$)，完成归纳.

因为 $\triangle ABC$ 的面积等于 1，则一个三角形的面积的最小值不超过$\dfrac{1}{2n+1}$. 移去一个面积最小的三角形，正如我们上面已经证明的，余下的三角形可以这样配对，即任何一对有一条公共边. 因为对的个数是 n，则有一对的面积之和至少为$\dfrac{1-\dfrac{1}{2n+1}}{n}=\dfrac{2}{2n+1}$.

问题 12.1 求方程 $2^a+8b^2-3^c=283$ 的整数解.

Oleg Mushkarov, Nikolai Nikolov

解 易知 $a,c\geqslant 0$. 因为 3^c 与 1 或 3 关于模 8 同余，则 $0\leqslant a\leqslant 2$. 如果 $a=0$ 或 1，则 $2\mid 3^c$ 或者 $8\mid(3^c+1)$，矛盾. 设 $a=2$，即 $8b^2-3^c=279$. $c=0,1$ 的情况是不可能的. 所以 $c\geqslant 2$. 从而 $3\mid b$，设 $b=3d$，则 $8d^2-3^{c-2}=31$. 如果 $c\geqslant 3$，则 $3\mid d^2+1$，矛盾. 所以 $c=2$，$d=\pm 2$. 所以 $a=2$，$b=\pm 6$，$c=2$.

问题 12.2 使得函数 $f(x)=\dfrac{ax-1}{x^4-x^2+1}$ 的最大值等于 1 的，求 a 的所有值.

Oleg Mushkarov, Nikolai Nikolov

解 因为函数 $f(x)$ 的分母是正的，所以给定的条件变成 $ax-1\leqslant x^4-x^2+1$.

设 $a \geqslant 0$. 当 $x \leqslant 0$ 时,有 $ax \leqslant 0$. 所以 a 是函数 $g(x) = \frac{x^4 - x^2 + 2}{x}$ $(x > 0)$ 的最小值. 因为 $g'(x) = \frac{(3x^2+2)(x+1)(x-1)}{x^2}$, 可见这个最小值为 $g(1) = 2$.

$a \leqslant 0$ 的情况可以由上面结论做替换用 $-a$ 替换 a, 用 $-x$ 替换 x. 所以$a = \pm 2$.

问题 12.3 一平面平分四面体 $ABCD$ 的体积,与棱 AB 和 CD 分别交于点M 和N,且满足$\frac{AM}{BM} = \frac{CN}{DN} \neq 1$. 证明:平面通过棱 AC 和 BD 的中点.

Oleg Mushkarov, Nikolai Nikolov

证明 设平面 π 平分四面体 $ABCD$ 的体积,分别与棱 AB, BC, CD, DA 交于点M, Q, N, P. 设 $x = \frac{AM}{BM}$, $y = \frac{CN}{DN}$, $z = \frac{AP}{DP}$, $t = \frac{CQ}{BQ}$. 如果 $T = \pi \cap AC$(若 $\pi \parallel AC$, 则设 $T = \infty$), 则由 Menelaus 定理,得

$$\frac{x}{t} = \frac{AT}{CT} = \frac{z}{y} \Rightarrow xy = zt$$

另一方面

$$\frac{1}{2} = \frac{V_{AMQCNP}}{V_{ABCD}} = \frac{V_{AMQCP} + V_{QCNP}}{V_{ABCD}} = \frac{S_{\text{四边形}AMQC}}{S_{\triangle ABC}} \cdot \frac{AP}{AD} + \frac{S_{\triangle QCN}}{S_{\triangle ABC}} \cdot \frac{DP}{AD} =$$

$$\left(1 - \frac{BM}{AB} \cdot \frac{BQ}{BC}\right) \cdot \frac{AP}{AD} + \frac{CN}{CD} \cdot \frac{CQ}{CB} \cdot \frac{DP}{AD} =$$

$$\left[1 - \frac{1}{(1+x)(1+t)}\right] \cdot \frac{z}{1+z} + \frac{yt}{(1+y)(1+t)(1+z)}$$

所以

$$2z(1+y)(x+t+xt) + 2yt(1+x) = (1+x)(1+y)(1+z)(1+t) \tag{1}$$

由题设条件,设平面 π 交 BC 内一点,则 π 与棱 AD 相交. 因为 $x = y$, $xy = zt$, 则易知式(1) 可转换为

$$(x-1)[t^2 + t(x+1)^2 + x^2] = 0$$

但 $x \neq 1$, 且第二个因式是正的,所以,这种情况是不可能的.

因此,给定的平面交棱 AC, BD 于 C, D 两点. 我们有 $xy = 1 = zt$, 不等式依然成立. 则$(x-1)(t^2-1) = 0 \Rightarrow t = z = 1$. 完成解答.

问题 12.4 如图 5,设 $ABCD$ 是圆内接四边形,如果 $AC=BC$, $AD=5$, $E=AC\cap BD$, $BE=12$, $DE=3$,求 $\angle BCD$ 的度数.

Oleg Mushkarov, Nikolai Nikolov

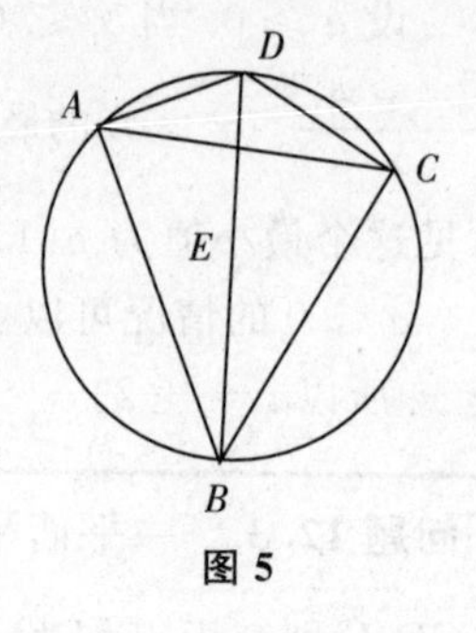

图 5

解 如果 CD 的中垂线交 BD 于点 O,则

$$\angle COD=180^\circ-2\angle ODC=180^\circ-2\angle BAC=\angle ACB=\angle ADO$$

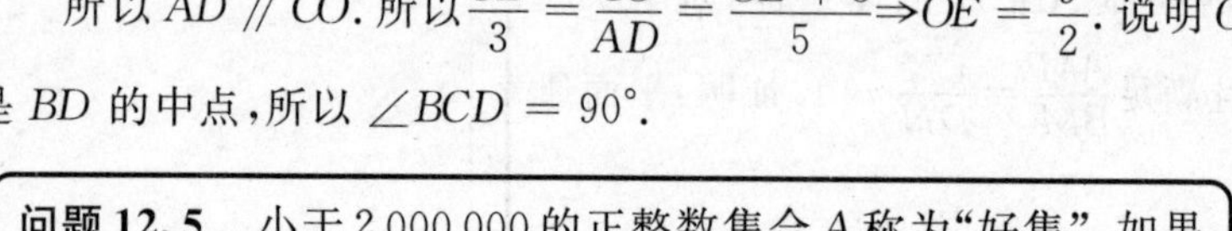

所以 $AD\,/\!/\,CO$. 所以 $\dfrac{OE}{3}=\dfrac{CO}{AD}=\dfrac{OE+3}{5}\Rightarrow OE=\dfrac{9}{2}$. 说明 O 是 BD 的中点,所以 $\angle BCD=90^\circ$.

问题 12.5 小于 2 000 000 的正整数集合 A 称为"好集",如果 $2\,000\in A$,且对任意 $a,b\in A$,满足 $a<b$, $a\mid b$. 试求:

a) 一个"好集"的最大可能基数;

b) 最大基数的"好集"个数.

Oleg Mushkarov, Nikolai Nikolov

解 a) 设 $a_1<a_2<\cdots<a_{n-1}<a_n=2\,000<a_{n+1}<\cdots<a_m$ 是一个"好集"的元素. 因为 $a_{i+1}\geqslant 2a_i$,则 $2\,000\,000>a_m\geqslant 2^{m-n}\cdot 2\,000$. 因此 $m-n\leqslant 9$. 又因为等式 $2\,000=2^4\cdot 5^3$,表明 $a_i=2^{k_i}\cdot 5^{l_i}(i\leqslant n-1)$,其中 $0\leqslant k_i\leqslant k_{i+1}\leqslant 4$, $0\leqslant l_i\leqslant l_{i+1}\leqslant 3$, $k_i+l_i\leqslant 6$. 所以 $n\leqslant 8$. 所以 A 至多有 $8+9=17$ 个元素,得到了包含 17 个元素的一个"好集"的例子是

$$a_i=\begin{cases}2^{i-1} & (1\leqslant i\leqslant 5)\\ 2^4\cdot 5^{i-5} & (6\leqslant i\leqslant 8)\\ 2^{i-4}\cdot 5^3 & (9\leqslant i\leqslant 17)\end{cases}$$

b) 一个好集的最大基数是 $m=17$ 和 $n=8$. 即 $a_8=2\,000$. 此外, $k_i+l_i=i-1\ (1\leqslant i\leqslant 7)$,表明 $a_1=1$. 子集 $\{a_2,\cdots,a_7\}$ 由 $1\leqslant i_1<i_2<i_3\leqslant 7$ 确定,满足

$$l_{i_1}=0,\ l_{i_1+1}=1,\ l_{i_2}=1,\ l_{i_2+1}=2,\ l_{i_3}=2,\ l_{i_3+1}=3.$$

总共有 $\dbinom{7}{3}=35$ 种可能. 因为 $2^9<2^8\cdot 3<1\,000<2^{10}$,可知 $a_i=2^{i-4}\cdot 5^3(9\leqslant i\leqslant 17)$ 或有下标 $j(9\leqslant j\leqslant 17)$,满足 $a_i=2^{i-4}\cdot 5^3(8\leqslant i<j)$; $a_i=2^{i-5}\cdot 5^3(j\leqslant i\leqslant 17)$. 所以子集 $\{a_9,\cdots,a_{17}\}$ 有 10 种可能. 所以最大基数的好集个数等于 $35\cdot 10=350$.

问题 12.6 求所有非常数实系数多项式 $P(x)$ 和 $Q(x)$,使得对任意 x,都有 $P(x)Q(x+1)=P(x+2\,004)Q(x)$ 成立.

Oleg Mushkarov, Nikolai Nikolov

解 设 $R(x)=P(x)P(x+1)\cdots P(x+2\,003)$. 由给定的条

件可知,如果 x 大于 $P(x)$ 的最大实根,则

$$\frac{Q(x)}{R(x)}=\frac{Q(x+1)}{R(x+1)} \tag{1}$$

由数学归纳法可以证明,对任意正整数 n,有 $\frac{Q(x)}{R(x)}=\frac{Q(x+n)}{R(x+n)}$.

因为 $\lim\limits_{n\to+\infty}\frac{Q(x+n)}{R(x+n)}$ 是有限数或 ∞,并不依赖于 x. 同时,这个极限等于 $\frac{Q(x)}{R(x)}$. 所以,对任意实数 x,有 $Q(x)=cR(x)$,其中 $c\neq 0$ 是常数.

相反,很明显如果 $Q(x)=cP(x)P(x+1)\cdots P(x+2\,003)$,则满足问题的条件.

备注 利用等式(1),也可以通过比较多项式的系数完成解答.

2004年国家奥林匹克国家轮回赛

问题1 如图1,设I是$\triangle ABC$的内心,A_1,B_1和C_1分别是线段AI、BI和CI上的点.线段AA_1,BB_1和CC_1的中垂线相交于点A_2,B_2和C_2,证明:当且仅当I是$\triangle A_1B_1C_1$的垂心时,$\triangle A_2B_2C_2$和ABC的外心重合.

Oleg Mushkarov,Nikolai Nikolov

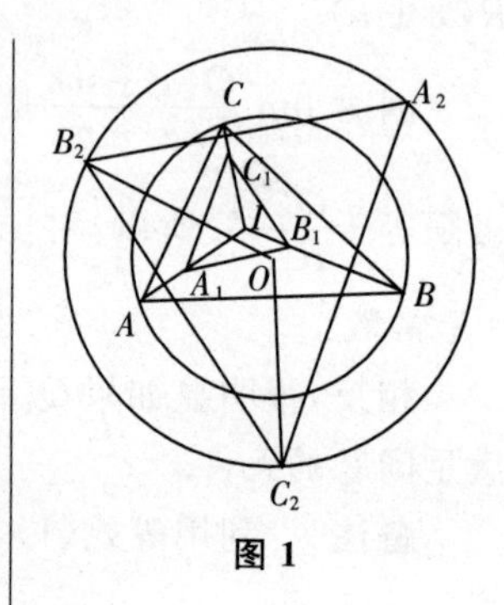

图1

证明 设O是$\triangle ABC$的外心.假设O与$\triangle A_2B_2C_2$的外心重合,则

$$\angle C_2OB_2 = 2\angle C_2A_2B_2 = 2(180° - \angle BIC) = \angle B + \angle C$$

由此推出

$$\angle OB_2C_2 = \frac{1}{2}(180° - \angle C_2OB_2) = \frac{1}{2}\angle A = \angle IAC$$

于是$OB_2 \perp AC$.即OB_2是AC的中垂线.则点A,A_1,C_1,C位于以B_2为圆心的圆上.因此可知,$\angle A_1C_1I = \angle A_1AC = \frac{1}{2}\angle A$,$\angle C_1A_1I = \frac{1}{2}\angle C$.同理可得,$\angle B_1A_1I = \frac{1}{2}\angle B$.所以$\angle IC_1A_1 + \angle C_1A_1B_1 = \frac{\angle A + \angle B + \angle C}{2} = 90°$.即$C_1I \perp A_1B_1$.同理可证,$B_1I \perp A_1C_1$,$A_1I \perp B_1C_1$.即$I$是$\triangle A_1B_1C_1$的垂心.

相反的,设I是$\triangle A_1B_1C_1$的垂心,则$\angle B_1A_1C_1 = 180° - \angle B_1IC_1 = \frac{\angle B + \angle C}{2}$,推出

$$\angle A_1C_1I = 90° - \angle B_1A_1C_1 = \frac{1}{2}\angle A$$

因此四边形AA_1C_1C四个顶点共圆,所以B_2位于AC的中垂线上.设O是$\triangle ABC$的外心,因为O位于AC的中垂线上,所以$\angle OB_2C_2 = \angle CAI = \frac{1}{2}\angle A$.类似可证,$\angle OC_2B_2 = \angle BAI = \frac{1}{2}\angle A$,所以$OB_2 = OC_2$,同理可证$OA_2 = OC_2$,所以点$O$是$\triangle A_2B_2C_2$的外心.

问题 2 对任意正整数 n,和式 $1+\frac{1}{2}+\cdots+\frac{1}{n}$ 可以写成$\frac{p_n}{q_n}$的形式,其中 p_n 和 q_n 是互质的正整数.

a) 证明:3 不能整除 p_{67};

b) 求所有的 n,使得 3 整除 p_n.

Nikolai Nikolov

解 a) 设 $S_n=1+\frac{1}{2}+\cdots+\frac{1}{n}$,则有 $S_2=\frac{3}{2}$,$S_7=\frac{3\cdot 121}{140}$,

$$S_{22}-S_7=\frac{1}{8}+\frac{1}{22}+\frac{1}{10}+\frac{1}{20}+\frac{1}{11}+\frac{1}{19}+\frac{1}{14}+\frac{1}{16}+\frac{1}{13}+\frac{1}{17}+\frac{1}{9}+\frac{1}{12}+\frac{1}{15}+\frac{1}{18}+\frac{1}{21}=\frac{30a}{b}+\frac{51}{140}=\frac{3c}{d}$$

其中$(a,b)=(c,d)=1$.易知$a\equiv b\pmod 3$.所以3不能整除c,d, $c\not\equiv d\pmod 3$,$p_{22}=3p'_{22}$,且 3 不能整除 p'_{22}.类似地,$S_{67}-S_{22}=\frac{90e}{f}+\frac{c}{d}$,其中 3 不整除 f,可知 3 不整除 p_{67}, q_{67}.

b) 设 $S_n=\frac{k_n}{3^{m_n}l_n}$,其中 3 不整除 k_n,l_n.则

$$S_{3n}=\frac{1}{3}S_n+1+\frac{1}{2}+\frac{1}{4}+\frac{1}{5}+\cdots+\frac{1}{3n-2}+\frac{1}{3n-1}=\frac{k_n}{3^{m_n+1}l_n}+3\cdot\frac{a_n}{b_n}=\frac{k_nb_n+3^{m_n+2}l_na_n}{3^{m_n+1}l_nb_n}$$

其中,3 不整除 b_n.所以,如果 $m_n\geqslant -1$,则 $m_{3n}=m_n+1$.同理,有

$$m_{3n+2}=m_n+1(m_n\geqslant -1),m_{3n+1}=m_n+1\ (m_n\geqslant 0)$$

因为$m_1=0$, $m_2=m_7=m_{22}=-1$,$m_{67}=0$.易知,所求n的值为$n=2,7,22$.

问题 3 n个旅行者组成一组,其中每三个人中至少有两个人互不认识.把他们任意分成两组,每组中的某些旅行者至少有两个人彼此认识.证明:一个旅行者至多认识$\frac{2}{5}n$个旅行者.

Ivan Landjev

证明 考虑n个顶点的图G,每个顶点对应一个旅行者,两个顶点的连线表明两个旅行者彼此认识.

问题的第一个条件的含义是G中没有三角形.问题的第二个条件的含义是在该图中,有一个长度为奇数的圈.实际上,如果所有的圈的长度为偶数,则顶点可以分成两个组,使得两组之间没有任何一条边相连.

设 $A_1, A_2, \cdots, A_k$ 是 G 中具有最小奇数长的圈. 因为在 G 中没有三角形以及圈 $A_1, A_2, \cdots, A_k$ 的最小值,可见,在这个圈中,每一个外部顶点至多与来自该圈的两个顶点相连. 所以形式为 (X, A_i) $X \neq A_j (j=1,2,\cdots,k)$ 的边数不超过 $2(n-k)$. 用 $d(A_i)$ 表示顶点 A_i 的度. 并设 $\delta = \max\limits_{1 \leqslant i \leqslant k} d(A_i)$,显然 $\sum\limits_{i=1}^{k} d(A_i) = |E^*| + 2k$,其中 E^* 是边 XA_i 的集合. 则有

$$2(n-k) \geqslant |E^*| = \sum_{i=1}^{k} d(A_i) - 2k \geqslant k\delta - 2k$$

所以 $\delta \leqslant \frac{2n}{k}$. 而 $k \geqslant 5$,于是 $\delta \leqslant \frac{2n}{5}$.

问题 4 任何使用字母 a 和 b 的词的下列变化是允许的: $aba \to b, b \to aba, bba \to a$ 和 $a \to bba$,能否从字 $\underbrace{aa\cdots a}_{2\,003}b$ 得到词 $b\underbrace{aa\cdots a}_{2\,003}$?

Emil Kolev

解 答案是:不能.

我们要证明,应用给定的数的变换规则,a 不论在奇(偶)位置,都不能改变它的奇偶性. 实际上对词 $w_1 aba w_2$ 应用替换 $aba \to a$,在所得到的新词 $w_1 a w_2$ 中,w_1 中所有 a 并没有改变它们的位置,w_2 中所有 a 由两个位置移到左边. 因此,这样的 a 保持了它们位置的奇偶性. 在 aba 中删除两个 a,a 的奇(偶)位置减少两个数. 类似地,对词 $w_1 bba w_2$ 应用操作 $bba \to a$ 同样为真. 由于替换 $a \to aba$, $a \to bba$ 是上面的相反情况,它们有同样的性质. 接下来,我们看到在词 $b\underbrace{aa\cdots a}_{2\,003}$ 和 $\underbrace{aa\cdots a}_{2\,003}b$ 中,a 的奇偶位置的数目分别为 1 002,1 001.

问题 5 设 a, b, c 和 d 都是正整数,满足 2 004 个有序对 (x, y),$x, y \in (0,1)$,使得 $ax+by$ 和 $cx+dy$ 都是整数. 如果 $(a, c) = 6$,求 (b, d).

Oleg Mushkarov, Nikolai Nikolov

解 答案是 1,7 或 49.

首先假设 $ad \neq bc$,则点集 $(ax+by, cx+dy)$, $x, y \in (0,1)$ 与顶点为 $A=(0,0)$, $B=(a,c)$, $C=(b,d)$, $D=(a+b, c+d)$ 的平行四边形内点相重合,其面积 $S = |ad - bc|$. 该公式表明 $S = n + \frac{m}{2} - 1$,其中 m, n 分别表示平行四边形的内部格点(即坐

标为整数的点)数与边界线上的格点数. 设 $e=(a,c)$, $f=(b,d)$, $a=ea_1$, $c=ec_1$, $b=fb_1$, $d=fd_1$, 则边 AB 的内部点具有坐标 $(ax,cx)(x\in(0,1))$, 于是这样的格点数是 $e-1$. 同理, 边 BD, CD, AC 的内部格点数分别为 $f-1$, $e-1$, $f-1$. 易推出 $\frac{m}{2}=e+f$. 问题的第一个条件可以写成

$$ef\mid a_1d_1-b_1c_1\mid=2\,003+e+f \qquad (1)$$

因为 $e=(a,c)=6$, 可知 f 整除 $2\,009=7^2\cdot41$, $6f$ 整除 $2\,009+f$. 这只有在 $f=1,7,49$ 时才有可能. 对于 f 的每一个值, 数 $e=6$, $a_1=1+\frac{2\,009+f}{6f}$, $b_1=c_1=d_1=1$ 满足等式(1), 所以 $(b,d)=1,7$ 或 49.

现假设 $ad=bc$, 易知 $a_1=b_1$, $c_1=d_1$. 对于 $x\in\left(0,\frac{1}{e}\right)$, 设 $y=\frac{1-xe}{f}<\frac{1}{f}$, 则 $ax+by=a_1$, $cx+dy=d_1$ 是整数, 且 $ex+fy=1$. 可知, 这个情况, 有无限多对 (x,y) 满足等式(1), 矛盾.

问题 6 设 p 是一个质数, 又设 $0\leqslant a_1<a_2<\cdots<a_m<p$, $0\leqslant b_1<b_2<\cdots<b_m<p$ 是任意整数. 用 k 表示数 a_i+b_j $(1\leqslant i\leqslant m, 1\leqslant j\leqslant n)$ 模 p 不同的余数的个数. 证明:

a) 如果 $m+n>p$, 则 $k=p$;

b) 如果 $m+n\leqslant p$, 则 $k\geqslant m+n-1$.

Vladimir Barzov, Alexander Ivanov

证明 a) 设 $t\in\{0,1,2,\cdots,p-1\}$, 考虑 $t-a_i(1\leqslant i\leqslant m)$, $b_j(1\leqslant j\leqslant m)$ 模 p 的余数, 其中 $m+n>p$, 所以它们之中必有两个相等. 因为 $t-a_i$, $t-a_j$, b_i, $b_j(i\neq j)$ 的余数是不同的, 可知, 存在 r,s 使得 $t-a_r\equiv b_s\pmod p$, 即 $a_r+b_s\equiv t\pmod p$. 由于 t 是模 p 任意一个余数, 我们推出 $k=p$.

b) 设 $A=\{a_1,a_2,\cdots,a_m\}$, $B=\{b_1,b_2,\cdots,b_m\}$. 对任意两个集合 X,Y, 定义 $X+Y=\{x+y\pmod p\mid x\in X, y\in Y\}$. 我们来证明, $k=\mid A+B\mid\geqslant m+n-1$. 为此, 不妨设 $m\leqslant n$. 对 m 采用数学归纳法. 当 $m=1$ 和任意 n, 命题成立, 因为 $a_1+b_i\neq a_1+b_j\pmod p$ $(i\neq j)$, 所以 $\mid a_1+B\mid=\mid B\mid=n=1+n-1$.

设命题对任何两个集合 X,Y, 满足 $\mid X\mid<m$, $\mid X\mid<\mid Y\mid$, $\mid X\mid+\mid Y\mid\leqslant p$. 令 $\mid A\mid=m>1$, $\mid B\mid=n$, 其中 $m\leqslant n$, $m+n\leqslant p$, 则 $n<p$. 所以存在 $c\notin B$. 取两个不同的 $a_1,a_2\in A$. 序列 $c+t(a_2-a_1)\pmod p)t=1,2,\cdots,p-1$ 包含所有的除 c 以外的余

数. 则存在某些 t,使 $b=c+t(a_2-a_1)\in B$. 令 t 是具有这个性质的最小的数,则集合 $A'=\{b-a_2\}+A$ 包含了元素 $b-a_2+a_1$, $b-a_2+a_2=b$. 注意到,$b-a_2+a_1=c+(t-1)(a_2-a_1)\notin B$, 因为 $|A'+B|=|\{b-a_2\}+A+B|$,只需证明 $|A'+B|\geqslant m+n-1$.

设 $F=A'\cap B$, $G=A'\cup B$. 因为 $b\in F$, $b-a_2+a_1\notin F$, $b-a_2+a_1\in A'$,则 F 是 A' 的非空真子集. 所以 B 是 G 的真子集. 所以 $0<|F|<m\leqslant n<|G|$. 另一方面,$m+n=|A'|+|B|=|A'\cap B|+|A'\cup B|=|F|+|G|$. 又注意到,$F+G\subset A'+B$(对于 $f\in F$,$g\in G$,我们假设 $g\in A'$,则 $f\in F\subset B$,这意味着 $f+g\in A'+B$). 于是 $|A'|+|B|\geqslant|F|+|G|$. 则不等式 $0<|F|<m\leqslant n<|G|$, $|F|+|G|\leqslant p$ 以及归纳假设表明,命题对集合 F,G 也成立. 所以,

$|A+B|=|A'+B|\geqslant|F+G|\geqslant|F|+|G|-1=|A'|+|B|-1=m+n-1$. 完成归纳证明.

备注 这个问题就是 Cauchy－Davenport 定理.

2004 年 BMO 团队选拔赛

问题 1 是否存在一个正整数集合 $A\supset\{1,2,\cdots,2\,004\}$，满足其元素之积等于元素的平方和？

解 存在.

令 $a_0=1, a_i=2\,004!a_0a_1\cdots a_{i-1}-1\ (i\geqslant 1)$，$A_i=\{2,3,\cdots,2\,003,a_0,a_1,\cdots,a_i\}(i\geqslant 0)$，则

$$\Big(\prod_{a\in A_{i-1}}a-\prod_{a\in A_{i-1}}a^2\Big)-\Big(\prod_{a\in A_i}a-\prod_{a\in A_i}a^2\Big)-1=$$
$$a_i^2-1-(a_i-1)\prod_{a\in A_{i-1}}a=$$
$$(a_i-1)(a_i+1-2\,004!a_0a_1\cdots a_{i-1})=0$$

所以，当 $n=\prod\limits_{a\in A_0}a-\prod\limits_{a\in A_0}a^2$ 时，$\prod\limits_{a\in A_n}a=\prod\limits_{a\in A_n}a^2$.

问题 2 证明：如果 $a_1,a_2,\cdots,a_n,\ b_1,b_2,\cdots,b_n\geqslant 0, c_k=\prod\limits_{i=1}^{k}b_i^{\frac{1}{k}}(1\leqslant k\leqslant n)$，则 $nc_n+\sum\limits_{k=1}^{n}k(a_k-1)c_k\leqslant\sum\limits_{k=1}^{n}a_k^k b_k$.

证明 对于 $k=2,3,\cdots,n$ 应用算术平均－几何平均不等式，有

$$ka_kc_k=ka_kb_k^{\frac{1}{k}}\underbrace{c_{k-1}^{\frac{1}{k}}\cdots c_{k-1}^{\frac{1}{k}}}_{k-1}\leqslant a_k^kb_k+(k-1)c_{k-1}$$

将这些不等式相加，并且 $a_1c_1=a_1b_1$，即得所要求的不等式.

问题 3 设 $A=\{1,2,\cdots,n\}\ (n\geqslant 4)$，对于任意函数 $f:A\to A$ 以及任意 $a\in A$，定义 $f_1(a)=f(a)$，$f_{i+1}(a)=f(f_i(a))$ $(i\geqslant 1)$，求满足 f_{n-2} 是常数而 f_{n-3} 不是常数的函数 f 的个数.

解 定义一个有向图 G，其顶点是 A 中的元素，其有向边为 xy，如果 $f(x)=y$. 对图形 G 计算，使得

- 没有长度大于 1 的圈.
- 有长度为 $n-2$ 的链 $a_2,\cdots,a_n$，但没有长度为 $n-1$ 的链.
- 只有外部边，这个链的形式为 $a_1a_j(3\leqslant j\leqslant n)$.

· 有一个唯一的环 a_na_n.

这样得到的链可以有 $n!$ 种选择方法. 其外部边有 $n-2$ 种选择方法. 注意到, 该图形有这样的边 a_1a_3, 其计数时算了两次, 所以其数目等于 $\binom{n}{2}(n-2)!$.

所以, 问题的答案是

$$n!(n-2)-\binom{n}{2}(n-2)!=\frac{n!(2n-5)}{2}$$

问题 4 设 $A_1A_2\cdots A_n$ 是一个凸多边形, p_i 是其在直线 A_iA_{i+1} $(1\leqslant i\leqslant n, A_{n+1}=A_1)$ 上的正射影的长度. 证明: 如果 $\sum\limits_{i=1}^{n}\frac{A_iA_{i+1}}{p_i}=4$, 则该多边形是一个长方形.

证明 因为 A 是凸多边形, 所以它的边在直线 A_iA_{i+1} 上的投影之和为 $2p_i$. 考虑向量 $\overrightarrow{A_1A_2}, \overrightarrow{A_2A_3}, \cdots, \overrightarrow{A_nA_1}$ 及其相反的向量. 在向量 $\overrightarrow{A_1A_2}$ 的末端放置一个向量与该向量形成最小的正角 (如果我们选择的是形式为 $\overrightarrow{A_iA_{i+1}}$ 的两个向量). 对于新产生的向量, 做同样的操作.

以这种方式, 我们得到一个凸多边形 $B=B_1B_2\cdots B_{2n}$, 它或相等或平行于相反的边. 因此, 它们的主对角线有一个公共点, 假设是点 O. 设 q_i 是 B 在直线 B_iB_{i+1} 上投影的长度. 考虑包含 B, 边长为 q_i 和 $\mathrm{dist}(B_iB_{i+1}, B_{i+n}B_{i+n+1})$ 的长方形, 我们得到

$$\frac{|B_iB_{i+1}|}{q_i}\leqslant 4\cdot\frac{S_{\triangle B_iB_{i+1}O}}{S_{\text{凸多边形}B}}$$

所以

$$\sum_{i=1}^{n}\frac{|A_iA_{i+1}|}{p_i}=\sum_{i=1}^{2n}\frac{|B_iB_{i+1}|}{q_i}\leqslant 4$$

当且仅当 B 是长方形时, 等号成立. 即 A 是长方形.

问题 5 设 $p(x)$ 和 $q(x)$ 是具有 $m\geqslant 2$ 个非零系数的两个多项式. 如果 $\frac{p(x)}{q(x)}$ 不是常函数, 求多项式 $f(u,v)=p(u)q(v)-p(v)q(u)$ 非零系数个数的最小可能值.

解 考虑多项式 $p(x)=x^{m-1}+x^{m-2}+\cdots+x+1$, $q(x)=x^{m-1}+x^{m-2}+\cdots+x+a$ $(a\neq 1)$. 下面证明所要求的最小数不能超过 $2m-2$ (有 $f(u,v)=(a-1)(u^{m-1}+u^{m-2}+\cdots+u)+(1-a)(v^{m-1}+v^{m-2}+\cdots+v)$). 对 m 采用数学归纳法来证明非零系数的个数至少为 $2m-2$ 个.

如果 $p(x)$ 或 $q(x)$ 包含一个单项式,这个单项式没有出现在其他多项式中,则 $f(u,v)$ 的非零系数至少为 $2m$ 个.所以,我们可以假定 $p(x)$ 和 $q(x)$ 包含相同的单项式.另外注意到,$p(x)$ 和 $q(x)$ 的某些乘积的非零数,并不改变 $f(u,v)$ 的非零系数.

对于 $m=2$,有 $p(x)=ax^n+bx^k$, $q(x)=cx^n+dx^k$ 且 $ad-bc\neq 0$.则 $f(u,v)=(ad-bc)u^nv^k+(bc-ad)u^kv^n$ 有两个非零系数.

令 $m=3$, $p(x)=x^k+ax^n+bx^l$, $q(x)=x^k+cx^n+dx^l(ad-bc\neq 0)$,则

$$f(u,v)=(ad-bc)u^lv^k+(bc-ad)u^lv^n+(c-a)u^kv^n+(a-c)u^nv^k+(d-b)u^kv^l+(b-d)u^lv^k$$

前两个系数是非零的.因为 $a=c$, $b=d$ 不同时成立.则后四个系数至少有两个是非零的.

现设 $m\geqslant 4$, $p(x)=p_1(x)+ax^n+bx^k$, $q(x)=q_1(x)+cx^n+dx^k(ad-bc\neq 0)$,且 $p_1(x)$, $q_1(x)$ 都有 $m-2\geqslant 2$ 个非零系数.则

$$f(u,v)=f_1(u,v)+f_2(u,v)+f_3(u,v)$$

其中

$$f_1(u,v)=p_1(u)q_1(v)-p_1(v)q_1(u)$$

$$f_2(u,v)=(au^n+bu^k)q_1(v)+(cv^n+dv^k)p_1(u)-(av^n+bv^k)q_1(u)-(cu^n+du^k)p_1(v)$$

$$f_3(u,v)=(ad-bc)u^nv^k+(bc-ad)u^kv^n$$

且不同的多项式,有不同类似的单项式.如果 $p_1(x)\neq\alpha q_1(x)$,则由归纳假设知 $f_1(u,v)$ 至少有 $2(2m-2)-2=2m-6$ 个非零系数.此外,$f_2(u,v)$ 至少有2个非零系数,$f_3(u,v)$ 有两个非零系数.如果 $p_1(x)=\alpha q_1(x)(\alpha\neq 0)$,则

$$f_2(u,v)=q_1(v)[(a-c\alpha)u^n+(b-d\alpha)u^k]+q_1(u)[(c\alpha-a)v^n+(d\alpha-b)v^k]$$

因为等式 $a-c\alpha=0$, $b-d\alpha=0$ 不能同时成立,因此,多项式 $f_2(u,v)$ 至少有 $2m-2$ 个非零系数(多于这些 $q_1(x)$ 的2倍).$f_3(u,v)$ 的非零系数为两个,即得我们所要求的结果.

问题6 如图1,设 M 是圆 k 上一点,圆心为 M 的圆 k_1 与圆 k 相交于 C, D 两点,圆 k 的弦 AB 切圆 k_1 于点 H.证明:当且仅当 AB 是圆 k 的直径时,直线 CD 平分线段 MH.

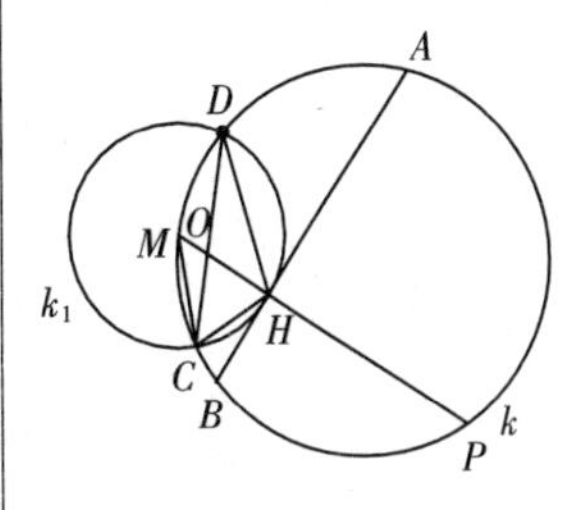

图1

证明 设 AB 是圆 k 的直径.因为

$$\angle DHA=\angle DCH=\alpha,\ \angle CHB=\angle CDH=\beta,$$
$$\angle DMH=2\alpha,\ \angle CMH=2\beta,\ \angle MDC=90^\circ-\alpha-\beta$$

对 $\triangle DMO$ 应用正弦定理,有

$$MO = \frac{r\cos(\alpha+\beta)}{\cos(\alpha-\beta)} \tag{1}$$

其中 r 是圆 k_1 的半径，$O = MH \cap CD$.

另一方面，如果 $MH \cap k = P$，则

$$\angle MAP = \frac{1}{2}\widehat{MP} = \frac{1}{2}(\widehat{DM}+\widehat{CP}) = \angle DOM = 90^\circ - \alpha + \beta$$

对 $\triangle APM$ 应用正弦定理，有

$$2r = MP = 2R\cos(\alpha-\beta)$$

其中 R 是圆 k 的半径. 对 $\triangle DMC$ 应用正弦定理，有

$$r = MC = 2R\cos(\alpha+\beta)$$

所以，$2\cos(\alpha+\beta) = \cos(\alpha-\beta)$.

由等式(1)可知，O 是 MH 的中点. 相反的，如果 O 是 MH 的中点，则 H 是 MP 的中点，即 AB 是圆 k 的直径.

另证 设 AB 是圆 k 的直径，MH 与 k 交于另一点 P. 显然，$MH = HP = r$. 其中 r 是圆 k_1 的半径. 考虑圆心为 M 半径为 r 的圆的反演. 则点 P 是 MH 的中点 T 的映象，圆 k 的映射是直线 DC. 所以，点 P 的映象位于 DC 上，即 $T \in DC$. 考虑同样的反演，也就意味着简单的逆命题.

问题 7 设 $A_1, A_2, \cdots, A_n$ 是有限集，满足 $|A_i \cap A_{i+1}| > \frac{n-2}{n-1}|A_{i+1}|$ $(i = 1, 2, \cdots, n, A_{n+1} = A_1)$. 证明：它们的交集是非空集合.

证明 设集合 A_1 有最大基数. 记 $A_i \cap A_{i+1} = B_i (i = 1, 2, \cdots, n)$. 因为 $A_n \supset B_{n-1} \cup B_n$，则

$$|A_n| \geqslant |B_{n-1} \cup B_n| = |B_{n-1}| + |B_n| - |B_{n-1} \cap B_n| > \frac{n-2}{n-1}|A_n| + \frac{n-2}{n-1}|A_1| - |B_{n-1} \cap B_n|$$

所以

$$|B_{n-1} \cap B_n| > \frac{n-2}{n-1}|A_1| - \frac{1}{n-1}|A_n| \geqslant \frac{n-3}{n-1}|A_1|$$

即 $|A_{n-1} \cap A_n \cap A_1| > \frac{n-3}{n-1}|A_1|$，进一步有，如果 $C = A_{n-1} \cap A_n \cap A_1$，则 $A_{n-1} \supset C \cup B_{n-2}$，且

$$|A_{n-1}| \geqslant |B_{n-2} \cup C| = |B_{n-2}| + |C| - |B_{n-2} \cap C| > \frac{n-2}{n-1}|A_{n-1}| + \frac{n-3}{n-1}|A_1| - |B_{n-2} \cap C|$$

所以

$$|B_{n-2} \cap C| > \frac{n-3}{n-1}|A_1| - \frac{1}{n-1}|A_{n-1}| \geqslant \frac{n-4}{n-1}|A_1|.$$ 即

$$|A_{n-2}\cap A_{n-1}\cap A_n\cap A_1|>\frac{n-4}{n-1}|A_1|$$

由数学归纳法,可得

$$|A_{n-k}\cap A_{n-k+1}\cap\cdots\cap A_{n-1}\cap A_n\cap A_1|>\frac{n-k-2}{n-1}|A_1|\ (k=1,2,\cdots,n-2)$$

特别地,$|A_2\cap A_3\cap\cdots\cap A_{n-1}\cap A_n\cap A_1|>0$.

问题 8 设 a,b 和 n 都是正整数,令 $K(n)$ 表示 1 的表示数 $\left(1\text{ 作为 } n \text{ 个形式为}\frac{1}{k}\text{ 的和},k\text{ 是一个正整数}\right)$,设 $L(a,b)$ 是满足方程 $\sum_{i=1}^{m}\frac{1}{x_i}=\frac{a}{b}$ 有一个正整数解的最小正整数 m,又设 $L(b)=\max\{L(a,b),1\leqslant a\leqslant b\}$. 证明:$b$ 的正因数个数不超过 $2L(b)+k[L(b)+2]$.

证明 当 $n\geqslant 3$ 时,函数 $K(n)$ 是增函数. 因为 $\sum_{i=1}^{n}\frac{1}{x_i}=1$,所以 $\sum_{i=1}^{n-1}\frac{1}{x_i}+\frac{1}{x_n+1}+\frac{1}{x_n(x_n+1)}=1$. 所以只需找到 $t\leqslant L(b)$,使 $K(t+2)+2L(b)\geqslant d(b)$ 即可,其中 $d(b)$ 是整除 b 的不同正整数的个数.

设 t 是使方程 $\sum_{i=1}^{t}\frac{1}{x_i}=1-\frac{1}{b}$ 有一个解的最小正整数,则 $t\leqslant L(b)$. 固定 $t,b,x_1,\cdots,x_t$.

注意到,方程 $\frac{1}{y_1}+\frac{1}{y_2}=\frac{1}{b}$ 的解的个数满足 b 整除 y_2,且 $y_1\leqslant y_2$ 等于 $d(b)$. 实际上,如果 $\frac{1}{b}=\frac{1}{y_1}+\frac{1}{kb}\ (k\geqslant 2)$,则 $y_1=b+\frac{b}{k-1}$. 所以 $k-1$ 整除 b,且对 k 有 $d(b)$ 种可能.

所以,$K(t+2)$ 不少于 $d(b)$ 减去当 $y_i=x_j$ 情况的个数. 这种情况至多 $2L(b)$ 种,这就是所要求的不等式.

2004年IMO团队选拔赛

问题1 设 n 是正整数,求所有正整数 m,使得存在一个多项式 $f(x)=a_0+a_1x+\cdots+a_nx^n\in\mathbf{Z}[x]$, $a_n\neq 0$, $(a_0,a_1,\cdots,a_n,m)=1$. 且对任何正整数 k, $f(k)$ 整除 m.

解 我们先来证明下面两个引理.

引理1 对任意整数 x 和正整数 t,都有 $t!$ 整除 $(x+1)(x+2)\cdots(x+t)$.

证明 当 $x\in\{0,-1,-2,\cdots,-t\}$ 时命题显然成立. 我们来证明当 $x>0$ 时,命题也成立. 设 p 是 $t!$ 的一个质因数,则在 $t!$ 的素因子分解中 p 的幂次是 $\left[\frac{t}{p}\right]+\left[\frac{t}{p^2}\right]+\cdots$ 这个幂不超过在乘积 $(x+1)(x+2)\cdots(x+t)=\frac{(x+t)!}{x!}$ 的质因数分解中 p 的幂次. 因为后者的幂次等于 $\left[\frac{x+t}{p}\right]+\left[\frac{x+t}{p^2}\right]+\cdots-\left[\frac{x}{p}\right]-\left[\frac{x}{p^2}\right]-\cdots=\left[\frac{x+t}{p}\right]-\left[\frac{x}{p}\right]+\left[\frac{x+t}{p^2}\right]-\left[\frac{x}{p^2}\right]+\cdots$, 且 $[a+b]\geqslant[a]+[b]$.

引理2 对于次数为 n 的 x 的多项式 $g(x)\in\mathbf{R}(x)$, 则 $g(\mathbf{Z})\subset\mathbf{Z}$, 当且仅当 $g(x)=\sum\limits_{i=0}^{n}b_i\binom{x}{i}$, 其中 $b_0,b_1,\cdots,b_n\in\mathbf{Z}$.

证明 显然,如果 $g(x)$ 有上面的形式,则 $g(\mathbf{Z})\subset\mathbf{Z}$. 反之,设 $g(\mathbf{Z})\subset\mathbf{Z}$, 令 $g(i)=\alpha_i\in\mathbf{Z}$, $i=0,1,2,\cdots,n$. 对节点 $0,1,2,\cdots,n$, 应用 Largrange 插值公式,有

$$g(x)=\sum_{i=1}^{n}\frac{x(x-1)\cdots(x-i+1)(x-i-1)\cdots(x-n)\alpha_i}{i(i-1)\cdots(i-(i-1))(i-(i+1))\cdots(i-n)}=$$

$$\sum_{i=1}^{n}(-1)^{n+i}\frac{(n+1)\alpha_i\binom{x}{n+1}}{x-i}$$

下面是对任意如下形式的多项式

$$\frac{(n+1)\binom{x}{n+1}}{x-i}=\frac{x(x-1)\cdots(x-i+1)(x-i-1)\cdots(x-n)}{n!}$$

可以写成给定的形式(比较系数),引理得证.

现在,令 m 是 $n!$ 的一个因数. 考虑多项式 $f(x)=(x+1)(x+$

$2)\cdots(x+n)$，由引理 1 可知，对任意 $k\in\mathbf{Z}$，m 整除 $f(k)$. 此外，f 是一个首一多项式（即 f 的首项系数等于 1），所以 $(a_0,a_1,\cdots,a_n,m)=1$. 所以 $n!$ 的所有因数都是问题的解.

假设 m 不能整除 $n!$，且 m 是问题的一个解. 设 $r=\dfrac{m}{(m,n!)}$. 很明显，$r>1$ 是整数，且 $(r,n!)=1$. 令 $f(x)=a_0+a_1x+a_2x^2+\cdots+a_nx^n\ (a_n\neq 0)$ 是所要求的多项式. 当 $g(x)=\dfrac{f(x)}{r}$ 时，满足 $g(\mathbf{Z})\subset\mathbf{Z}$，由引理 2 可知 $g(x)=\sum\limits_{i=0}^{n}b_i\dbinom{x}{i}$，其中 $b_0,b_1,\cdots,b_n\in\mathbf{Z}$. 所以 $f(x)=\sum\limits_{i=0}^{n}mb_i\dbinom{x}{i}$，并使用 $(r,i!)=1\ (i=0,1,2,\cdots,n)$，我们得到 r 整除 f 的所有系数，矛盾.

问题 2　求所有质数 $p\geqslant 3$，满足 $p-\left[\dfrac{p}{q}\right]q$，对任何质数 $q<p$ 是一个无平方整数.

解　由题意可知，p 模 q 的余数是 $p-\left[\dfrac{p}{q}\right]q$. 直接验证表明 $p=3,5,7,13$ 是问题的解. 假设 $p\geqslant 11$ 是一个解. 令 q 是 $p-4$ 的一个质因数. 如果 $q>3$，所考虑余数是 4 的平方数. 所以 $q=3$，且 $p=3^k+4(k\in\mathbf{N})$. 同理，$p-8$ 的质因数是 5 或 7，$p-9$ 的质因数是 2 或 7. 因为 7 不可能是两种情况的因数，我们有 $p=5^m+8$ 或 $p=2^n+9$. 所以 $5^m+4=3^k$ 或 $2^n+5=3^k$. 在第一种情况中，$3^k\equiv 1(\mathrm{mod}\ 4)$，即 $k=2k_1$，且 $(3^{k_1}-2)(3^{k_1}+2)=5^m$，这给出 $k_1=1,m=1$，即 $k=2$. 第二种情况，有 $n\geqslant 2$. 且正如上面所说（使用 3 和 4 取模），我们推出，$k=2k_1,n=2n_1$ 是偶数. 则 $(3^{k_1}-2^{n_1})(3^{k_1}+2^{n_1})=5$，从而 $k_1=n_1=1\Rightarrow k=n=2$. 因此，在两种情况中并没有出现新的解.

问题 3　求顶点在一个单位正方形内部或边界上的三角形内切圆半径的最大可能值.

解　我们知道，如果一个三角形包含另一个三角形，则它的内切圆半径大于第二个内切圆半径. 所以，我们可以考虑顶点在正方形边界上的三角形. 此外，我们还可以假设，三角形至少有一个顶点是正方形的一个顶点，而其他顶点属于不包含第一个顶点的正方形的边上. 所以，我们考虑 $\triangle AOB$ 满足 $O=(0,0)$，$A=(a,1)$，$B=(1,b)(0\leqslant a,b\leqslant 1)$ 的情况. 另外考虑 $\triangle OCD$，其中 $C=(a+b,1)$，$D=(1,0)$. 记 S 和 P 分别表示 $\triangle OAB$ 的面积和

周长.设

$$x = OA = \sqrt{1+a^2}, y = AB = \sqrt{(1-a)^2+(1-b)^2},$$
$$z = OB = \sqrt{1+b^2}, u = OC = \sqrt{1+(a+b)^2},$$
$$v = CD = \sqrt{1+(1-a-b)^2}$$

所以$D=1$, $u \geqslant z \geqslant 1$, $x \geqslant 1$, $v \geqslant 1$.比较$\triangle OAB$和$\triangle OCD$的周长,有

$$\begin{aligned}(u+v+1)-(x+y+z) &= \frac{u^2-x^2}{u+x}+\frac{v^2-y^2}{v+y}+\frac{1-z^2}{1+z} = \\ &\frac{2ab+b^2}{u+x}+\frac{2ab}{v+y}-\frac{b^2}{1+z} \leqslant \\ &\frac{2ab+b^2}{1+z}+\frac{2ab}{v+y}-\frac{b^2}{1+z} = \\ &2ab\left(\frac{1}{1+z}+\frac{1}{v+y}\right) \leqslant \\ &3ab \leqslant (u+v+1)ab\end{aligned}$$

所以

$$(u+v+1)(1-ab) \leqslant x+y+z \Leftrightarrow \frac{1}{u+v+1} \geqslant \frac{1-ab}{x+y+z} = \frac{2S}{P} = r$$

另一方面

$$u+v+1 = \sqrt{1+(a+b)^2}+\sqrt{1+(1-a-b)^2}+1 \geqslant \min_{x\geqslant 1} F(x)$$

其中$F(x) = \sqrt{1+x^2}+\sqrt{1+(1-x)^2}+1$.因为$\min\limits_{x\geqslant 1} F(x) = \sqrt{5}+1$,所以$r \leqslant \frac{1}{\sqrt{5}+1} = \frac{\sqrt{5}-1}{4}$.

问题 4 求和为 2 004 的不同正整数积的最大可能值.

解 令$x_1+x_2+\cdots+x_k = 2\,004(x_1, x_2, \cdots, x_k \in \mathbf{N}, x_1 < x_2 < \cdots < x_k)$,且乘积$x_1x_2\cdots x_k$是最大的.假设对于某些$i, j\ (1 \leqslant i < j \leqslant k)$,有$x_i \leqslant x_{i+1}-2$, $x_j \leqslant x_{j+1}-2$,则用x_i+1, x_j-1分别替换x_i, x_j(和是一样的,都是 2 004),我们得到一个更大的乘积.因为

$$(x_i+1)(x_j-1) = x_ix_j+x_j-x_i-1 > x_ix_j$$

矛盾.所以$x_1, x_2, \cdots, x_k$是连续整数,但至多是1.

令$\{x_1, x_2, \cdots, x_k\} = \{x, x+1, \cdots, x+l, x+l+n, x+l+n+1, \cdots, x+k+n-2\}$, $k = n+l-2$.如果$n \geqslant 3$,我们用$x+l+1, x+l+n-1$分别替换$x+l, x+l+n$,正如上面所阐述的,我们得到一个较大的乘积.

令 $n=1$,数列是 $x,x+1,\cdots,x+k-1$. 如果 $x\geqslant 5$,用数 $x-2,2$ 替换 x. 则剩余和是 2004,且积增大. 因为 $2(x-2)>x$. 如果 $1\leqslant x\leqslant 4$. 直接验证表明,我们有一个较大的积或和数不等于 2 004(对 $x=2$ 和 $x=3$).

余下的是考虑 $n=2$ 的情况. 设数列是

$$x,x+1,\cdots,x+l,x+l+2,x+l+3,\cdots,x+k(l\geqslant 0,k\geqslant l+2)$$

正如前面的叙述,当 $x=1$ 和 $x\geqslant 4$ 时,我们得到一个大的积. 如果 $x=2$,则

$$2+3+\cdots+(l+2)+(l+4)+\cdots+(k+2)=2\,004$$

于是 $(k+2)(k+3)=2(2\,008+l)$. 因为 $0\leqslant l\leqslant k-2$,可知 $4\,016\leqslant(k+2)(k+3)\leqslant 4\,012+2k$. 则 $k=61$, $l=8$. 所以,数 $2,3,\cdots,10,12,13,\cdots,63$,其积为 $\frac{63!}{11}$. 当 $x=3$,类似可得 $k=60$, $l=5$,且数 $3,4,\cdots,8,10,11,\cdots,63$,其积为 $\frac{63!}{18}$. 这显然小于 $\frac{63!}{11}$.

问题 5　设 H 是 $\triangle ABC$ 的垂心,点 $A_1\neq A,B_1\neq B,C_1\neq C$ 分别位于 $\triangle BCH,\triangle CAH$ 和 $\triangle ABH$ 上,且 $A_1H=B_1H=C_1H$. H_1,H_2 和 H_3 分别表示 $\triangle A_1BC,\triangle AB_1C$ 和 $\triangle BC_1A$ 的垂心. 证明:$\triangle A_1B_1C_1$ 和 $\triangle H_1H_2H_3$ 的重心重合.

证明　设 $R,R_1,R_2,R_3;O,O_1,O_2,O_3$ 分别是 $\triangle ABC,\triangle AHB,\triangle BHC,\triangle CHA$ 的外接圆半径和圆心. 由正弦定理得 $R=R_1=R_2=R_3$. 则

$$\sin\angle C_1AH=\frac{C_1H}{2R_1}=\frac{A_1H}{2R_2}=\sin\angle A_1BH$$

同理可得,$\sin\angle C_1AH=\sin\angle A_1BH=\sin\angle A_1CH=\sin\angle C_1BH=\sin\angle B_1AH$.

设 $\angle C_1AH=\angle A_1BH=\angle B_1CH=\varphi$,因为 $\angle AHB=\alpha+\beta=180^\circ-\gamma$,则 $\angle AC_1B=\gamma$. 所以 $\angle AH_3B=180^\circ-\gamma$.

同理,$\angle BA_1C=\alpha$, $\angle BH_1C=180^\circ-\alpha$, $\angle CB_1A=\beta$, $\angle CH_2A=180^\circ-\beta$.

可知,点 H_1,H_2,H_3 属于 $\triangle ABC$ 的外接圆.

现在,我们使用向量. 设 $[\overrightarrow{a}]$ 表示向量 $\boldsymbol{a}$ 在旋转 $360^\circ-2\varphi$ 下的映像. 从上面已经证明的结论,我们有 $\angle C_1AH_3=90^\circ-\gamma=\angle CAH$,所以 $\angle CAH_3=\varphi$,所以 $\angle COH_3=2\varphi$. 同理可得 $\angle AOH_1=\angle BOH_2=2\varphi$.

设 S,T 分别表示 $\triangle A_1B_1C_1$, $\triangle H_1H_2H_3$ 的垂心. 我们要证明 $\overrightarrow{HS}=\overrightarrow{HT}$. 我们有

$\overrightarrow{HS}=\overrightarrow{HA_1}+\overrightarrow{HB_1}+\overrightarrow{HC_1}=\overrightarrow{HO}+\overrightarrow{HA_1}+\overrightarrow{HO}+\overrightarrow{HB_1}+\overrightarrow{HO}+\overrightarrow{HC_1}=$

$$
\begin{aligned}
&3\overrightarrow{HO}+\overrightarrow{OO_1}+\overrightarrow{O_1A_1}+\overrightarrow{OO_2}+\overrightarrow{O_2B_1}+\overrightarrow{OO_3}+\overrightarrow{O_3C_1}=\\
&3\overrightarrow{HO}+2(\overrightarrow{OA}+\overrightarrow{OB}+\overrightarrow{OC})+\overrightarrow{O_1A_1}+\overrightarrow{O_2B_1}+\overrightarrow{O_3C_1}=\\
&\overrightarrow{HO}+[\overrightarrow{O_1H}]+[\overrightarrow{O_2H}]+[\overrightarrow{O_3H}]=\\
&\overrightarrow{HO}+[\overrightarrow{O_1O}+\overrightarrow{O_2O}+\overrightarrow{O_3O}+3\overrightarrow{OH}]=\\
&\overrightarrow{HO}+[2(\overrightarrow{OA}+\overrightarrow{OB}+\overrightarrow{OC})+3\overrightarrow{OH}]=\overrightarrow{HO}+[\overrightarrow{OH}]
\end{aligned}
$$

$$
\begin{aligned}
\overrightarrow{HT}&=\overrightarrow{HO}+\overrightarrow{OT}=\overrightarrow{HO}+\overrightarrow{OH_1}+\overrightarrow{OH_2}+\overrightarrow{OH_3}=\\
&\overrightarrow{HO}+[\overrightarrow{OA}+\overrightarrow{OB}+\overrightarrow{OC}]=\overrightarrow{HO}+[\overrightarrow{OH}]
\end{aligned}
$$

说明 $S=T$.

同理可证,$\angle C_1AH=\angle A_1CH=\angle B_1CH=\varphi$ 的情况.

问题 6 在任意 $n\times n$ 表的一个单元格上写下一个数,使得所有行的数不相同. 证明:可以移去一个列,使得在所得的新表中的行中的数,仍然保持不同.

证明 考虑一个图,其顶点是具有表中连线的顶点,边是连接两个顶点的不同的线段. 关于边的元素是不相同的. 假设给定的命题不成立,则该图形有 n 个顶点和 n 条边. 对 n 不难用数学归纳法证明,在该图中有一个圈,假定这个圈是 $A_1A_2\cdots A_k$,从 A_1 开始,我们移去 x_1,得到 A_2. 则移去或添加 x_2,得到 A_3,等等. 当我们返回到 A_1 时,就得到 A_1 的第二个副本,其中不包含 x_1(任何边不包含 x_1). 矛盾.

问题 7 如图 1,点 P 和 Q 分别位于四边形 $ABCD$ 的对角线 AC 和 BD 上,且满足 $\frac{AP}{AC}+\frac{BQ}{BD}=1$,直线 PQ 与边 AD 和 BC 分别交于点 M 和 N. 证明:$\triangle AMP$,$\triangle BNQ$,$\triangle DMQ$ 和 $\triangle CNP$ 的外接圆经过同一点.

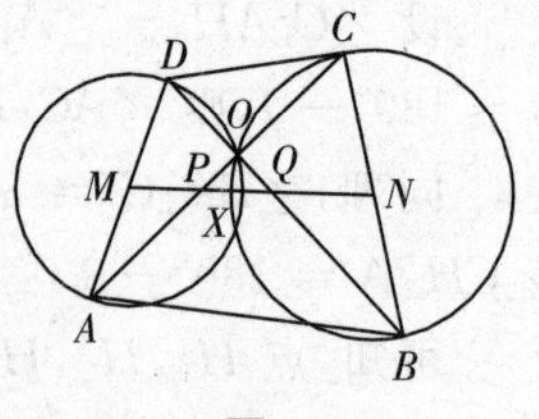

图 1

证明 设 $AC\cap BD=O$,X 是 $\triangle AOB$,$\triangle BOC$ 外接圆的第二个交点. 设 $\angle XBO=\angle XCO=\alpha$,$\angle XAO=\angle XDO=\beta$. 由于 $\triangle AXC\backsim\triangle DXB$,所以 $\frac{XD}{XA}=\frac{BD}{AC}$. 再根据题设条件,可得 $\frac{AP}{AC}=1-\frac{BQ}{BD}=\frac{DQ}{BD}$. 所以 $\frac{AP}{DQ}=\frac{AC}{BD}=\frac{XA}{XD}$. 所以 $\triangle APX\backsim\triangle DQX$. 从而 $\angle APX=\angle DQX$. 所以 X,Q,O,P 四点共圆. 所以 $\angle XQP=\angle XOP=\angle XDA$. 所以 X,Q,D,M 四点共圆,即 $\triangle DMQ$ 的外接圆过点 X. 所以 $\angle XMN=\beta$. 所以 X,A,P,M 四点共圆,即 $\triangle AMP$ 的外接圆过点 X.

以同样的方法可以证明 $\triangle CNP$ 的外接圆过点 X,同理可证 $\triangle BNQ$ 的外接圆过点 X.

问题 8 把 $2n$ $(n \geqslant 4)$ 个顶点的图形的边以蓝色和红色着色,满足没有一个蓝色三角形也没有一个完整的有 n 个顶点的红色子图形. 求蓝色边数的最小可能值.

解 如果它满足题目中给的条件,我们称一个图是 $n-$ 紫色的. 设 $f(n)$ 是 $n-$ 紫图中蓝边数的最小可能值.

假设,当 $n \geqslant 5$ 时,$f(n) < n+5$. 如果一个具有 $f(n)$ 条蓝边的 $n-$ 紫色图 G 的任何一个顶点是至少两边蓝色的一个端点,则蓝边的总数至少有 $2n$ 条. 因为 $2n \geqslant n+5 > f(n)$ $(n \geqslant 5)$,我们可以找到至多一条蓝边的端点的图 G 的一个顶点 a. 如果 a 不是一个蓝边的端点,则有一个蓝边端点的图 $G\backslash\{a\}$ 的一个顶点 b,因此 $G\backslash\{a,b\}$ 是一个 $n-1-$ 紫色图. 如果 a,b 由蓝边相连,则 $G\backslash\{a,b\}$ 是一个 $n-1-$ 紫色图. 两种情况,得到 $n-1-$ 紫色图至少有一条蓝色边属于 G. 所以 $f(n) \geqslant f(n-1)+1$. 则 $f(n-1) < n+4$. 特别地,$f(4) < 9$.

现在,我们来计算 $f(4)$. 显然这是一个三紫色图. 上面的讨论表明,一个四紫色图的任何一个顶点是至少两条蓝边的一个端点. 所以,$f(4) \geqslant 8$. 如果 $f(4)=8$,则任何顶点是两条蓝边的一个端点,有两个这样的图不包含蓝色三角形,但这些图形不是紫色的. 如果 $f(4)=9$,两个顶点是三条蓝色边的端点,剩余的 6 个顶点是两个蓝色边的端点. 有六个这样的图不包含蓝色三角形,但它们不是紫色的. $f(4)=10$ 表明,一个正八边形具有蓝边和两个相邻主对角线的蓝边,并且主对角线是红色的.

所以 $f(n) \geqslant n+5$ $(n \geqslant 5)$. 容易得出具有 $2n$ 个顶点满足其蓝边形成长度为 5,5,$2n-10$ 的无圈图是 $n-$ 紫色的,因此 $f(n) = n+5$ $(n \geqslant 5)$.

问题 9 证明:任何 $2n+1$ 个无理数中,有 $n+1$ 个数满足其中任何 $2,3,\cdots,n+1$ 个数的和是一个无理数.

证明 设给定的数是 $a_1,a_2,\cdots,a_{2n+1}$. 选择第一个数是 1,之后在任意一步(如果可能的话)选择一个数,这个数不是已选数的有理系数的线性组合. 我们可以假设选择的数是 $a_0=1,a_1,a_2,\cdots,a_k(1 \leqslant k \leqslant 2n+1)$. 易知,给定数的以有理系数的线性组合可以唯一地表示成这些数的线性组合.

设 $a_i = \sum\limits_{j=0}^{k} \alpha_{ij} a_j (\alpha_{ij} \in \mathbf{Q}, 1 \leqslant i \leqslant 2n+1, 0 \leqslant j \leqslant k)$. 当且仅当对应 $b_i = a_i - \alpha_{i0}$ 的和变为 0 时,则 a_i 的一个和是有理数. 因为 $b_1,b_2,\cdots,b_{2n+1}$ 是无理数,它们是非零的. 特别地,它们中至少 $n+1$

个有相同的符号,所以对应的 a_i 就是所要求的问题答案.

问题 10 求所有 $k>0$,使得函数 $f:[0,1]\times[0,1]\to[0,1]$,对任意 $x,y,z\in[0,1]$ 满足下列条件:

a) $f(f(x,y),z)=f(x,f(y,z))$;

b) $f(x,y)=f(y,x)$;

c) $f(x,1)=x$;

d) $f(zx,zy)=z^k f(x,y)$.

解 在 d) 中令 $y=1$ 以及 c),可以得到 $f(zx,z)=z^k x$.设 $zx=y$,则 $f(y,z)=yz^{k-1}(y\leqslant z)$.反之,如果 $y\leqslant z$,则设 $y=zx(x\in[0,1])$,有 $f(y,z)=f(zx,z)=z^k x=yz^{k-1}$.

现设 $x\leqslant y\leqslant z(x,y,z\in(0,1))$,则利用 a) 有 $f(xy^{k-1},z)=f(x,yz^{k-1})$.所以,由上可知

$$\{xy^{k-1}z^{k-1},x^{k-1}y^{(k-1)^2}z^{k-1}\}\cap\{xy^{k-1}z^{(k-1)^2},x^{k-1}yz^{k-1}\}\neq\varnothing$$

由此容易看出 $k=1,f(x,y)=\min\{x,y\}$ 或 $k=2,f(x,y)=xy$.直接验证表明,这两个函数是 k 值对应的解.

问题 11 证明:如果 $a,b,c\geqslant 1$,且 $a+b+c=9$,则 $\sqrt{ab+bc+ca}\leqslant\sqrt{a}+\sqrt{b}+\sqrt{c}$.

证明 设 $a=\dfrac{9x^2}{x^2+y^2+z^2},b=\dfrac{9y^2}{x^2+y^2+z^2},c=\dfrac{9z^2}{x^2+y^2+z^2}$,其中 $x,y,z>0$ 且 $x+y+z=1$.我们来证明

$$x^2+y^2+z^2\geqslant 9(x^2y^2+y^2z^2+z^2x^2)$$

因为 $a\geqslant 1$,所以

$$9x^2\geqslant a(x^2+y^2+z^2)\geqslant x^2+y^2+z^2\geqslant\frac{(x+y+z)^2}{3}=\frac{1}{3}$$

即 $x\geqslant\dfrac{1}{3\sqrt{3}}$.同理可证 $y\geqslant\dfrac{1}{3\sqrt{3}},z\geqslant\dfrac{1}{3\sqrt{3}}$.假设 $x\geqslant y\geqslant z$,则

$$\frac{1}{3\sqrt{3}}\leqslant z\leqslant\frac{1}{3},\frac{1}{3}\leqslant\frac{x+y}{2}=\frac{1-z}{2}\leqslant\frac{3\sqrt{3}-1}{6\sqrt{3}}$$

设 $f(x,y,z)=x^2+y^2+z^2-9(x^2y^2+y^2z^2+z^2x^2)$.则

$$f(x,y,z)-f\left(\frac{x+y}{2},\frac{x+y}{2},z\right)=$$

$$\frac{(x-y)^2}{2}\left[1-9z^2+\frac{9}{8}((x+y)^2+4xy)\right]\geqslant 0$$

所以,只需证明 $f(t,t,1-2t)\geqslant 0,t=\dfrac{x+y}{2}$.我们有

$$f(t,t,1-2t)=2t^2+(1-2t)^2-9[t^4+2t^2(1-2t)^2]=$$
$$\frac{(p-1)^2}{3}(3+2p-3p^2)\geqslant 0$$

其中 $p=3t\left(1\leqslant p\leqslant\frac{3\sqrt{3}-1}{2\sqrt{3}}\right)$. 即 $3+2p-3p^2>0\Leftrightarrow$
$\frac{1-\sqrt{10}}{3}<p<\frac{1+\sqrt{10}}{3}$.

余下只需证明 $\frac{3\sqrt{3}-1}{2\sqrt{3}}<\frac{1+\sqrt{10}}{3}$.

实际上,在较弱的条件 $a+b+c=9,a,b,c\geqslant\frac{89-28\sqrt{10}}{3}$ 下,完全可以证明不等式是成立的.

问题 12 给定一个 m 行 n 列表,选择某些空单元格任意走棋,使得其中任意两个单元格位于不同行不同列,在其中的任意一个单元格放上一个白棋子,之后在行和列包含白棋子的单元格中放上一个黑棋子,如果无棋可走,游戏结束.求最多可以在表上放多少个白棋子.

解 在 $m+n-1$ 个单元格 $(1,1),(2,1),\cdots,(m,1),(1,2),(1,3),\cdots,(1,n)$ 中连续移动,最多可以放置 $m+n-1$ 个白棋子.

下面,我们就来证明这个结论.

我们将至少两行和两列交替变化的一串封闭的单元格称为锯齿形圈.于是一个锯齿形圈中至少有一个黑棋子,若不然,考虑最后一个白棋子,它的旁边(锯齿形圈)都是白棋子,那么最后一个肯定是黑棋子,矛盾.假设游戏已经结束,有多于 $m+n-1$ 个棋子,移去至多有一个白棋子的行或列,这样的操作重复进行,至多 $m+n-1$ 次完成,那么新表中行和列至少含有两个白棋子,这个新表和给定表就有了一个锯齿形圈,矛盾.

2005年冬季数学竞赛

问题9.1 求实数a的所有值，使得方程$x^2-(2a+1)x+a=0$和$x^2+(a-4)x+a-1=0$分别有实根x_1,x_2和x_3,x_4，且满足$\frac{x_1}{x_3}+\frac{x_4}{x_2}=\frac{x_1x_4(x_1+x_2+x_3+x_4)}{a}$.

Peter Boyvalenkov

解 当$a\neq 0,1$时，给定的等式等价于

$$\begin{aligned}a(x_1x_2+x_3x_4)&=x_1x_2x_3x_4(x_1+x_2+x_3+x_4)\Leftrightarrow\\2a-1&=(a-1)(a+5)\Leftrightarrow\\a^2+2a-4&=0\Leftrightarrow\\a_{1,2}&=-1\pm\sqrt{5}\end{aligned}$$

容易验证a的这些值使两个方程都有实根. $a=0$的情况由题设条件可以排除. 若$a=1$，则$x_4=0\Rightarrow x_1=0$，矛盾.

问题9.2 圆k过锐角$\triangle ABC$的顶点A和B，与边AC和BC在其内部分别交于点M和N，圆k在M,N两点的切线相交于点O. 证明：当且仅当AB是圆k的直径时，点O是$\triangle CMN$的外接圆的圆心.

Peter Boyvalenkov

证明 如图1，如果AB是圆k的直径，则AN,BM是$\triangle ABC$的高. 设H是$\triangle ABC$的垂心. 又设圆k在点M的切线交高线CH于点O_1，则$\angle CMO_1=\angle ABM=\frac{1}{2}\overset{\frown}{AM}$，$\angle ABM=\angle ACH$. 于是$\angle CMO_1=\angle MCO_1$. 即$CO_1=MO_1$.

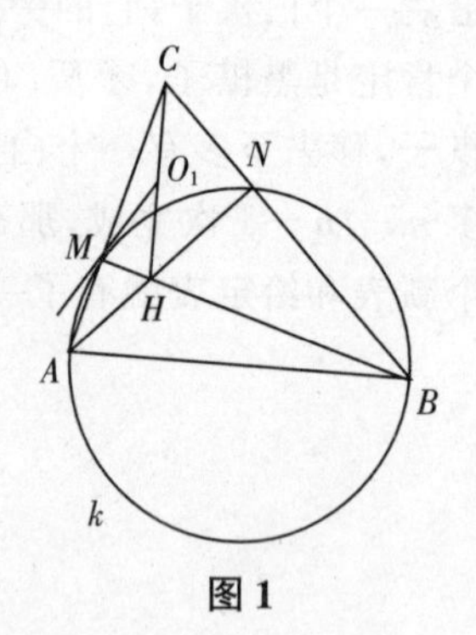

图1

另一方面，$\angle O_1HM=90^\circ-\angle O_1CM=90^\circ-\angle CMO_1=\angle O_1MH$. 即$O_1M=O_1H$. 所以$O_1$是$CH$的中点. 同理，圆$k$在点$N$的切线过点$O_1$. 即$O\equiv O_1$，且$OM=ON=OC=\frac{1}{2}CH$（图2）.

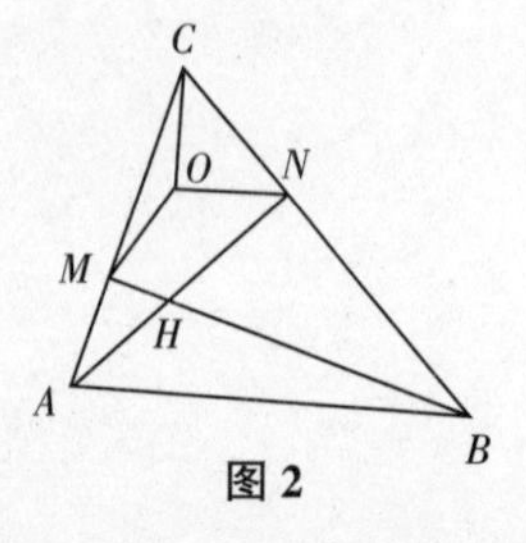

图2

设点O是$\triangle CMN$外接圆的圆心，则$\angle CMO=\angle MCO=\angle ABM$，$\angle CNO=\angle NCO=\angle BAN$. 所以$\angle ACB=\angle MCO+\angle NCO=\angle ABM+\angle BAN$. 所以

$2\angle ANB=\angle ANB+\angle AMB=180^\circ-\angle ABC-$

$$\angle BAN + 180^\circ - \angle BAC - \angle ABM =$$
$$360^\circ - (\angle ABC + \angle ACB + \angle BAC) = 180^\circ$$

所以 $\angle ANB = 90^\circ$. 从而 AB 是圆 k 的直径.

问题 9.3 求所有小于 2 005 的 4 位正整数 m,使得存在一个正整数 $n < m$,满足 mn 是一个完全平方数,$m-n$ 至少有三个不同的因数.

Peter Boyvalenkov, Ivailo Kortezov

解 且仅当 $m-n=p^k$ 时,数 $m-n$ 至多有三个不同的正因数,其中 p 是质数,$k\in\{0,1,2\}$. 如果 $k=0$,则 $m=n+1$. 且 $n(n+1)$ 是完全平方数,这是不可能的.

设 $m-n=p^k$, $mn=t^2$, $k\in\{1,2\}$,t 是正整数. 则

$$n(n+p^k)=t^2 \Leftrightarrow (2n+p^k-2t)(2n+p^k+2t)=p^{2k}$$

所以 $n+p^k-2t=p^s$,$2n+p^k+2t=p^r$,其中 r,s 是正整数,满足 $0\leqslant s<r\leqslant 2k$. 且 $r+s=2k$.

当 $k=1$ 时,有唯一的可能 $2n+p-2t=1$,$2n+p+2t=p^2$. 所以

$$n=\frac{(p-1)^2}{4}, m=n+p=\frac{(p+1)^2}{4}$$

由于 $1\,000\leqslant m<2\,005$,我们得到解 $m=1\,764,1\,600,1\,369,1\,296,1\,156$(分别对应于 $p=83,79,73,71,67$).

当 $k=2$ 时,我们有 $(r,s)=(4,0)$ 或 $(3,1)$. 第一种情况,我们得到

$$n=\frac{(p^2-1)^2}{4}, m=n+p^2=\frac{(p^2+1)^2}{4}$$

由不等式 $1\,000\leqslant m<2\,005$,有 $p=8$,但这不是质数.

第二种情况,我们有 $m=\dfrac{p(p+1)^2}{4}$. 得到的解是 $m=1\,900,1\,377$(分别对应于 $p=19,17$).

问题 9.4 Ivo 在 100 张卡片上连续写下了整数 $1,2,\cdots,100$,并把其中一部分卡片送给了 Yana. 已知:对于 Ivo 的每一张卡片和 Yana 的每一张卡片,两张卡片上数字之和的卡片不在 Ivo 手中,数字之积的卡片不在 Yana 手中. 如果数字 13 的卡片在 Ivo 手中,那么 Yana 手中有多少张卡片?

Ivailo Kortezov

解 Yana 至少有一张卡片,设 $k\neq 1$. 如果 Ivo 有一张卡片,则乘积 $1\cdot k=k$,不属于 Yana,矛盾. 所以 Yana 有一张卡片.

如果 Ivo 有一张卡号为 12 的卡片,则和 $13=1+12$ 属于

Yana,矛盾.所以 12 号卡片属于 Yana.由于和 $13=6+7$ 是 Ivo 的,6 号和 7 号卡属于同一个人,不可能是 Ivo 的,否则的话,和 $1+6=7$ 是 Yana 的.同理,我们可以推出,所有 $1,2,\cdots,12$ 号卡片属于 Yana.进一步地,所有 $13k(k=1,2,\cdots,7)$ 号卡片是 Ivo 的.其他的卡片是 Yana 的.因此 Yana 有 $100-7=93$ 张卡片.

问题 10.1 考虑不等式 $|x^2-5x+6|\leqslant x+a$,其中 a 是实数.

a) 当 $a=0$ 时,解此不等式;

b) 求 a 的值,使不等式有三个整数解.

Stoyan Atanasov

解 a) 考虑两种情况

如果 $x\in(-\infty,2]\cup[3,+\infty)$,则不等式可化简为 $x^2-6x+6\leqslant 0\Rightarrow x\in[3-\sqrt{3},3+\sqrt{3}]$.所以不等式的解是 $x\in[3-\sqrt{3},2]\cup[3,3+\sqrt{3}]$.

如果 $x\in(2,3)$,则不等式可化简为 $x^2-4x+6\geqslant 0$,这对于 $x\in(2,3)$ 是成立的.所以 $x\in[3-\sqrt{3},3+\sqrt{3}]$.

b) 如果不等式 $|x^2-5x+6|\leqslant x+a$ 有一个整数解 x,则 $x\in(-\infty,2]\cup[3,+\infty)$.因此当且仅当 $a\geqslant -3$ 时,不等式 $x^2-6x+6-a\leqslant 0$ 有解.此时,解为 $x\in[3-\sqrt{a+3},3+\sqrt{a+3}]$.这个区间包含了数 3,并且关于 3 是对称的.因此当且仅当 $1\leqslant\sqrt{a+3}<2\Rightarrow a\in[-2,1)$ 时,它包含了 3 个整数.

问题 10.2 如图 3,设 k 是 $\triangle ABC$ 的内切圆,$AC\neq BC$,I 是圆 k 的圆心.设 D,E 和 F 分别是圆 k 与三边 AB,BC 和 AC 的切点.

a) 如果 $S=CI\cap EF$,证明:$\triangle CDI\backsim\triangle DSI$;

b) 设 M 是圆 k 和 CD 的第二个交点,圆 k 在点 M 的切线交直线 AB 于点 G,证明:$GS\perp CI$.

Stoyan Atanasov, Ivan Landjev

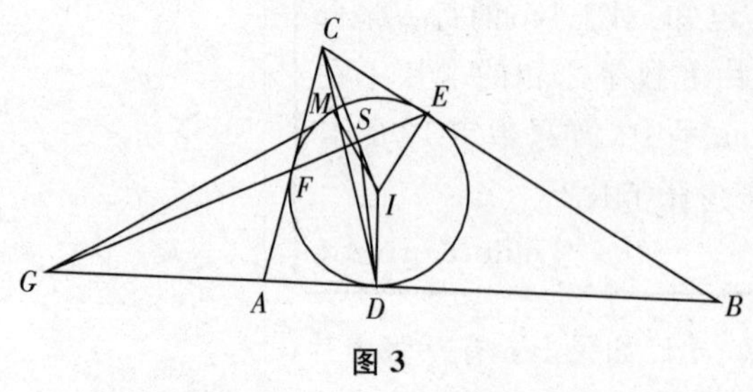

图 3

解 a) 由直角 $\triangle CEI$,有 $EI^2=SI\cdot CI=DI^2\Rightarrow\dfrac{DI}{SI}=\dfrac{CI}{DI}$,

因此 $\triangle CDI \backsim \triangle DSI$

b) 四边形 $DIMG$ 顶点共圆，由 a) 得 $\angle ISD = \angle IDC = \angle IMD$. 则点 S 位于四边形 $DIMG$ 的外接圆上. 显然，$\angle GSI = \angle GMI = 90°$.

备注 容易看出，b) 意味着点 E,F,G 共线.

问题 10.3 求方程 $z^2+1=xy(xy+2y-2x-4)$ 的整数解.

Ivan Landjev

解 设 $x=u-1$，$y=v+1$，则原方程可化简为

$$z^2+1=(u^2-1)(v^2-1)$$

容易看出 u,v,z 必定是偶数. 所以如果 $|u|>1$，则 u^2-1 有一个质因数 p，满足 $p\equiv 3 \pmod 4$. 所以 $z^2+1\equiv 0 \pmod p$，这是不可能的. 如果 p 是满足 $p\equiv 3 \pmod 4$ 的质数，且 p 整除 x^2+y^2，则 p 必定整除 x,y. 因此 $u=0$. 同理可得 $v=0$. 从而 $z=0$. 所以，所求解为 $x=-1,y=1,z=0$.

问题 10.4 在 $n\times n(n\geqslant 2)$ 表的每一个单元格中，写下数字 $+1$ 或 -1. 第 i 行第 j 列的单元格记为 (i,j) $(i,j=0,1,2,\cdots,n-1)$，单元格 (i,j) 的邻居是 $(i,j-1)$，$(i,j+1)$，$(i-1,j)$，$(i+1,j)$，其中的数 i,j 取模 n 的余数. 每一步在每个单元格里用四个相邻的单元格中的数的乘积来替换，例如：

+1	−1	+1
+1	−1	−1
−1	+1	−1

$\Rightarrow$

+1	−1	−1
−1	+1	+1
−1	+1	+1

如果有限步之后，得到的表的每一个单元格里的数都是 $+1$，这样的表称为“好表”. 求所有 n 的值，使得每一个 $n\times n$ 表都是“好表”.

Ivan Landjev

解 我们首先证明，对任意奇数 $n\geqslant 3$，存在 $n\times n$ 表，使这些表是“不好的表”. 考虑任意一个 $n\times n$ 表，用 $P_i(i=1,2,\cdots,n)$ 表示第 i 行最后两步的数之积. 则

$$P_1P_3=P_2P_4=\cdots=P_{n-1}P_1=P_nP_2=1$$

由于 n 是奇数，所以 $P_1=P_2=\cdots=P_n$，这说明在初始表中，行的元素之积必须相等. 因此任何不具备这些性质的表都是“不好的表”.

现在，考虑大小为 $n=2^km$ 的一个表，其中 m 是奇数，$k\geqslant 1$. 前两步之后，在位置 (i,j) 的数变成位置在 $(i-2,j)$，$(i,j-2)$，$(i,$

$j+2)$,$(i+2,j)$ 的数的乘积.所以每一个偶数步之后,应用下列大小为 $2^{k-1}m$ 的四个表的操作,得到结果表:

具有 $i\equiv j\equiv 0 \pmod 2$ 的所有(i,j) 的表.

具有 $i\equiv 0 \pmod 2$,$j\equiv 1 \pmod 2$ 的所有(i,j) 的表.

具有 $i\equiv 1 \pmod 2$,$j\equiv 0 \pmod 2$ 的所有(i,j) 的表.

具有 $i\equiv j\equiv 1 \pmod 2$ 的所有(i,j) 的表.

现在,由归纳可知,当且仅当数 $2^{k-1}m$ 具有所要求的性质时,数 $n=2^k m$ 具有所要求的性质.也容易得出,大小为 2 的每一个表都是"好表".所以要求的 n 是 $n=2^k$,其中 k 是正整数.

问题 11.1 首项是 m、公差是 2 的算术级数前 n 项之和等于首项是 n、公比为 2 的几何级数前 n 项之和.

a) 证明:$m+n=2^m$;

b) 如果几何级数的第 3 项等于算术级数的第 23 项,求 m 和 n 的值.

Emil Kolev

解 a) 利用算术-几何级数求和公式,有

$$\frac{n[2m+2(n-1)]}{2}=n(2^m-1)\Rightarrow m+n=2^m$$

b) 因为 $4n=m+44$.利用 a) 的结论可知,$2^{m+2}=44+5m$.易知 $m=4$ 是一个解.如果 $m<4$,则 $2^{m+2}\leqslant 2^5<44+5m$;如果 $m>4$,则由数学归纳法可得,$2^{m+2}>44+5m$.所以 $m=4$,$n=12$.

问题 11.2 求所有实数 a 的值,使方程 $\lg(ax+1)=\lg(x-1)+\lg(2-x)$,确有一个解.

Aleksander Ivanov

解 原方程等价于 $ax+1=(x-1)(2-x)\Leftrightarrow x^2+(a-3)x+3=0(x\in(1,2))$.因此,我们来求 a 的值,以满足方程 $f(x)=x^2+(a-3)x+3=0$ 确有一个根在区间$(1,2)$,这有下列四种可能的情况:

情况 1 $f(1)f(2)<0$,这等价于 $a\in\left(-1,-\frac{1}{2}\right)$.

情况 2 $f(1)=0\Rightarrow a=-1$,则 $x_1=1$,$x_2=3$.这表明 $a=-1$ 不是解.

情况 3 $f(2)=0\Rightarrow a=-\frac{1}{2}$,则 $x_1=2$,$x_2=\frac{3}{2}$.这表明 $a=-\frac{1}{2}$ 是解.

情况 4 $\Delta=(a-3)^2-12=a^2-6a-3=0\Rightarrow a=3\pm 2\sqrt{3}$.

当 $a=3+2\sqrt{3}$ 时,有 $x_1=x_2=-\sqrt{3}$. 这表明 $a=3+2\sqrt{3}$ 不是解.

当 $a=3-2\sqrt{3}$ 时,有 $x_1=x_2=\sqrt{3}\in(1,2)$. 这表明 $a=3-2\sqrt{3}$ 是解.

综上所述,得到 a 的值为 $a\in\left(-1,-\frac{1}{2}\right]\cup\{3-2\sqrt{3}\}$.

问题 11.3 如图 4,在锐角 $\triangle ABC$ 中,$CA\neq CB$,内心是 O,A_1 和 B_1 分别表示边 CB 和 CA 的旁切圆的切点. 直线 CO 与 $\triangle ABC$ 外接圆交于点 P,过点 P 垂直于 CP 的直线与 AB 交于点 Q,证明:直线 QO 和 A_1B_1 平行.

Aleksander Ivanov

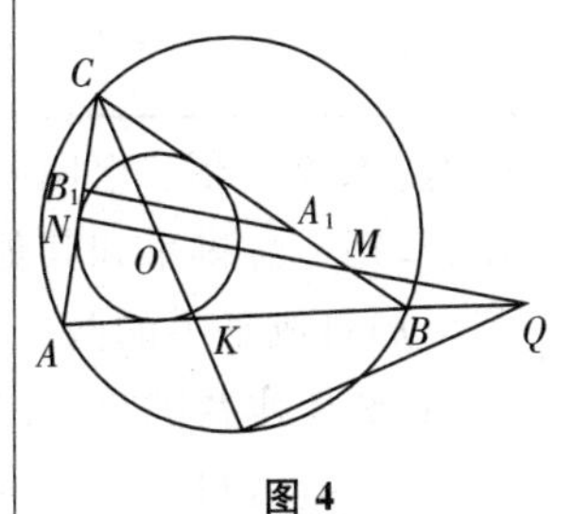

图 4

证明 设 $K=CO\cap AB$,$\angle AKC=\varphi$. M,N 分别表示 QO,CB 与 CA 的交点.

对 $\triangle APQ$ 应用正弦定理,有

$$\frac{AQ}{PQ}=\frac{\sin(90^\circ+\beta)}{\sin\frac{\gamma}{2}}=\frac{\cos\beta}{\sin\frac{\gamma}{2}}$$

由直角 $\triangle KPQ$,得 $\frac{KQ}{PQ}=\frac{1}{\sin\varphi}$.

所以

$$\frac{AQ}{QK}=\frac{\cos\beta\sin\varphi}{\sin\frac{\gamma}{2}} \tag{1}$$

由 $\triangle AKC$(AO 是 $\angle KAC$ 的角平分线)可知

$$\frac{KO}{OC}=\frac{AK}{AC}=\frac{\sin\frac{\gamma}{2}}{\sin\varphi} \tag{2}$$

另一方面,对 $\triangle AKC$ 和直线 OQ,应用 Menelaus 定理,有

$$\frac{AQ}{QC}\cdot\frac{KO}{OC}\cdot\frac{CN}{NA}=1 \tag{3}$$

把等式(1)(2)(3)相加,得到 $\frac{CN}{NA}=\frac{1}{\cos\beta}$. 因此可知

$$\frac{CN}{CA}=\frac{1}{1+\cos\beta}\Rightarrow CN=\frac{2R\sin\beta}{2\cos^2\frac{\beta}{2}}=2R\tan\frac{\beta}{2}$$

同理可得,$CM=2R\tan\frac{\alpha}{2}$. 所以

$$\frac{CN}{CM}=\frac{\tan\frac{\beta}{2}}{\tan\frac{\alpha}{2}} \tag{4}$$

因为 $CB_1 = p - a = r\cot\frac{\alpha}{2}, CA_1 = p - b = r\cot\frac{\beta}{2}$. 所以，由等式(4)得

$$\frac{CB_1}{CA_1} = \frac{\cot\frac{\alpha}{2}}{\cot\frac{\beta}{2}} = \frac{\tan\frac{\beta}{2}}{\tan\frac{\alpha}{2}} = \frac{CN}{CM}$$

所以 $A_1B_1 \parallel MN$.

问题 11.4 在一次国际象棋锦标赛中，有 2 005 名棋手参加比赛，每一位棋手和其他任意一位棋手对决一局，赛后出现了每一局打成平手的两个棋手 A 和 B，其他每一位棋手失去了与 A 或 B 比赛的机会. 证明：如果在锦标赛中至少有两个平局，则参赛者可以按这样的方式排序，即每一位与下一位赢得了比赛的棋手在该序列中.

Emil Kolev

证明 由题意可知一个棋手不能有多于一次的平局. 实际上，如果 A,B 和 C 平局，则关于 A,B 的条件意味着 B 战胜了 C. 同样，关于 A,C 的条件，意味着 C 战胜了 B，矛盾.

设 $A_1, A_2, \cdots, A_k$ 是一个使得每一个棋手战胜了下一个棋手的序列. 即 A_i 战胜了 $A_{i+1}(i = 1, 2, \cdots, k-1)$. 如果 $k = 2\,005$，则该序列就是所要求的序列.

假设 $k < 2\,005$，考虑不在 $A_1, A_2, \cdots, A_k$ 中的一个棋手 B. 如果 B 战胜了 A_1，长度为 $k+1$ 的序列 $B, A_1, A_2, \cdots, A_k$ 具有上面的性质，这是不可能的. 如果 A_1 战胜了 B，则 B 和 A_2 没有平局. 因为 A_1 战胜了他两个. 如果 B 战胜了 A_2，则长度为 $k+1$ 的序列 $A_1, B, A_2, \cdots, A_k$，具有上面的性质，矛盾. 所以 A_2 战胜了 B. 同理可知，所有棋手 $A_3, A_4, \cdots, A_k$ 都战胜了 B. 通过考虑长度为 $k+1$ 的序列 $A_1, A_2, \cdots, A_k, B$，又得到一个矛盾.

上面的结论表明，序列 $A_1, A_2, \cdots, A_k$ 之外，仅有一名棋手 B，A_1 和 B 平局. 而这仅只是 B 的平局. 如果 A_2 战胜了 B，则正如上所述，我们看到 $A_i(i = 3, 4, \cdots, k)$ 战胜了 B，并再一次得到长度为 $k+1$ 的序列 $A_1, A_2, \cdots, A_k, B$，所以 B 战胜了 A_2，同理 $A_i(i = 3, 4, \cdots, k)$ 战胜了 A_2.

另一方面，A_i，A_j 之间至少有多于一次平局，但是 B 战胜了 A_i，A_j，矛盾.

问题 12.1 序列$\{a_n\}_{n=1}^{\infty}$和$\{b_n\}_{n=1}^{\infty}$满足关系式 $a_{n+1}=2b_n-a_n$，$b_{n+1}=2a_n-b_n(n\geqslant 1)$，证明：

a)$a_{n+1}=2(a_1+b_1)-3a_n$；

b) 如果 $a_n>0\ (n\geqslant 1)$，则 $a_1=b_1$.

Nikolai Nikolov

证明 a) 因为$a_{n+1}+b_{n+1}=2b_n-a_n+2a_n-b_n=a_n+b_n$，所以

$$a_{n+1}=2(a_n+b_n)-3a_n=2(a_1+b_1)-3a_n$$

b) 利用 a)，我们得到

$$a_{n+1}-\frac{a_1+b_1}{2}=-3\left(a_n-\frac{a_1+b_1}{2}\right)\Rightarrow a_{n+1}-\frac{a_1+b_1}{2}=$$
$$(-3)^n\left(a_1-\frac{a_1+b_1}{2}\right)$$

由 $\lim\limits_{n\to+\infty}3^n=+\infty$ 可知，如果 $a_1>b_1$，则 $\lim\limits_{n\to+\infty}a_{2n}=-\infty$，矛盾. 同理，$a_1<b_1$ 也是不可能的，所以 $a_1=b_1$.

问题 12.2 如图 5，一个圆过$\triangle ABC$ 的顶点A，$AB\neq AC$，与边 AB 和 AC 分别交于点 M 和 N，$MP\ /\!/\ AC$，$NQ\ /\!/\ AB$ 且 $\frac{BP}{CQ}=\frac{AB}{AC}$，求$\angle BAC$.

Oleg Mushkarov, Nikolai Nikolov

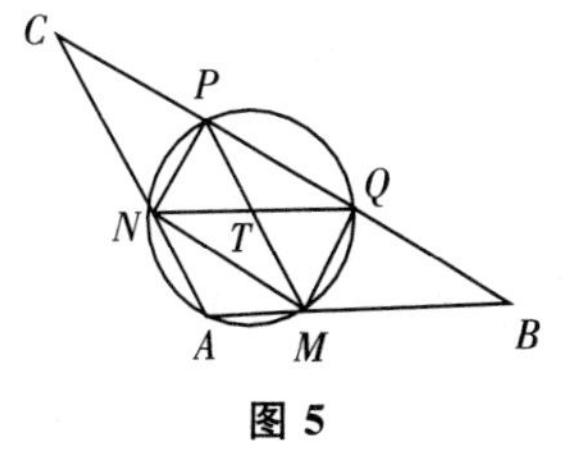

图 5

解 设 $BC=a$，$CA=b$，$AB=c$，则

$$BA\cdot BM=BP\cdot BQ,\frac{BM}{c}=\frac{BP}{a}\Rightarrow BQ=\frac{c^2}{a}$$

同理可得，$CP=\frac{b^2}{a}$. 因此

$$BP=\frac{a^2-b^2}{a},CQ=\frac{a^2-c^2}{a}$$

条件$\frac{BP}{CQ}=\frac{AB}{AC}$变成了

$$b(a^2-b^2)=c(a^2-c^2)\Leftrightarrow(b-c)(a^2-b^2-c^2-bc)=0$$

因为 $b\neq c$，则 $a^2-b^2-c^2-bc=0$. 由余弦定理，得

$$\cos\angle BAC=-\frac{1}{2}\Rightarrow\angle BAC=120^\circ$$

另解 因为四边形 $AMPN$ 是共圆的梯形，可知 $AM=NP$. 另外，如果 $T=MP\cap NQ$，则四边形 $AMTN$ 是平行四边形，且 $AM=NT$，所以 $NP=NT$. 同理可证 $MQ=MT$，所以$\triangle TPN$，$\triangle TQM$ 是相似的等腰三角形，有

$$\frac{TP}{TQ}=\frac{TN}{TM}\tag{1}$$

由正弦定理，我们得到$\frac{MP}{\sin\beta}=\frac{BP}{\sin\alpha}$，$\frac{NQ}{\sin\gamma}=\frac{CQ}{\sin\alpha}$. 由于$\frac{BP}{CQ}=\frac{AB}{AC}=\frac{\sin\gamma}{\sin\beta}$，我们推出 $MP=NQ$. 又由等式(1)可知

$$TM+TQ\cdot\frac{TN}{TM}=TN+TQ\Leftrightarrow(TM-TN)(TM-TQ)=0$$

假设 $TM=TN$，有 $MQ=NP$，$NA=MA$. 第一个等式表明 $MN\parallel PQ$. 由第二个等式得到 $AC=AB$，矛盾. 所以 $TM=TQ$. 即 $\triangle MTQ$ 是等边三角形，所以 $\angle BAC=\angle MTN=120^\circ$.

问题 12.3 求实数 a 的所有值，使得函数 $f(x)=\frac{\sin^2x-a}{\sin^3x-(a^2+2)\sin x+2}$ 的值域包含在区间$\left[\frac{1}{2},2\right]$内.

Nikolai Nikolov

解 设 $t=\sin x$，$g(t)=\frac{t^2-a}{t^3-(a^2+2)t+2}$. 如果 $g(t)$ 的分子和分母有一个公共根，则 $a\geqslant 0$，$t=\pm\sqrt{a}$. 若 $t=-\sqrt{a}$，则 $\sqrt{a}(a^2-a+2)=-2$，这是不可能的. 因为 $a^2-a+2>0$. 如果 $t=\sqrt{a}$，则$\sqrt{a}(a(a-1)+2)=2$，且易知 $a=1$ 是该方程的唯一根（当 $a\in[0,1)$ 时，左边小于 2；当 $a>1$ 时，左边大于 2）. 当 $a=1$ 时，我们有

$$g(t)=\frac{t^2-1}{t^3-3t+2}=\frac{t+1}{(t-1)(t+2)}\leqslant 0\quad(t\in[-1,1])$$

这说明 a 的这个值不是解.

现在，我们来寻找 $a\neq 1$ 的值，满足方程 $g(t)=c$，即

$$h(t)=c[t^3-(a^2+2)t+2]+a-t^2=0$$

当 $c\in\left[\frac{1}{2},2\right]$时，在区间$[-1,1]$有一个解. 当 $c\geqslant\frac{1}{2}$ 时，有

$$h(-1)=ca^2+a+3c-1\geqslant\frac{1}{2}a^2+a+\frac{1}{2}=\frac{(a+1)^2}{2}\geqslant 0$$

另外 $h'(t)=3ct^2-2t-c(a^2+2)$，所以 $h'(1)=c-ca^2-2\leqslant 0\left(c\in\left[\frac{1}{2},2\right]\text{及任何 }a\right)$. 所以方程 $h'(t)=0$ 有两个实根 t_1,t_2 满足 $t_1\leqslant 1<t_2$.

这样，函数 $h(t)$ 在区间$[t_1,t_2]$是减函数，在区间$(-\infty,t_1]$是增函数. 由于 $h(-1)\geqslant 0$，可知当且仅当 $h(1)=(a-1)[1-c(1+a)]\leqslant 0$ 时，$h(t)=0$ 在区间$[-1,1]$，当 $c\in\left[\frac{1}{2},2\right]$时，有一个解.

当 $a>1$ 时，这个不等式是满足条件的，因为 $1-\frac{1}{2}(1+a)<$

0. 当 $a<1$ 时,其等价于 $1-2(1+a)\geqslant 0\Rightarrow a\leqslant -\frac{1}{2}$. 最后,所要求的 a 的值是 $a\in\left(-\infty,-\frac{1}{2}\right]\cup(1,+\infty)$.

另解 基于上述同样的原因,我们推出求 a 值的问题使得 $\left[\frac{1}{2},2\right]\subset g([-1,1])$.

设 $h(t)=t^3-(a^2+2)t+2$,则 $h'(t)=3t^2-(a^2+2)$. 当 $a^2\geqslant 1$ 时,$h'(t)<0(t\in[-1,1])$. 所以,$h(t)$ 是区间 $[-1,1]$ 上的严格递减连续函数. 因为 $h(1)=1-a^2\leqslant 0<a^2+3=h(-1)$,可见 $h(t)$ 有唯一零点 $t_0\in[-1,1]$. 现在,我们来考虑下面几个情况:

情况 1 设 $a>1$,则 $t_0\neq 1$,$\lim\limits_{t\to t_0+}g(t)=+\infty$,且 $g(1)=\frac{1-a}{1-a^2}=\frac{1}{1+a}<\frac{1}{2}$. 因为函数 $g(t)$ 在 $(t_0,1]$ 内是递减的连续函数,由此可知

$$\left[\frac{1}{2},2\right]\subset\left[\frac{1}{2},+\infty\right)\subset g((t_0,1])\subset g([-1,1])$$

情况 2 设 $a\leqslant -1$,由于 $\lim\limits_{t\to t_0-}g(t)=+\infty$,$g(-1)=\frac{1-a}{a^2+3}\leqslant\frac{1}{2}\Leftrightarrow(a+1)^2\geqslant 0$. 所以

$$\left[\frac{1}{2},2\right]\subset\left[\frac{1}{2},+\infty\right)\subset g([-1,t_0))\subset g([-1,1])$$

情况 3 设 $a=1$. 在第一个解答中,我们看到 $g(t)\leqslant 0(t\in[-1,1])$.

情况 4 设 $a\in(-1,1)$. 首先验证 $h(t)>0(t\in[-1,1])$. 这意味着 $g(t)$ 是区间 $[-1,1]$ 上的连续函数.

实际上,如果 $t\in[-1,0]$,则 $h(t)\geqslant t^3+2>0$,如果 $t\in(0,1]$,则 $h(t)>t^3-3t+2=(t-1)^2(t+2)\geqslant 0$.

情况 4.1 如果 $a\in\left(-1,-\frac{1}{2}\right]$,则 $g(-1)=\frac{1-a}{a^2+3}<\frac{1}{2}$,$g(1)=\frac{1}{1+a}\geqslant 2$. 因此 $\left[\frac{1}{2},2\right]\subset g([-1,1])$.

情况 4.2 如果 $a\in\left(-\frac{1}{2},1\right)$. 我们来证明 $g(t)<2(t\in[-1,1])$. 因为 $h(t)>0(t\in[-1,1])$,所以只需验证 $t^2<2[t^3-(a^2+2)t+2]$. 即

$$m(t)=2t^3-t^2-2(a^2+2)t+a+4>0(t\in[-1,1])\quad(1)$$

由于 $m'(t)=6t^2-2t-2(a^2+2)\leqslant 6t^2-2t-4=(6t+4)(t-1)$,所以在区间 $\left[-\frac{2}{3},1\right]$ 上,$m'(t)\leqslant 0$. 因此 $m(t)$ 是该区间内的减函数. 从而

$$m(t) \geqslant m(1) = -2a^2 + a + 1 =$$
$$(1+2a)(1-a) > 0 \quad \left(t \in \left[-\frac{2}{3}, 1\right]\right)$$

另一方面，我们有

$$m(t) \geqslant 2t^3 - t^2 + a + 4 \geqslant -2 - 1 - \frac{1}{2} + 4 > 0 \quad (t \in [-1, 0])$$

这就证明了式(1)成立.

上面考虑了关于 a 的所有可能情况，我们得到的答案是

$$a \in \left(-\infty, -\frac{1}{2}\right] \cup (1, +\infty)$$

问题 12.4 求边长取正整数的所有 $\triangle ABC$，使得边 AC 等于 $\angle BAC$ 的平分线长，且 $\triangle ABC$ 的周长等于 $10p$，其中 p 是一个质数.

Oleg Mushkarov

解 在 $\triangle ABC$ 中，设 $AB = c, BC = a, CA = b$. 我们有 $b^2 = l_a^2 = bc - \frac{a^2 bc}{(b+c)^2}$. 所以

$$a^2 c = (c-b)(c+b)^2 \tag{1}$$

令 $\frac{a}{c} = \frac{m}{n}, (m,n) = 1$；$\frac{b}{c} = \frac{r}{s}, (r,s) = 1$. 则式(1)变成

$$\frac{m^2}{n^2} = \frac{(s-r)(s+r)^2}{s^3}$$

因为两边是不可约分的，所以

$$m^2 = (s-r)(s+r)^2, n^2 = s^3$$

则第一个等式表明 $s-r$ 是完全平方数. 第二个等式意味着 s 是完全平方数. 设 $s = t^2$，$s - r = k^2$，则 $r = t^2 - k^2$，$m = k(2t^2 - k^2)$，$n = t^3$.

现设 $a = mx, c = nx, b = ry, c = sy$，则 $nx = sy$. 即 $y = tx$. 所以 $a = xk(2t^2 - k^2), b = xt(t^2 - k^2), c = xt^3, t > k, (t,k) = 1$. 此外，容易验证 a,b,c 满足三角形不等式.

条件 $a + b + c = 10p$ 变成 $x(k+t)(2t^2 - k^2) = 10p$. 因为 $(k+t, 2t^2 - k^2) = 1$，所以只有下列 3 种可能

$$\begin{cases} x = 1 \\ k + t = 5 \\ 2t^2 - k^2 = 2p \end{cases}, \begin{cases} x = 1 \\ k + t = 10 \\ 2t^2 - k^2 = p \end{cases}, \begin{cases} x = 2 \\ k + t = 5 \\ 2t^2 - k^2 = p \end{cases}$$

直接验证可得

$$(x,k,t) = (1,2,3), (1,3,7), (2,1,4)$$

所以

$$(a,b,c) = (28,15,27), (267,280,343), (62,120,128)$$

2005 年春季数学竞赛

问题 8.1 解方程$\left|\left|x-\frac{5}{2}\right|-\frac{3}{2}\right|=|x^2-5x+4|$.

Ivan Tonov

解 因为方程两边都是非负的,所以原方程等价于

$$\left(\left|x-\frac{5}{2}\right|-\frac{3}{2}\right)^2=(x^2-5x+4)^2\Leftrightarrow$$

$$\left(\left|x-\frac{5}{2}\right|-\frac{3}{2}-x^2+5x-4\right)\left(\left|x-\frac{5}{2}\right|-\frac{3}{2}+x^2-5x+4\right)=0$$

我们来求解方程

$$\left|x-\frac{5}{2}\right|-x^2+5x-\frac{11}{2}=0,\left|x-\frac{5}{2}\right|+x^2-5x+\frac{5}{2}=0$$

当$x\leqslant\frac{5}{2}$时,我们有

$$\left|x-\frac{5}{2}\right|-x^2+5x-\frac{11}{2}=0\Leftrightarrow x^2-4x+3=0\Rightarrow x=1,3$$

$$\left|x-\frac{5}{2}\right|+x^2-5x+\frac{5}{2}=0\Leftrightarrow x^2-6x+5=0\Rightarrow x=1,5$$

所以,在这种情况下只有$x=1$是原方程的解.

同理当$x>\frac{5}{2}$时,有

$$\left|x-\frac{5}{2}\right|-x^2+5x-\frac{11}{2}=0\Leftrightarrow x^2-6x+8=0\Rightarrow x=2,4$$

$$\left|x-\frac{5}{2}\right|+x^2-5x+\frac{5}{2}=0\Leftrightarrow x^2-4x=0\Rightarrow x=0,4$$

在这种情况下只有$x=4$是给定方程的解.

综上所述,给定方程有两个解$x_1=1,x_2=4$.

问题 8.2 如图 1,设k是$\triangle ABC$的外接圆,$\angle ACB>90^\circ$,BD是圆k的直径,圆心为D,半径为DC的圆k_1交圆k于点E交AB于点G.如果F是GE和BD的交点,证明:$\angle DCG=\angle EFD$.

Chavdar Lozanov

证明 因为$\angle ACB>90^\circ$,所以点G,E位于直径BD的两

侧. 如果 $\angle DCG = \angle EFD$,则 $\angle DCG + \angle DFG = 180°$. 即只需证明四边形 $CDFG$ 顶点共圆即可. 另一方面 $CE \perp BD$,D 是圆 k_1 的圆心,所以 $\angle CDF = \frac{1}{2}\widehat{CGE}_{k_1}$(作为一个角的中心),$\angle CGF = \angle CGE$(在圆 k_1 中是内接角),且 $\angle CGF = \frac{1}{2}(360° - \widehat{CGE}_{k_1})$. 则 $\angle CDF + \angle CGF = 180°$. 即四边形 $CDFG$ 顶点共圆,所以 $\angle DCG = \angle EFD$.

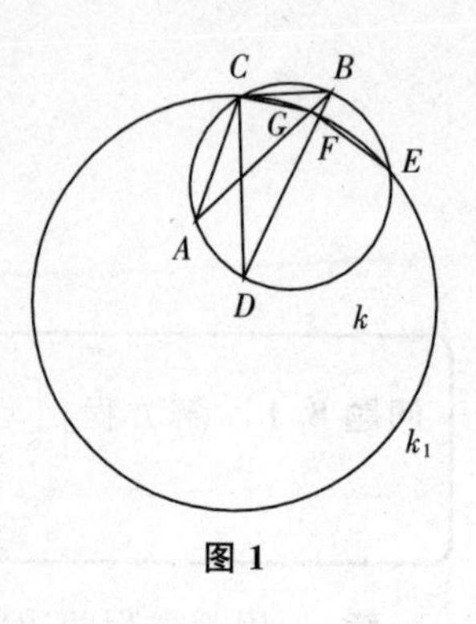

图 1

问题 8.3 证明:方程 $x^2 + 2y^2 + 98z^2 = \underbrace{77\cdots7}_{2\,005个}$ 没有整数解.

Ivan Tonov

证明 假定方程有解(x_0, y_0, z_0),则 $x_0^2 + 2y_0^2$ 能被 7 整除. 因为完全平方数模 7 余数是 0,1,2,4. 由此可知 x_0, y_0 都能被 7 整除. 给定方程的左边,能被 7^2 整除,因此,$\underbrace{11\cdots1}_{2\,005个}$ 能被 7 整除,但这是一个矛盾. 因为 111 111 能被 7 整除,且 $2\,005 = 6 \cdot 334 + 1$.

问题 8.4 如图所示,15 个圆排成一个等边三角形,证明:

a) 可以选出 8 个圆,满足其中没有 3 个圆是一个等边三角形的顶点;

b) 任意 9 个圆中,有 3 个圆是一个等边三角形的顶点.

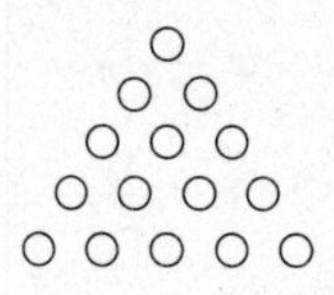

Ivan Tonov

证明 a) 如图 2 所示 8 个黑圆表示所要求的情况.

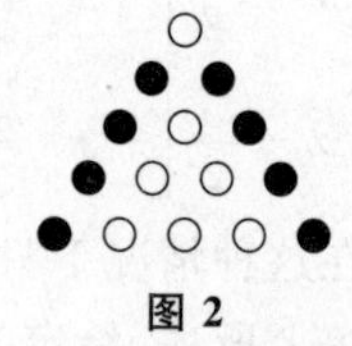
图 2

b) 假设选出的 9 个圆,满足其中没有 3 个圆是一个等边三角形的顶点. 则有下列三种可能情况:

情况 1 选择的圆中没有是小中心三角形的顶点,则我们必至少有多于 4 个没有选择的圆. 其中之一是大三角形的某个顶点,另外的是大三角形三边的中点. 这样一来,就有 7 个圆没有被选择,矛盾.

情况 2 在中心三角形中有一个选择的圆. 为不失一般性,假设这个选择圆是黑点,如图 3 所示. 则除了中心三角形两个顶点没有选择外,余下的我们至少有(记为 $*$)2 个 $*$,至少有(记为◇)1 个◇,至少有(记为 1)1 个 1,至少有大三角形一个顶点没有选择,总共有 7 个没有被选择的圆,矛盾.

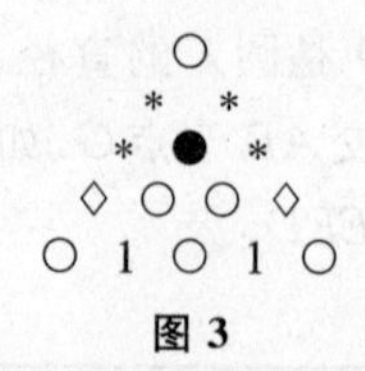

图 3

情况 3 中心三角形有两个顶点被选择. 为不失一般性,假设两个选择的顶点是两个黑圆，则除了中心三角形有一个顶点没有被选择之外，余下的我们必至少有（记为 * ）2 个 * ，至少有（记为◇）2 个◇，至少有一个大三角形的顶点以及两个黑圆下面一行的圆之一，总共有 7 个圆没有被选择，矛盾（图 4）.

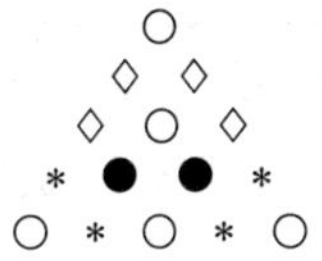

图 4

问题 9.1 设 $f(x)=x^2+(2a-1)x-a-3$，其中 a 是实数.

a) 证明：方程 $f(x)=0$ 有两个不同的实根 x_1 和 x_2；

b) 求所有满足 $x_1^3+x_2^3=-72$ 的 a 值.

Peter Boyvalenkov

解 a) $f(x)=0$ 的判别式 $\Delta=4a^2+13>0$.

b) 根据题意

$$-72=x_1^3+x_2^3=(x_1+x_2)[(x_1+x_2)^2-3x_1x_2]=$$
$$(1-2a)(4a^2-a+10)=-8a^3+6a^2-21a+10$$

所以，要求的 a 的值是方程

$$8a^3-6a^2+21a-82=0$$

的实根. 因为 $a=2$ 是该方程的一个根，有

$$8a^3-6a^2+21a-82=(a-2)(8a^2+10a+41)$$

方程 $8a^2+10a+41=0$ 没有实根，所以问题只有一个解 $a=2$.

问题 9.2 如图 5，$\triangle ABC$ 的重心是 G，内心是 I. 如果 $AB=42$，$GI=2$，且 $AB\parallel GI$，求 AC 和 BC.

Ivailo Krotezov

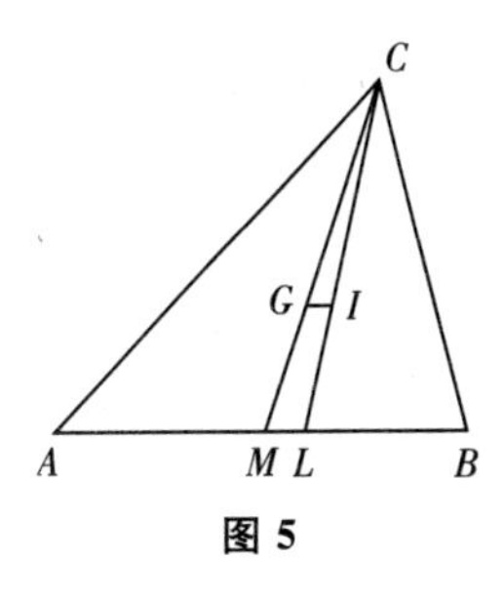

图 5

解 设 CM，CL 分别是 $\triangle ABC(I\in CL)$ 的中线和角平分线. 在 $\triangle ABC$ 中，设 $AB=c$，$BC=a$，$AC=b$. 我们有

$$\frac{AL}{BL}=\frac{AC}{BC}=\frac{b}{a}\Rightarrow AL=\frac{bc}{a+b}$$

因为 AI 是 $\triangle ALC$ 过点 A 的角平分线，所以 $\frac{CI}{IL}=\frac{CA}{AL}=\frac{a+b}{c}$.

由 Thales 定理，得 $\frac{CI}{IL}=\frac{CG}{GM}\Rightarrow a+b=2c$.

此外 $a+b=84$. 当 $a\leqslant b$ 时，我们有

$$LM=\frac{3}{2}IG=3,\ AM=21,\ AL=AM+LM=24$$
$$LB=BM-LM=18$$

所以 $\frac{b}{a}=\frac{24}{18}=\frac{4}{3}$. 所以 $3x+4x=84\Rightarrow x=12$，则 $AC=48$，$BC=36$.

当 $b \geqslant a$ 时,可得 $BC = 48, AC = 36$.

问题9.3 四个玩家 A_1, A_2, A_3 和 A_4 拥有相同的金币,使用7个骰子玩下列游戏:

A_1 掷7个骰子后立即支付其他三个玩家 $\frac{1}{k}$ 的金币,其中 k 是7个骰子的点数之和.同样的动作 A_2, A_3 和 A_4 每人执行一次,游戏结束.如果游戏之后,他们的金币数量的比值是 $3:3:2:2$(A_1 的金币数比 A_2 的金币数比 A_3 的金币数比 A_4 的金币数),求每一个玩家掷出的骰子的点数之和.

Peter Boyvalenkov

解 用 $S_k^{(m)}$ 表示,移动一次后,第 m ($m = 1,2,3,4$) 个玩家支付第 k ($k = 1,2,3,4$) 个玩家的钱数. $S_k^{(0)} = S$ ($k = 1,2,3,4$) 是初始状态.用 a_i 表示 A_i 掷骰子的点数之和.由游戏规则可知

$$S_k^{(m)} = S_k^{(m-1)} + \frac{1}{a_m} \cdot S_k^{(m-1)} = S_k^{(m-1)} \cdot \frac{1+a_m}{a_m}\ (k \neq m, \text{当 } A_k \text{ 获利时})$$

$$S_k^{(k)} = S_k^{(k-1)} - \frac{1}{a_k} \cdot \sum_{i \neq k} S_i^{(k-1)} = S_k^{(k-1)} - \frac{1}{a_k} \cdot (4S - S_k^{(k-1)}) = \frac{1+a_k}{a_k} \cdot S_k^{(k-1)} - \frac{4S}{a_k}(\text{当 } A_k \text{ 支付时})$$

使用这些公式,我们得到游戏结束后四个玩家各自的钱数.我们有

$$\frac{6S}{5} = S_1^{(4)} = PS - \frac{4S(1+a_2)(1+a_3)(1+a_4)}{a_1 a_2 a_3 a_4}$$

$$\frac{6S}{5} = S_2^{(4)} = PS - \frac{4S(1+a_3)(1+a_4)}{a_2 a_3 a_4}$$

$$\frac{4S}{5} = S_3^{(4)} = PS - \frac{4S(1+a_4)}{a_3 a_4}$$

$$\frac{4S}{5} = S_4^{(4)} = PS - \frac{4S}{a_4}$$

其中

$$P = \frac{(1+a_1)(1+a_2)(1+a_3)(1+a_4)}{a_1 a_2 a_3 a_4}$$

由前两个方程,我们得到 $a_2 = a_1 - 1$.由后两个方程,我们得到 $a_4 = a_3 - 1$.由第二、第三个方程,我们得到

$$\frac{2}{5} = \frac{4}{a_4} - \frac{4(1+a_3)}{a_2 a_4} \Leftrightarrow (a_2 + 10)(10 - a_4) = 120$$

由后一个方程可得 $a_4 < 10$.另外,因为骰子数是7.我们有 $a_4 \geqslant 7$.所以最小和是7.余下的就是验证 $a_4 = 7,8,9$ 的可能情

况.解只有在 $a_4=7$(最大和是42)的情况出现.由此可得 $a_3=8$, $a_2=30$, $a_1=31$.

问题 9.4 设 m 和 n 是正整数,满足 m 能被从1到 n 的所有正整数整除,但不能被 $n+1$, $n+2$ 和 $n+3$ 整除,求 n 的所有可能值.

Ivailo Krotezov

解 我们要证明,$n+1$, $n+2$, $n+3$ 是质数的幂.若不然,设其中某些具有 ab 形式,其中 $a\geqslant 2$, $b\geqslant 2$, $(a,b)=1$.因为 ab 不能整除 M,所以 a 或 b 不能整除 M.设 a 不能整除 M,则 $a\geqslant n+1\Rightarrow ab-a\leqslant 2$.因为当 $a\geqslant 2$, $b\geqslant 2$ 时,$ab-a=a(b-1)+2\geqslant 2$,可见 $a=2$, $b=2$,这与 $(a,b)=1$ 矛盾.所以 $n+1$, $n+2$, $n+3$ 是质数的幂,且其中至少有一个是偶数.所以它具有 2^x 形式.类似地,其中至少有一个被3整除,所以它具有 3^y 形式.由部分结论,我们推出

$$2^x=3^y\pm 1$$

情况 1 设 $2^x=3^y+1$.因为 $2^x\equiv 1\pmod 3$(x 是偶数),且 $2^x\equiv 2\pmod 3$(x 是奇数).我们发现 $x=2z$,其中 z 是非负整数.且 $(2^z-1)(2^z+1)=3^y$,则 2^z-1, 2^z+1 都是3的幂,这只有在 $z=1$ 时才有可能.所以 $3^y=3$, $2^x=4$.从而 $n=1$ 或 2.这些解分别对应 $M=1$ 和 2.

情况 2 设 $2^x=3^y-1$.假设 $x\geqslant 2$(因为 $x=1$ 时,我们上面已经有相同的答案了).所以 $3^y\equiv 1\pmod 4$(y 是偶数),且 $3^y\equiv 3\pmod 4$(y 是奇数).所以 $y=2z$,其中 z 是非负整数.且 $2^x=(3^z-1)(3^z+1)$,则 3^z-1, 3^z+1 都是2的幂,仅当 $z=1$ 时,才有可能.所以 $3^y=9$, $2^x=8$.从而 $n=6$ 或 7.解 $n=6$ 是满足条件的,对应 $M=60$.对于 $n=7$,我们得到 $n+3=10$,这不是一个质数的幂.最后得到的解为 $n=1,2,6$.

问题 10.1 解方程 $(x+6)5^{1-|x-1|}-x=(x+1)|5^x-1|+5^{x+1}+1$.

Ivan Landjev

解 当 $x\geqslant 1$ 时,方程变成 $(x+6)(5^x-5^{2-x})=0\Rightarrow x=2-x\Rightarrow x=1$.

当 $0\leqslant x<1$ 时,方程变成恒等式,即 $x\in[0,1)$ 是解.

当 $x<0$ 时,我们有 $2(5^x-1)(x+1)=0\Rightarrow x=-1$.

所以本题的解是 $x\in[0,1]\cup\{-1\}$.

问题 10.2 求所有实数 a 的值,满足不等式 $\sqrt{4+3x} \geqslant x+a$ 没有整数解.

Stoyan Atanassov

解 只需找到实数 a,满足相反的不等式

$$\sqrt{4+3x} < x+a \tag{1}$$

对每一个整数 $x \geqslant -1$ 是成立的.因为 $x=0$ 是不等式(1)的一个解,所以 $a>2$ 是必要条件.下面我们来证明它也是一个充分条件.实际上,当 $a>2$ 时,有 $x+a>x+2$.只需证明 $x+2 \geqslant \sqrt{4+3x}$,对每一个整数 $x \geqslant -1$ 成立即可.

接下来,我们有

$$x+2 \geqslant \sqrt{4+3x} \Leftrightarrow \begin{cases}(x+2)^2 \geqslant 4+3x \\ x \geqslant -\frac{4}{3}\end{cases} \Leftrightarrow \begin{cases}x^2+x \geqslant 0 \\ x \geqslant -\frac{4}{3}\end{cases}$$

这最后的不等式组在 $x \in \left[-\frac{4}{3},-1\right] \cup [0,+\infty)$ 时是成立的.即对每一个整数 $x \geqslant -1$ 成立.所以本题的解是 $a \in (2,+\infty)$.

问题 10.3 设 $\triangle ABC$ 的高 CH,其中 H 是边 AB 上的一点,P 和 Q 分别表示 $\triangle AHC$ 和 $\triangle BHC$ 的内心.证明:当且仅当 $AC=BC$ 或 $\angle ACB=90^\circ$ 时,四边形 $ABPQ$ 顶点共圆.

Stoyan Atanassov

证明 ($\Leftarrow$) 如图6,如果 $AC=BC$,则四边形 $ABQP$ 顶点共圆.如果它是等腰梯形,因为 $\angle ACB=90^\circ$,则 $\angle ACI=\angle BCI=45^\circ$,其中 I 是 $\triangle ABC$ 的内心.又因为 $\angle APC=\angle BQC=135^\circ$,即 $\angle IPC=\angle IQC=45^\circ$,所以 $\triangle IPC \backsim \triangle ICA$,$\triangle IQC \backsim \triangle ICB$.所以 $IP \cdot IA=IC^2=IQ \cdot IB$.

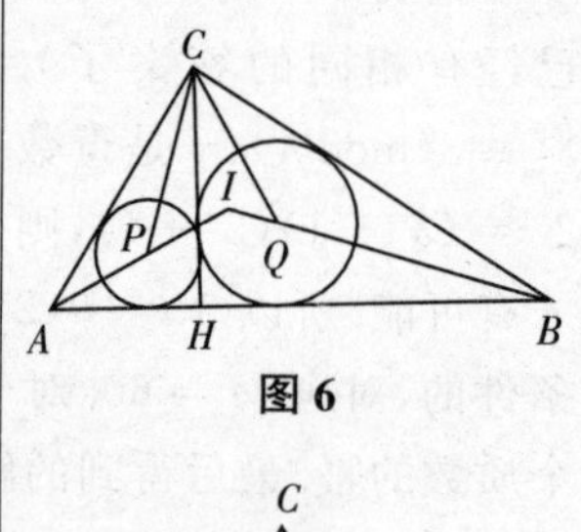

图 6

所以,四边形 $ABQP$ 顶点共圆.

($\Rightarrow$) 如图7,我们考虑 $\triangle APC$ 的外接圆.如果其切 CI 于点 C,则 $\angle ACI=\angle IPC=45^\circ$,从而 $\angle ACB=90^\circ$.现假设这个圆交 CI 于另一点 R,则可得到 $IP \cdot IA=IR \cdot IC$,$IP \cdot IA=IQ \cdot IB \Rightarrow IR \cdot IC=IQ \cdot IB$.所以 $BCRQ$ 顶点共圆,这样 $\angle BRC=\angle BQC=135^\circ=\angle APC=\angle ARC$.所以 $\triangle ARC \cong \triangle BRC \Rightarrow AC=BC$.

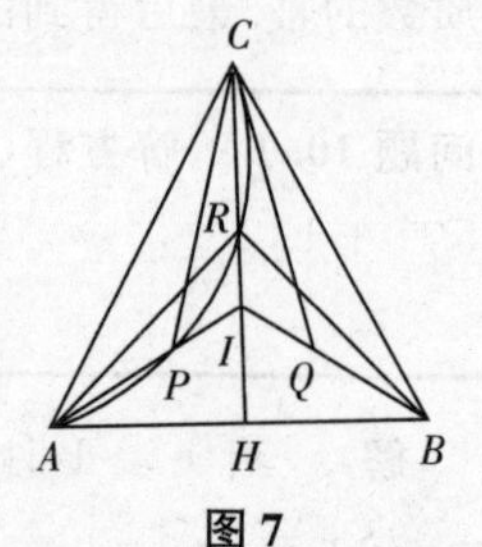

图 7

问题 10.4 证明:对于每一个正整数 n,存在正整数 p 和 q,满足 $|p^2+2q^2-n| \leqslant \sqrt[4]{9n}$.

Ivan Landjev

证明 设 q 是整数,满足 $2q^2 \leqslant n < 2(q+1)^2$,则

$$n-2q^2<4q+2\leqslant 4\sqrt{\frac{n}{2}}+2=2(\sqrt{2n}+1)$$

设 t 是整数,满足 $t^2\leqslant n-2q^2<(t+1)^2$. 我们选择 p 为 t 或 $t+1$,取决于 $n-2q^2$ 与区间 $[t^2,(t+1)^2]$ 中点的位置关系. 更确切地说,我们设

$$p=\begin{cases}t & (n-2q^2-t^2\leqslant t)\\ t+1 & (n-2q^2-t^2>t)\end{cases}$$

则有

$$|p^2+2q^2-n|\leqslant t\leqslant \sqrt{n-2q^2}\leqslant \sqrt{2(\sqrt{2n}+1)}$$

又因为 $\sqrt{2(\sqrt{2n}+1)}\leqslant \sqrt[4]{9n}$ $(n\geqslant 160)$,而当 $n<160$ 时,可以直接验证 p,q 的存在性.

问题 11.1 序列 $\{a_n\}_{n=1}^{\infty}$ 由下列关系定义

$$a_1=0,\ a_{n+1}=a_n+4n+3\quad (n\geqslant 1)$$

a) 把 a_n 表示为 n 的函数;

b) 求极限 $\lim\limits_{n\to+\infty}\dfrac{\sqrt{a_n}+\sqrt{a_{4n}}+\sqrt{a_{4^2n}}+\cdots+\sqrt{a_{4^{10}n}}}{\sqrt{a_n}+\sqrt{a_{2n}}+\sqrt{a_{2^2n}}+\cdots+\sqrt{a_{2^{10}n}}}$.

Emil Kolev

解 a) 使用递推关系,我们容易得出

$$\begin{aligned}a_k&=a_{k-1}+4(k-1)+3=\\&a_{k-2}+4(k-2)+4(k-1)+2\cdot 3=\cdots=\\&a_1+4(1+2+\cdots+k-1)+(k-1)\cdot 3=\\&2k(k-1)+3(k-1)=(2k+3)(k-1)\end{aligned}$$

b) 我们有

$$\lim_{n\to+\infty}\frac{\sqrt{a_{kn}}}{n}=\lim_{n\to+\infty}\sqrt{\left(2k+\frac{3}{n}\right)\left(k-\frac{1}{n}\right)}=\sqrt{2}k$$

所以所求极限等于

$$\frac{1+4+4^2+\cdots+4^{10}}{1+2+2^2+\cdots+2^{10}}=\frac{4^{11}-1}{3(2^{11}-1)}=\frac{2^{11}+1}{3}=683$$

问题 11.2 如果 $x=a+1$ 是不等式 $\log_a(x^2-x-2)>\log_a(3+2x-x^2)$ 的一个解,解此不等式.

Emil Kolev

解 因为该不等式由 $x^2-x-2>0$, $3+2x-x^2>0$ 来限定,所以 $x\in(2,3)$. 因为 $x=a+1$ 是解,我们有 $a\in(1,2)$. 则原不等式等价于

$$x^2-x-2>3+2x-x^2\Leftrightarrow(x+1)(2x-5)>0$$

所以 $x \in \left(\frac{5}{2}, 3\right)$.

问题 11.3 如图8,设 M 和 N 是 $\triangle ABC$ 边 AB 上的任意两点,且点 M 位于点 A 和 N 之间,过点 M 的直线平行于 AC 与 $\triangle MNC$ 的外接圆交于点 P,过点 M 的直线平行于 NC 与 $\triangle AMC$ 的外接圆交于点 Q.类似地,过点 N 平行于 BC 的直线与 $\triangle MNC$ 的外接圆交于点 K,过点 N 平行于 MC 的直线交 $\triangle BNC$ 的外接圆于点 L.证明:

a) 点 P,Q 和 C 共线;

b) 当且仅当 $AM = BN$ 时,点 P,Q,K 和 L 共圆.

Alexander Ivanov

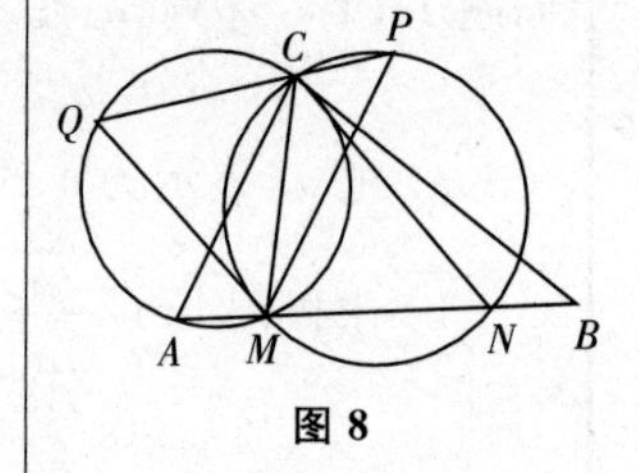

图 8

证明 a) 我们有

$$\angle QCA = \angle QMA = \angle CNA,\ \angle PCN = \angle PMN = \angle NAC$$

所以

$$\angle QCP = \angle QCA + \angle ACN + \angle NCP = \angle CNA + \angle ACN + \angle NAC = 180^\circ$$

即 P,C,Q 三点共线.

b) 设 $\angle ACM = \varphi$, $\angle NCM = \psi$. 用 R_1,R_2 分别表示 $\triangle AMC$, $\triangle MNC$ 的外接圆半径,则由正弦定理,得

$$QC = 2R_1 \sin\angle QMC = 2R_1 \sin\psi$$

$$CP = 2R_2 \sin\angle PMC = 2R_2 \sin\varphi$$

$$AM = 2R_1 \sin\varphi, BM = 2R_2 \sin\psi$$

所以 $PC \cdot CQ = 4R_1R_2 \sin\varphi \sin\psi = AM \cdot BM$.

正如在 a) 中,我们得到的点 L,C,K 共线. 同理我们得到 $CK \cdot CL = AN \cdot BN$. 因为 $\triangle MNC$ 外接圆通过点 K,C,P,直线 PQ 和 KL 不重合,所以点 P,Q,K,L 共圆,当且仅当

$$CP \cdot CQ = CL \cdot CK \Leftrightarrow AM \cdot BM = AN \cdot BN \Leftrightarrow AM = BN$$

问题 11.4 设 c 是一个正整数,$\{a_n\}_{n=1}^{\infty}$ 是一个正整数序列,满足 $a_n < a_{n+1} < a_n + c\ (n \geqslant 1)$. 一个挨着一个地写下序列的项,以这种方式得到一个无穷数字序列. 证明:对每一个正整数 M,都存在一个正整数 k,使得上面的序列第一个 k 位数字形成的数能被 M 除尽.

Alexander Ivanov

证明 M 是任意正整数,我们来证明存在序列 $\{a_n\}_{n=1}^{\infty}$ 的一个项,该项是由从 M 的右边添加若干数字得到的十进制表示. 即数

M 是序列的开端.

设 k 是满足 $a_k \leqslant M \cdot 10^l < a_{k+1} < a_k + c$ 的一个下标,其中 l 是正整数,它大于 c 的各个数字,则

$$M \cdot 10^l < a_{k+1} < M \cdot 10^l + c$$

很显然,a_{k+1} 满足上面的要求.

设 $m = 2^\alpha 5^\beta t$, $(t,10)=1$. 只需对 $m = 10^r t$,其中 $r = \max\{\alpha, \beta\}$,来证明问题的结论.

我们考虑数 $M = 1\underbrace{00\cdots 0}_{p}1\underbrace{00\cdots 0}_{p}1\cdots 1\underbrace{00\cdots 0}_{p}1\underbrace{00\cdots 0}_{q}$. 其中 $p = k\varphi(t)$,这里 $\varphi(t)$ 是 Euler 函数,k 是满足 $p > r$ 的一个正整数,$q > r$,且 1 的个数是 $t+1$. 则 M 是某些 a_k 的开端. 所以数字序列(由序列的项一个接着一个地写下而形成)看起来是这样的

$$f_1 f_2 \cdots f_r 1\underbrace{00\cdots 0}_{p}1\underbrace{00\cdots 0}_{p}1\cdots 1\underbrace{00\cdots 0}_{p}1\underbrace{00\cdots 0}_{q}\cdots$$

其中 $f_1, f_2, \cdots, f_r$ 是 a_k 前面的数字. 很明显,这取决于 $\overline{f_1 f_2 \cdots f_r 1}$ 模 t 的余数,我们可以从 M 开始添加适当的数字到 $\overline{f_1 f_2 \cdots f_r 1}$,以这种方式产生的结果数能被 $10^\alpha t$ 所整除.

问题 12.1 设 $\triangle ABC$ 是等腰三角形,满足 $AC = BC = 1$, $AB = 2x$ $(x > 0)$.

a) 把 $\triangle ABC$ 内切圆半径 r 表示为 x 的函数;

b) 求 r 的最大可能值.

Oleg Mushkarov

解 a) 由勾股定理,可知 $\triangle ABC$ 过点 C 的高等于 $\sqrt{1-x^2}$. 所以 $r = \frac{S}{p} = \frac{x\sqrt{1-x^2}}{1+x} = x\sqrt{\frac{1-x}{1+x}}$.

b) 我们来求下面函数在区间 $(0,1)$ 内的最大值

$$f(x) = \frac{x^2(1-x)}{1+x}$$

因为 $f'(x) = \frac{2x(1-x-x^2)}{(x+1)^2}$,所以 $f(x)$ 在区间 $\left(0, \frac{\sqrt{5}-1}{2}\right]$ 内是增函数,在区间 $\left[\frac{\sqrt{5}-1}{2}, 1\right)$ 内是减函数,所以 $f(x)$ 在区间 $(0, 1)$ 的最大值在点 $x = \frac{\sqrt{5}-1}{2}$ 处取得. 最大值等于 $f\left(\frac{\sqrt{5}-1}{2}\right) = \frac{5\sqrt{5}-11}{2}$. 所以 r 的最大可能值是 $\sqrt{\frac{5\sqrt{5}-11}{2}}$.

问题 12.2 $\triangle ABC$ 的边 AB 的旁切圆与直径为 BC 的圆相切,如果边 BC,CA 和 AB 的长度(按这个次序)形成一个算术级数,求 $\angle ACB$.

Oleg Mushkarov

解 如图 9,设 M 是 BC 的中点,I 是 $\triangle ABC$ 切于边 AB 的旁切圆的圆心,又设 T 是该旁切圆切于直线 BC 的切点. 在 $\triangle ABC$ 中,设 $AB=c, BC=a, CA=b, 2p=a+b+c, S=S_{\triangle ABC}$. 我们有

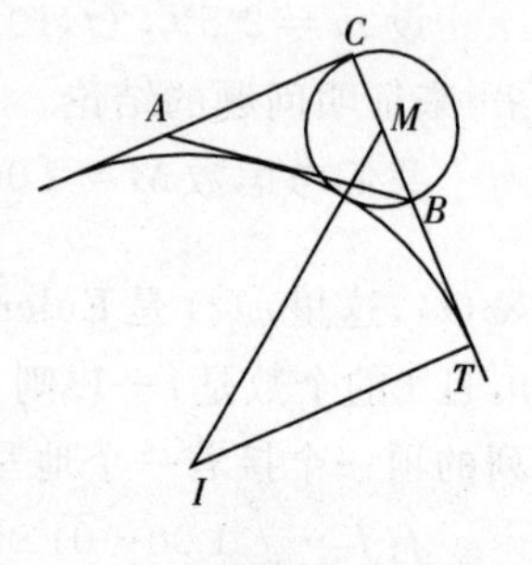

图 9

$$IM=\frac{a}{2}+r_c,\ IT=r_c,\ MT=p-\frac{a}{2}$$

由于 $BT=p-a$. 在直角三角形 $\triangle MIT$ 中

$$\left(\frac{a}{2}+r_c\right)^2=r_c^2+\left(p-\frac{a}{2}\right)^2$$

所以 $ar_c=p(p-a)$. 因为 $r_c=\dfrac{S}{p-c}$,由 Heron 公式得

$$aS=p(p-a)(p-c)=\frac{S^2}{p-b}$$

即

$$a(p-b)=S \tag{1}$$

因为 a,b,c(以这样的次序) 是等差数列,则

$$a=b-x,\ c=b+x,\ p=\frac{3}{2}b,\ p-a=\frac{b}{2}+x$$

$$p-b=\frac{b}{2},\ p-c=\frac{b}{2}-x$$

由式(1) 和 Heron 公式,得到方程

$$(b-x)^2=3\left(\frac{b^2}{4}-x^2\right)$$

该方程有唯一根 $x=\dfrac{b}{4}$. 所以 $a=\dfrac{3}{4}b$, $c=\dfrac{5}{4}b$. 所以 $a^2+b^2=c^2\Rightarrow\angle ACB=90°$.

问题 12.3 求整数序列 $\{a_n\}_{n=1}^{\infty}$ 满足 $a_n+a_{n+1}=2a_{n+2}a_{n+3}+2\,005(n\geqslant 1)$ 的个数.

Nikolai Nikolov

解 由等式 $a_n+a_{n+1}=2a_{n+2}a_{n+3}+2\,005$, $a_{n+1}+a_{n+2}=2a_{n+3}a_{n+4}+2\,005$ 相减,得

$$a_{n+2}-a_n=2a_{n+3}(a_{n+4}-a_{n+2})$$

则对 k 进行数学归纳法,可知

$$a_{n+2}-a_n=2^k a_{n+3}\cdots a_{n+2k+1}(a_{n+2k+2}-a_{n+2k})$$

于是对每一个 k,$a_{n+2}-a_n$ 都能被 2^k 整除. 即 $a_{n+2}=a_n$,所以 $a_{2n-1}=a_1$, $a_{2n}=a_2$. 由题设条件可知,$(2a_1-1)(2a_2-1)=-4\,009$. 因为 $4\,009=19\cdot 211$, $(19,211)=1$,则

$$2a_1-1=\pm 1,\pm 19,\pm 211,\pm 4\,009$$

因此,有 8 个序列具有所要求的性质.

问题 12.4 设 $a,b_1,c_1,\cdots,b_n,c_n$ 都是实数,满足对任意一个实数 x 成立:

$$x^{2n}+ax^{2n-1}+ax^{2n-2}+\cdots+ax+1=(x^2+b_1x+c_1)\cdots(x^2+b_nx+c_n)$$

证明:$c_1=c_2=\cdots=c_n=1$.

Nikolai Nikolov

证明 首先,我们来证明下面的引理:

引理 多项式 $P(z)=z^{2n}+az^{2n-1}+az^{2n-2}+\cdots+az+1$ 有至少 $2n-2$ 个复零点位于单位圆上,且不等于 ± 1.

引理的证明 因为 $P(z)$ 的非实零点是共轭复数,所以只需证明这个多项式至少有 $n-1$ 个零点在上半单位圆上. 设 $z=e^{2\theta i}$,则有

$$\frac{z^{2n}+1}{z^{2n-1}+\cdots+z}=\frac{(z^{2n}+1)(z-1)}{z(z^{2n-1}-1)}=\frac{(e^{2n\theta i}+e^{-2n\theta i})(e^{\theta i}-e^{-\theta i})}{e^{(2n-1)\theta i}-e^{-(2n-1)\theta i}}=2\cdot\frac{\cos 2n\theta\sin\theta}{\sin(2n-1)\theta}=\frac{\sin(2n+1)\theta}{\sin(2n-1)\theta}-1$$

所以我们必须证明方程

$$f(\theta)=\sin(2n+1)\theta+(a-1)\sin(2n-1)\theta=0$$

至少有 $n-1$ 个根位于区间 $\left(0,\frac{\pi}{2}\right)$内. 因为 $f(\theta_k)=0$, $\theta_k=\frac{k\pi}{2n+1}$ $(1\leqslant k\leqslant n)$. 这显然 $a=1$ 满足条件.

因为$(k-1)\pi<(2n-1)\theta_k<k\pi$. 所以$(-1)^{k-1}\sin(2n-1)\theta_k>0$. 所以 $f(\theta_k)f(\theta_{k+1})<0$ $(a\neq 1)$. 由介值定理可知,方程 $f(\theta)=0$ 在$(\theta_1,\theta_2),\cdots,(\theta_{n-1},\theta_n)$ 中的每一个区间至少有一个根. 这就完成了引理的证明.

因为多项式 $P(z)$ 的系数是实数,其非实零点是共轭的. 由引理可知,至少有 $n-1$ 对零点,记为 $\alpha_1,\overline{\alpha_1},\cdots,\alpha_{n-1},\overline{\alpha_{n-1}}$. 假设

$$x^2+b_1x+c_1=(x-\alpha_1)(x-\overline{\alpha_1})$$

$$\vdots$$

$$x^2+b_{n-1}x+c_{n-1}=(x-\alpha_{n-1})(x-\overline{\alpha_{n-1}})$$

因为 $|\alpha_1|^2=\cdots=|\alpha_{n-1}|^2=1$，所以 $c_1=\cdots=c_{n-1}=1$. 所以 $c_n=1$.

备注 如果上面的多项式 $P(z)$ 至多有两个实零点 x_1,x_2（可能 $x_1=x_2$），且 $x_1x_2=1$. 则可以证明下列结论

a) 如果 $a>2$，则 $x_1<-1$，$x_2\in(-1,0)$；

b) 如果 $a=2$，则 $x_1=x_2=-1$；

c) 如果 $a<-\dfrac{2}{2n-1}$，则 $x_1>1$，$x_2\in(0,1)$；

d) 如果 $a=-\dfrac{2}{2n-1}$，则 $x_1=x_2=1$；

e) 如果 $a\in\left(-\dfrac{2}{2n-1},2\right)$，则多项式 $P(z)$ 没有实根. 在这种情况下，它有一个零点 $z=e^{2\theta i}$. 其中当 $a\in\left(-\dfrac{2}{2n-1},1\right)$ 时，$\theta\in(0,\theta_1)$；当 $a\in(1,2)$ 时，$\theta\in\left(\theta_n,\dfrac{\pi}{2}\right)$.

2005 年国家奥林匹克地区轮回赛

问题 9.1 使得多项式 x^4-3ax^3+ax+b 除以多项式 x^2-1 的余项等于 $(a^2+1)x+3b^2$，求所有实数 a 和 b 的值.

Peter Boyvalenkov

解 由题设条件可知，存在一个次数为 2 的多项式 $q(x)$，满足

$x^4-3ax^3+ax+b=q(x)(x^2-1)+(a^2+1)x+3b^2$

令 $x=1,-1$，得到方程组

$$\begin{cases}a^2+3b^2+2a-b=0\\a^2-3b^2+2a+b+2=0\end{cases}$$

解得 $a=-1$，$b=\dfrac{1\pm\sqrt{13}}{6}$. 直接验证表明是问题的解.

问题 9.2 在一个给定的角内，两个圆心分别为 O_1 和 O_2 的圆相切，并切于角的两边. 证明：如果圆心在线段 O_1O_2 上的第三个圆切于角的两边，且该圆过点 O_1 和 O_2 之一，则它必过另一点.

Peter Boyvalenkov

证明 如图 1，用 $k_1(O_1,r)$，$k_2(O_2,R)$，$k(O,x)$ 表示三个圆，其中 $r<x<R$. 设 A,B,C 分别表示从圆心 O_1,O,O_2 到角 $\angle Opq$ 的一边 p 引出的三个垂足. 设 l 是过点 O_1 平行于 p 的直线分别交 OB，O_2C 于点 M,N，则

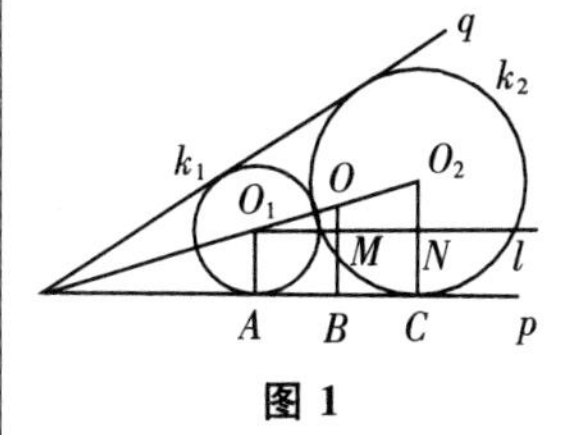

图 1

$$\triangle O_1OM\backsim\triangle O_1O_2N\Rightarrow\frac{OO_1}{O_1O_2}=\frac{OM}{O_2N}$$

所以

$$OM=OB-BM=OB-O_1A=x-r$$

$$O_1O_2=r+R$$

$$O_2N=O_2C-CN=O_2C-O_1A=R-r$$

如果圆 k 过点 O_1，则 $OO_1=x$，得到方程

$$\frac{x}{R+r}=\frac{x-r}{R-r}\Rightarrow x=\frac{r+R}{2}$$

如果圆 k 过点 O_2，则 $OO_1=R+r-x$，得到方程

$$\frac{R+r-x}{R+r}=\frac{x-r}{R-r}\Rightarrow x=\frac{r+R}{2}$$

上面两种情况都说明 O 是 O_1O_2 的中点，且圆 k 过点 O_1，O_2.

问题 9.3 设 a，b 是整数，k 是一个正整数. 证明：如果 x 和 y 是相邻的整数，且满足 $a^kx-b^ky=a-b$，则 $|a-b|$ 是一个完全的 k 次幂.

Peter Boyvalenkov

解 设数对 $(x,x+1)$ 是方程的解，则

$$a-b=a^kx-b^k(x+1)\Leftrightarrow b^k=(a-b)[x(a^{k-1}+a^{k-2}b+\cdots+ab^{k-2}+b^{k-1})-1]$$

假设 $a-b$，$x(a^{k-1}+a^{k-2}b+\cdots+ab^{k-2}+b^{k-1})-1$ 有公共质因数 p，则 p 整除 b^k，即 p 整除 b. 但 p 也整除 $a-b$，所以 p 整除 a. 由于 p 整除 $x(a^{k-1}+a^{k-2}b+\cdots+ab^{k-2}+b^{k-1})-1$，所以，$p$ 整除 1，矛盾. 所以 $a-b$，$x(a^{k-1}+a^{k-2}b+\cdots+ab^{k-2}+b^{k-1})-1$ 是互质的. 这就意味着，它们当中的每一个全是 k 次幂（直至负号）. 特别地，$|a-b|$ 是完全 k 次幂. $(x+1,x)$ 是解的情况，同理可得.

问题 9.4 求所有使得方程 $|x^2-px-2q+1|=p-1$ 有四个满足 $x_1^2+x_2^2+x_3^2+x_4^2=20$ 的实根 x_1，x_2，x_3 和 x_4 实数 p 的值.

Ivailo Kortezov

解 答案是 $p=2$.

条件 $p>1$ 是必要的（但不充分）. 对于 4 个根的存在性，考虑两种情况.

情况 1 如果 $x^2-px-2q+1=p-1\Leftrightarrow x^2-px-3p+2=0$，则由 Vieta 定理，得

$$x_1^2+x_2^2=p^2-2(2-3p)=p^2+6p-4$$

情况 2 如果 $x^2-px-2q+1=1-p\Leftrightarrow x^2-px-p=0$，则由 Vieta 定理，得

$$x_3^2+x_4^2=p^2+2q$$

题设条件变成

$$x_1^2+x_2^2+x_3^2+x_4^2=20\Leftrightarrow 2p^2+8p-4=20\Leftrightarrow p^2+4p-12=0$$

于是 $p=2$ 或 -6. 第二个值不满足条件 $p>1$. 对 $p=2$，可以直接验证有四个实根.

问题 9.4 设 $ABCD$ 是圆 k 的内接四边形，射线 DA 和 CB 交于点 N，直线 NT 与圆 k 相切于点 T，对角线 AC 和 BD 相交于 $\triangle NTD$ 的重心 P，求比值 $NT:AP$.

Ivailo Kortezov

解 由题设条件可知,点 T 位于弧$\overset{\frown}{BC}$上.设$M=NT\cap DP$是 NT 的中点(图 2),则

$$MB\cdot MD=MT^2=MN^2$$

从而

$$\frac{MB}{MN}=\frac{MN}{MD}\Rightarrow\triangle NMB\backsim\triangle DMN$$

所以$\angle MNB=\angle MDN=\angle NCA\Rightarrow NT\parallel AC$.所以$\frac{NT}{AP}=\frac{2NM}{AP}=\frac{2MD}{PD}=3$.

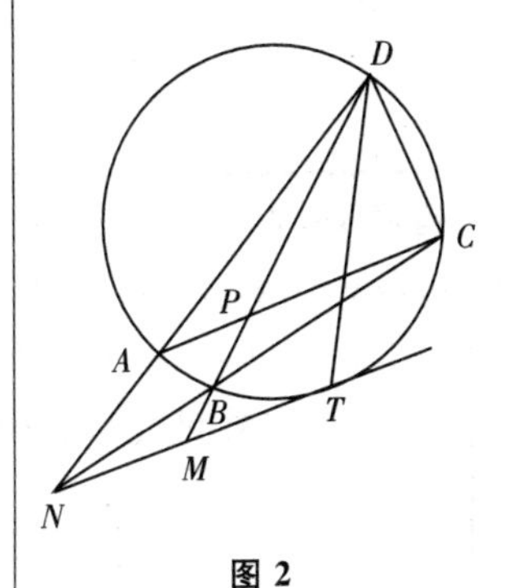

图 2

问题 9.6 有一种五个人玩的卡片游戏,在一组 25 人中所有人都喜欢玩这种游戏.如果没有两个玩家允许同时表演超过 1 次,求可以表演的游戏的最大可能数.

Ivailo Kortezov

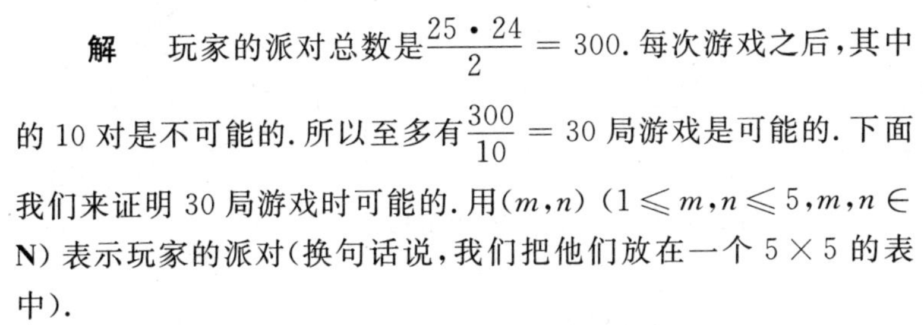

解 玩家的派对总数是$\frac{25\cdot 24}{2}=300$.每次游戏之后,其中的 10 对是不可能的.所以至多有$\frac{300}{10}=30$局游戏是可能的.下面我们来证明 30 局游戏时可能的.用(m,n) $(1\leqslant m,n\leqslant 5,m,n\in\mathbf{N})$ 表示玩家的派对(换句话说,我们把他们放在一个 5×5 的表中).

在游戏 i $(1\leqslant i\leqslant 5)$ 中,用 $m=i$ 来设置 5 对(即来自表的第 i 行).在游戏 $6+5k+i$ $(0\leqslant i,k\leqslant 4)$,我们设置派对$(m,n)$,满足 $mk+n$ 是 i 模 5 同余.很明显,对任何固定的 k,i,m,存在唯一的 n,满足 $mk+n\equiv i(\bmod 5)$.这样,在每一行我们有一个派对,即该派对是前 5 局游戏中不参加的 5 个.对每两个派对(m,n),(m',n') $(m'\neq m)$,数 $k(m-m')$ $(k=0,1,2,3,4)$,给出了模 5 之后不同的余数.因此存在唯一的 k,满足 $k(m-m')\equiv n-n'(\bmod 5)$.等价地,$km-n$,$km'-n'$ 与 i 模 5 有相同的余数,且 k,i 唯一确定游戏(在其中派对(m,n),(m',n') 参加游戏).

问题 10.1 解方程组

$$\begin{cases}3\cdot 4^x+2^{x+1}\cdot 3^y-9^y=0\\2\cdot 4^x-5\cdot 2^x\cdot 3^y+9^y=-8\end{cases}$$

Ivan Landjev

解 设 $u=2^x>0,v=3^y>0$,则方程组可化简为

$$\begin{cases}3u^2+2uv-v^2=0\\2u^2-5uv+v^2=-8\end{cases}$$

由第一个方程可得，$u=-v$ 或 $3u=v$. 因为 u,v 是正数，所以 $u=-v$ 不合题意. 将 $v=3u$ 代入第二个方程，得 $u^2=2$，所以 $u=\sqrt{2}$，$v=3\sqrt{2}$，所以 $x=\frac{1}{2}$，$y=1+\frac{1}{2}\log_3 2$.

问题 10.2 给定一个四边形 $ABCD$，设 $AB=a$，$BC=b$，$CD=c$，$DA=d$，$AC=e$，$BD=f$. 证明：

a) $a^2+b^2+c^2+d^2\geqslant e^2+f^2$；

b) 如果四边形 $ABCD$ 的顶点是共圆的，则 $|a-c|\geqslant|e-f|$.

Stoyan Atanassov

证明 a) 如图 3，设 M，N 分别是 AC，BD 的中点. 对 $\triangle BMD$ 应用中线公式，有

$$MN^2=\frac{2MB^2+2MD^2-f^2}{4}$$

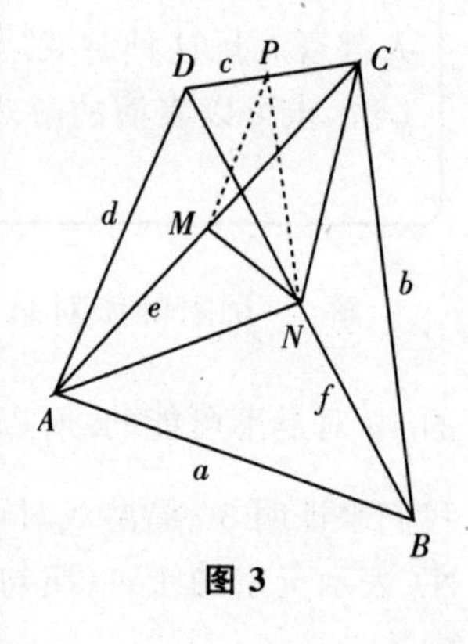

图 3

类似地，还有

$$MB^2=\frac{2a^2+2b^2-e^2}{4},MD^2=\frac{2c^2+2d^2-e^2}{4}$$

所以，$0\leqslant 4MN^2=a^2+b^2+c^2+d^2-e^2-f^2$.

b) 由 Ptolemy 定理，得 $ac+bd=ef$，所以 a) 中的恒等式可以写成

$$(a-c)^2+(b-d)^2=(e-f)^2+4MN^2$$

为证明所要求的不等式，只需证明不等式

$$(b-d)^2\leqslant 4MN^2$$

这可由 $\triangle MNP$ 的三角不等式求得，其中 P 是 CD 的中点.

问题 10.3 求所有满足 $[m^2+mn,mn-n^2]+[m-n,mn]=2^{2\,005}$ 的正整数对 $(m,n)(m>n)$，其中 $[a,b]$ 表示 a 和 b 的最小公倍数.

Ivan Landjev

解 给定方程的左边是 m，n 与 $m-n$ 的乘积. 所以存在某些非负整数 a,b,c 使 $m=2^a$，$n=2^b$，$m-n=2^c$，其中 $a>b$.

显然 $2^b(2^{a-b}-1)=2^c\Rightarrow a-b=1\Rightarrow b=a-1$. 原方程可化简为

$$[2^{2a}+2^{2a-1},2^{2a-1}-2^{2a-2}]+[2^a-2^{a-1},2^{2a-1}]=$$
$$2^{2a-1}+3\cdot 2^{2a-1}=2^{2a+1}=2^{2\,005}$$

所以 $a=1\,002$，$m=2^{1\,002}$，$n=2^{1\,001}$.

问题 10.4 求所有实数 a 的值,使方程 $3(5x^2-a^4)-2x=2a^2(6x-1)$ 的根数不超过方程 $2x^3+6x=(3^{6a}-9)\sqrt{2^{8a}-\frac{1}{6}}-(3a-1)^2 12^x$ 的根数.

Ivan Landjev

解 第一个二次方程的判别式 $\Delta=(9a^2-1)^2$. 所以当 $a\neq\pm\frac{1}{3}$ 时,方程有两个不同的解. 当 $a=\pm\frac{1}{3}$ 时,方程只有一个解.

因为函数 $f(x)=2x^3+6x+(3a-1)^2 12^x$ 是严格增函数,所以第二个方程至多有一个解. 当 $a=\frac{1}{3}$ 时,有解 $x=0$. 但对 $a=-\frac{1}{3}$ 无定义. 综上所述,满足条件的 a 只有一个值,即 $a=\frac{1}{3}$.

问题 10.5 设 H 是 $\triangle ABC$ 的垂心,M 是边 AB 的中点,H_1 和 H_2 分别表示从点 H 到 $\angle ACB$ 的内外平分线的垂足. 证明:点 H_1,H_2 和 M 共线.

Stoyan Atanassov

证明 如图 4,用 D,E 分别表示 $\triangle ABC$ 从顶点 A,B 引垂线的垂足. 四边形 $HDCE$ 内接于以 CH 为直径的圆. H_1,H_2 是两个弧 $\overset{\frown}{DE}$ 的中点. 因为 CH_1,CH_2 分别是 $\angle ACB$ 的内外角平分线. 所以,直线 H_1H_2 是线段 DE 的中垂线. 又因为四边形 $ABDE$ 也内接于圆,其直径是 AB,所以 $\overset{\frown}{DE}$ 的中垂线过 $ABDE$ 内接圆的中心 M.

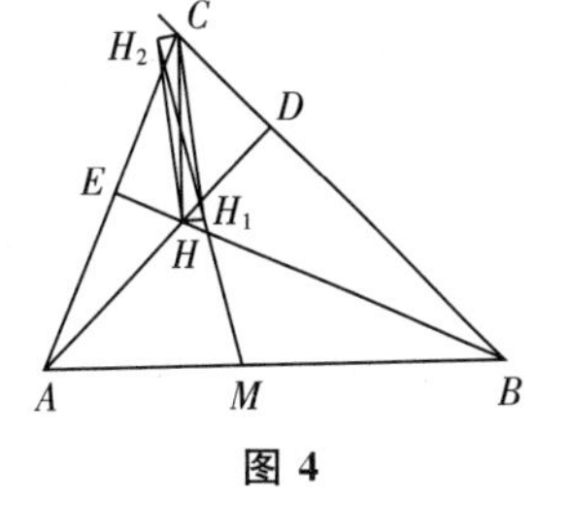

图 4

问题 10.6 求具有下列性质的 A 的最大可能数.

如果数 1,2,…,100 按任意方式排列,则存在 50 个连续的数,其和不小于 A.

Ivan Landjev

解 设 $x_1,x_2,\cdots,x_{1\,000}$ 是数列 $1,2,\cdots,1\,000$ 的任意一个排列. 又设

$$S_1=x_1+x_2+\cdots+x_{50},\cdots,S_{20}=x_{951}+x_{952}+\cdots+x_{1\,000}$$

因为 $S_1+S_2+\cdots+S_{20}=500\,500$,所以 $S_i\geqslant\frac{500\,500}{20}=25\,025$ 对至少有一个下标 i 成立. 同时,如果数 B 具有所要求的性质,则 $B\leqslant 25\,025$. 为此,考虑排列

$$1\,000,1,999,2,\cdots,501,500$$

并在其中任意连续地取 50 个数. 如果前面的数大于 500,则这 50 个数的和是 25 025,否则是 25 000. 因此 $A=25\,025$.

问题 11.1 求使方程 $a(\sin 2x+1)+1=(a-3)(\sin x+\cos x)$ 有一个解的实数 a 的所有值.

Emil Kolev

解 给定的方程等价于

$$2ay^2-\sqrt{2}(a-3)y+1=0 \tag{1}$$

其中 $y=\frac{\sqrt{2}}{2}(\sin x+\cos x)=\sin(x+45°)\in[-1,1]$.

当且仅当(1) 在区间$[-1,1]$ 内有一个解时,它有解.

当 $a=0$ 时,方程(1) 是一元一次方程,其根是 $y=-\frac{\sqrt{2}}{6}\in[-1,1]$.

设 $a\neq 0, f(y)=2ay^2-\sqrt{2}(a-3)y+1$, 令 $f(1)=0$, $f(-1)=0$, 分别得到 $a_1=-\frac{7\sqrt{2}+8}{2}, a_2=\frac{7\sqrt{2}-8}{2}$.

当且仅当 $f(-1)f(1)<0$ 时,二次多项式 $f(y)$ 在区间$(-1,1)$ 内有解. 所以 $a\in\left(-\frac{7\sqrt{2}+8}{2},0\right)\cup\left(0,\frac{7\sqrt{2}-8}{2}\right)$.

进一步地,当且仅当

$$\begin{cases}af(-1)>0\\ af(1)>0\\ \Delta=2a^2-20a+18\geqslant 0\Leftrightarrow\\ -1<\frac{\sqrt{2}(a-3)}{4a}<1\end{cases}$$

$$\begin{cases}a\in(-\infty,0)\cup\left(\frac{7\sqrt{2}-8}{2},+\infty\right)\\ a\in\left(-\infty,-\frac{7\sqrt{2}+8}{2}\right)\cup(0,+\infty)\\ a\in(-\infty,1]\cup[9,+\infty)\\ a\in\left(-\infty,-\frac{3+6\sqrt{2}}{7}\right)\cup\left(\frac{6\sqrt{2}-3}{7},+\infty\right)\end{cases}$$

$f(y)$ 在区间$(-1,1)$ 内有两个解.

所以 $a\in\left(-\infty,-\frac{7\sqrt{2}-8}{2}\right)\cup\left(\frac{7\sqrt{2}-8}{2},1\right]\cup[9,+\infty)$.

考虑上面这些情况,最终我们得到 $a\in(-\infty,1]\cup[9,+\infty)$.

另解 当且仅当 $a\in(-\infty,1]\cup[9,+\infty)$ 时,$f(y)$ 的判别式非负.

当 $a\leqslant 1$ 时,有 $f(0)=1>0$, $f\left(-\frac{1}{\sqrt{2}}\right)=2a-2\leqslant 0$. 所以

方程 $f(y)=0$ 在区间 $\left(-\frac{1}{\sqrt{2}},0\right)\cup(-1,1)$ 内有一个根.

当 $a\geqslant 9$ 时,有 $f(0)=1>0$, $f\left(\frac{1}{3\sqrt{2}}\right)=\frac{2(9-a)}{9}\leqslant 0$. 所以方程 $f(y)=0$ 在区间 $\left(0,\frac{1}{3\sqrt{2}}\right)\cup(-1,1)$ 内有一个根.

因此,当且仅当 $a\in(-\infty,1]\cup[9,+\infty)$ 时,给定方程有解.

问题 11.2 如图 5,设 A_1,B_1,C_1 分别是面积为 1 的锐角 $\triangle ABC$ 的边 BC,CA 和 AB 上的一点,且 $\angle CC_1B=\angle AA_1C=\angle BB_1A=\varphi$,其中 φ 是锐角. 线段 AA_1,BB_1 和 CC_1 相交于点 M,N 和 P.

a) 证明:$\triangle MNP$ 的外接圆的圆心与 $\triangle ABC$ 的垂心重合;

b) 如果 $S_{\triangle MNP}=2-\sqrt{3}$,求 φ.

Emil Kolev

解 a) 设 $AA_1\cap BB_1=M,BB_1\cap CC_1=N,CC_1=AA_1=P$. 有

$$\angle PMN=\varphi-\angle B_1BC=\varphi-(\varphi-\gamma)=\gamma$$

类似可得

$$\angle MNP=\alpha,\ \angle NPM=\beta\Rightarrow\triangle NPM\backsim\triangle ABC$$

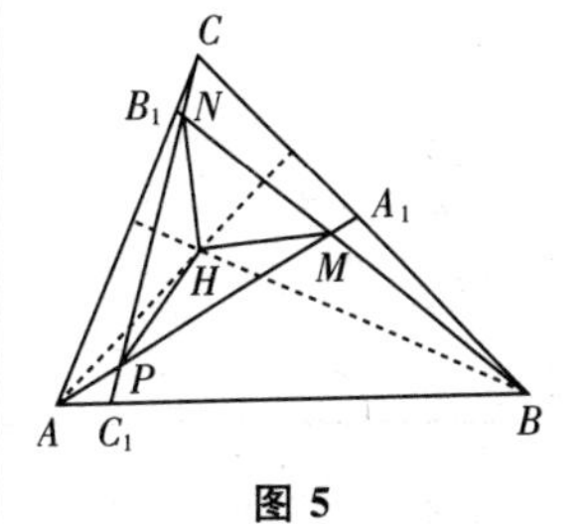

图 5

设点 H 是 $\triangle ABC$ 的垂心,则等式 $\angle HCC_1=\angle HBB_1=\angle HAA_1=90^\circ-\varphi$,说明四边形 $ABMH,BCNH,ACHP$ 都共圆. 所以

$$\angle HMA=\angle HBA=90^\circ-\alpha$$

$$\angle HPM=180^\circ-\angle APH=\angle ACH=90^\circ-\alpha$$

所以 H 是 $\triangle MNP$ 外接圆的圆心.

b) 我们已经证明了点 A,B,M,H 共圆. 由正弦定理,得

$$\frac{MH}{\sin(90^\circ-\varphi)}=\frac{c}{\sin(180^\circ-\gamma)}\Rightarrow MH=2R\cos\varphi$$

因为 MH 是 $\triangle MNP$ 的外接圆半径,所以有

$$2-\sqrt{3}=\frac{S_{\triangle MNP}}{S_{\triangle ABC}}=\frac{MH^2}{R^2}=4\cos^2\varphi\Leftrightarrow 2\cos 2\varphi=-\sqrt{3}$$

因为 $0<2\varphi<180^\circ$,得到 $2\varphi=150^\circ\Rightarrow\varphi=75^\circ$.

问题 11.3 设 n 是一个固定的正整数,正整数 a,b,c 和 d 小于或等于 n,d 是其中最大的一个,它们满足等式 $(ab+cd)(bc+ad)(ac+bd)=(d-a)^2(d-b)^2(d-c)^2$.

a) 证明:$d=a+b+c$;

b) 求四元组 (a,b,c,d) 一定具有的性质.

Alexander Ivanov

解 a) 直接验证说明,当 $a+b+c=d$ 时,是满足条件的.假设 $a+b+c>d$,则易知 $ab+cd>(d-a)(d-b)$.同理可得

$$bc+ad>(d-b)(d-c),\ ac+bd>(d-a)(d-c)$$

将这三个不等式相乘,得出一个矛盾.当 $a+b+c<d$,类似地引出一个矛盾.所以 $d=a+b+c$.

b) 对于固定的 d,有 $3\leqslant d\leqslant n$ 成立.所以方程 $d=a+b+c$ 有 $\binom{d-1}{2}=\frac{(d-1)(d-2)}{2}$ 个解(这是可以证明的.连续地写出 d 个 1,则解的个数等于在序列中放置两个分隔线的方法数.如 $111\mid 11\cdots 11\mid 1$ 对应于 $a=3,b=d-4,c=1$).

这个公式对 $d=1,2$ 也成立.因为在这些情况下,方程无解.

余下的,我们来计算

$$\sum_{d=1}^{n}\frac{(d-1)(d-2)}{2}=\frac{1}{2}\sum_{d=1}^{n}d^2-\frac{3}{2}\sum_{d=1}^{n}d+n=$$
$$\frac{1}{2}\cdot\frac{n(n+1)(2n+1)}{6}-\frac{3}{2}\cdot\frac{n(n+1)}{2}+n=$$
$$\frac{1}{6}n(n-1)(n-2)$$

问题 11.4 求实数 a 的所有值,使得方程 $\log_{ax}(3^x+4^x)=\log_{(ax)^2}[7^2(4^x-3^x)]+\log_{(ax)^3}8^{x-1}$ 有一个解.

Emil Kolev

解 因为 $ax>0$, $4^x-3^x>0$,所以 $a>0,x>0$.

当 $a>0,x>0$, $ax\neq 1$ 时,原方程等价于

$$3^x+4^x=7\cdot 2^{x-1}\sqrt{4^x-3^x}\Leftrightarrow 45\cdot\left(\frac{4}{3}\right)^{2x}-57\cdot\left(\frac{4}{3}\right)^{x}-4=0$$

设 $y=\left(\frac{4}{3}\right)^x>0$,则方程可化简为 $45y^2-57y-4=0\Rightarrow y_1=\frac{4}{3}$, $y_2=-\frac{1}{15}$(负值舍去).所以 $x=1$.条件 $ax\neq 1$ 表明 $a\neq 1$.所以所要求的 a 的值为 $a\in(0,+\infty)\setminus\{1\}$.

问题 11.5 设 $\triangle ABC$ 的角 $\angle BAC$, $\angle ABC$, $\angle ACB$ 的平分线与其外接圆分别交于点 A_1, B_1 和 C_1,边 AB 分别与 C_1B_1 和 C_1A_1 相交于点 M 和 N,边 BC 分别与 A_1C_1 和 A_1B_1 相交于点 P 和 Q,边 AC 分别与直线 B_1A_1 和 B_1C_1 相交于点 R 和 S.求证:

a) $\triangle CRQ$ 过点 R 的高等于 $\triangle ABC$ 内切圆的半径;

b) 直线 MQ, NR 和 SP 交于一点.

Alexander Ivanov

证明　a) 如图 6, 如果 RT 是 $\triangle CRQ$ 的高, 则 $RT = CR \cdot \sin\gamma$. 对 $\triangle B_1RC$, 使用正弦定理, 得

$$CR = \frac{B_1C\sin\frac{\alpha}{2}}{\cos\frac{\gamma}{2}} = \frac{2R\sin\frac{\beta}{2}\sin\frac{\alpha}{2}}{\cos\frac{\gamma}{2}}$$

其中 R 是 $\triangle ABC$ 外接圆的半径. 所以

$$RT = 4R\sin\frac{\alpha}{2}\sin\frac{\beta}{2}\sin\frac{\gamma}{2} = r$$

其中 r 是 $\triangle ABC$ 内切圆的半径.

b) 正如在 a) 中我们得到 $\triangle BNP$ 的高线过点 N, 且等于 r. 所以直线 NR 和 BC 是平行的, 且它们之间的距离等于 r. 所以 $I \in NR$, I 是 $\triangle ABC$ 的内心.

同样的结论表明 $I \in MQ$, $I \in SR$.

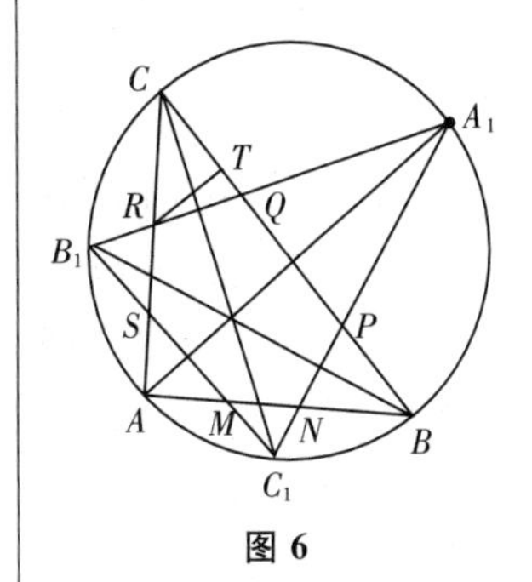

图 6

问题 11.6　证明: 一个正二十六边形任意的 9 个顶点之中, 有三个顶点组成一个等腰三角形, 是否存在 8 个顶点满足其中没有三个是一个等腰三角形的顶点.

Alexander Ivanov

证明　我们首先证明下面的引理.

引理　一个十三边形的任意 5 个顶点, 存在一个使用其中顶点的等腰三角形.

引理的证明　设 5 个点来自一个凸五边形 $ABCDE$. 我们首先考虑, 存在五边形 $ABCDE$ 的某些顶点, 确定两对平行线的情况. 则有下列可能:

(1) 五边形 $ABCDE$ 的两对边平行, 设 $AE \parallel CD$ 和 $BC \parallel DE$. 则我们有

$\angle AED = \angle BCD$ 或 $\angle AED = 180^\circ - \angle BCD$ 即 $\sin\angle AED = \sin\angle BCD$. 因此

$$AD = 2R\sin\angle AED = 2R\sin\angle BCD = BD$$

所以 $\triangle ABD$ 是等腰三角形.

(2) 五边形 $ABCDE$ 的两条对角线分别平行于两条边. 为不失一般性, 假设 $AB \parallel CE$. 如果 $AC \parallel DE$, 与(1) 的方法类似, 我们推出 $BC = CD$. 如果 $AD \parallel BC$, 则 $EB = BD$. $BE \parallel CD$ 和 $BD \parallel AE$ 的情况是类似的.

(3) 五边形 $ABCDE$ 的一条对角线平行于它的边, 且五边形 $ABCDE$ 的一组对边平行. 为不失一般性, 假设 $AB \parallel CE$. 因为 AE 不平行于 BC(否则, $ABCDE$ 是一个矩形, 其顶点在一个正 13 边形的顶点中). 可以假设 $DE \parallel BC$, 则 $DC = CA$.

现假定由五边形 $ABCDE$ 的某些顶点确定至多一对平行线.

因为 $ABCDE$ 的顶点确定了 10 条直线，其中至少有 9 条互相不平行. 考虑这些线确定的 9 对顶点. 每这样一对是一个基本等腰三角形，其第 3 个顶点是 13 边形的一个顶点. 因为没有两个边是平行的，所以所有这样的第三个顶点是不同的. 因此这 9 个顶点中至少有一个是五边形 $ABCDE$ 的一个顶点. 这就证明了所要求的等腰三角形的存在性，完成了引理的证明.

正二十六边形是由两个不相交的正十三边形组成的. 如果我们选择了其中 9 个顶点，则其中至少有 5 个是这些十三边形的顶点. 则由引理可知，存在一个等腰三角形，其顶点是这个十三边形的顶点.

最后，我们得到存在 8 个顶点满足其中没有三个是一个等腰三角形的顶点. 例如，如果用 1 到 26 标记这些顶点，则我们选择顶点 1,2,4,5,10,11,13,14.

问题 12.1 证明：如果 a，b 和 c 是整数，满足表达式
$$\frac{a(a-b)+b(b-c)+c(c-a)}{2}$$
是一个完全平方数，则 $a=b=c$.

Oleg Mushkarov

证明 设 $\frac{a(a-b)+b(b-c)+c(c-a)}{2}=d^2$，其中 d 是整数，$x=a-b$，$y=b-c$，$z=c-a$，则有
$$x+y+z=0,\ x^2+y^2+z^2=4d^2 \tag{1}$$

因为任何平方模 4 的余数都是 0 或 1，由等式(1) 可知，整数 x，y，z 都是偶数.

设 $x=2x_1$，$y=2y_1$，$z=2z_1$，则等式(1) 变成
$$x_1+y_1+z_1=0,\ x_1^2+y_1^2+z_1^2=d^2$$

与上面的结论相同，我们得到 x_1，y_1，z_1，d 都是偶数. 重复这个过程，我们得到，2^n（n 是正整数）整除 x，y，z. 所以 $x=y=z=0$，即 $a=b=c$.

问题 12.2 求实数 a 和 b 的所有值，使得函数 $y=x^3+ax+b$ 的图像与坐标轴有三个公共点，且这三个点是一个直角三角形的顶点.

Nikolai Nikolov

解 题中的第一个条件等价于方程 $x^3+ax+b=0$ 有二重实根 $x_1\neq 0$ 和单重根 $x_2\neq 0$，其中 $x_1\neq x_2$. 因此
$$x^3+ax+b=(x-x_1)^2(x-x_2)$$

另外,我们有 $\angle ACB=90°$,其中 $A=(x_1,0)$,$B=(x_2,0)$,$C=(0,b)$ 且 $x_1x_2<0$. 所以 $AO\cdot BO=CO^2\Rightarrow -x_1x_2=b^2$. 因为 $b=-x_1^2x_2$,$x_1x_2\neq 0$,所以 $x_1^3x_2=-1$. 又因为 $2x_1+x_2=0$,所以 $2x_1=-x_2=\frac{1}{x_1^3}\Rightarrow x_1=\pm\frac{1}{\sqrt[4]{2}}$,$x_2=\mp\sqrt[4]{8}$,则

$$a=x_1^2+2x_1x_2=-\frac{3}{\sqrt{2}},\ b=-x_1^2x_2=\pm\sqrt[4]{4}$$

上面的结论说明,b 的两个值实际上就是问题解.

问题 12.3 设 $ABCD$ 是一个凸四边形,已知点 D 在直线 BC 和 BA 上的投影分别是 A_1 和 C_1,线段 A_1C_1 与对角线 AC 交于一个内点 B_1,且满足 $DB_1\geqslant DA_1$. 证明:当且仅当 $\frac{BC}{DA_1}+\frac{BA}{DC_1}=\frac{AC}{DB_1}$ 时,四边形 $ABCD$ 的 4 个顶点共圆.

Nikolai Nikolov

证明 如图 7,设四边形 $ABCD$ 顶点共圆,则对 $\triangle ABC$ 应用 Simson 定理,有 $DB_1\perp AC$. 所以 $\angle B_1C_1D=\angle B_1AD=\angle CBD$,$\angle B_1DC_1=\angle B_1AC_1=\angle CDB$. 因此 $\triangle B_1C_1D\backsim\triangle CBD$. 同理可证 $\triangle B_1A_1D\backsim\triangle ABD$. 于是

$$DA:DB:DC:=\frac{1}{DA_1}:\frac{1}{DB_1}:\frac{1}{DC_1}$$

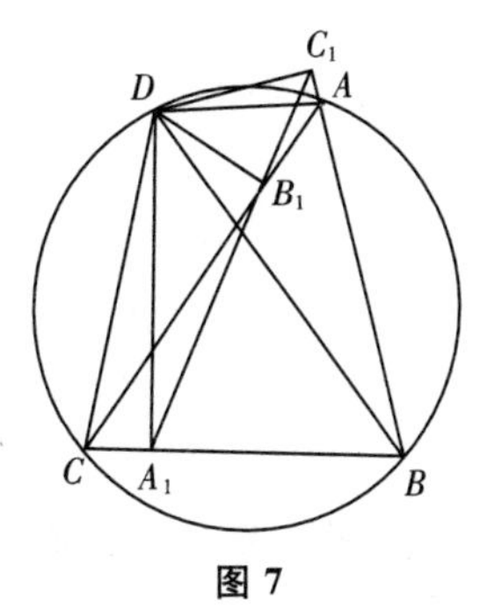

图 7

由此及对四边形 $ABCD$ 应用 Ptolemy 定理,有

$$\frac{BC}{DA_1}+\frac{BA}{DC_1}=\frac{AC}{DB_1}\tag{1}$$

反之,假设等式(1) 成立. 设 $x=\frac{DB_1}{DA_1}$,$y=\frac{DB_1}{DC_1}$. 等式(1) 两边平方,并对 $\triangle ABC$ 应用余弦定理,我们得到比值 $\frac{BA}{BC}$ 是下面方程的一个根

$$(y^2-1)t^2+2(xy+\cos\angle ABC)t+x^2-1=0\tag{2}$$

因为点 B_1 位于线段 A_1C_1 上,则由不等式 $DB_1\geqslant DA_1$,得 $DB_1<DC_1$. 所以 $x\geqslant 1$,$0<y<1$. 这就说明方程(2) 至多有一个正根.

另一方面,知点 C_1,A_1 分别位于射线 BA,BC 上,且该线通过点 B_1,垂直于 DB_1 与两条射线相交,设交点分别为 A',C',则由 Simson 逆定理可知,凸四边形 $A'BC'D$ 顶点共圆,所以等式(1) 满足四边形 $A'BC'D$,即 $\frac{BA'}{BC'}$ 是方程(2) 的一个根. 所以 $\frac{BA}{BC}=\frac{BA'}{BC'}$,即 $AC\parallel A'C'$. 但直线 AC 和 $A'C'$ 有一个公共点 B_1,所以 $A=A'$,

$C=C'$.

备注 我们使用条件 $DB_1\geqslant DA_1$ 仅证明了条件(1)是充分的.

问题 12.4 点 K 是立方体 $ABCDA_1B_1C_1D_1$ 棱 AB 上的一点，满足直线 A_1B 和平面 B_1CK 夹的角为 $60°$. 求 $\tan\alpha$，其中 α 是平面 B_1CK 和平面 ABC 的夹角.

Oleg Mushkarov

解 假设立方体的棱长为 1. 如图 8，设 $M=A_1B\cap KB_1$，$KB=x$. 因为 $\triangle KBM\backsim\triangle A_1MB_1\Rightarrow\frac{MB}{A_1M}=x$. 因为 $A_1M+MB=\sqrt{2}$，所以 $MB=\frac{\sqrt{2}x}{x+1}$. 设四面体 $KBCB_1$ 的体积为 V，则

$$V=\frac{1}{3}BB_1\cdot S_{\triangle KBC}=\frac{x}{6}\tag{1}$$

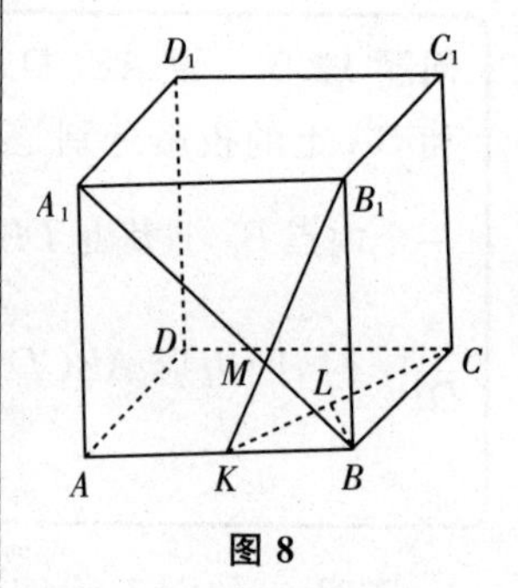

图 8

另一方面，过点 B 的四面体 $KBCB_1$ 的高为 $h=BM\sin 60°=\frac{\sqrt{6}x}{2(x+1)}$. 因为

$$B_1K=CK=\sqrt{x^2+1},\ B_1C=\sqrt{2}，则\ S_{\triangle B_1KC}=\frac{\sqrt{2x^2+1}}{2}$$

所以

$$V=\frac{1}{3}h\cdot S_{B_1KC}=\frac{x\sqrt{6(2x^2+1)}}{12(x+1)}$$

由此及等式(1)，有

$$\frac{x}{6}=\frac{x\sqrt{6(2x^2+1)}}{12(x+1)}\Rightarrow x=\frac{1}{2}$$

由点 B 向 KC 做垂线，其垂足设为点 L，则 $KC\perp BL$，$KC\perp BB_1\Rightarrow KC\perp B_1L$. 设 $\angle B_1LB=\alpha$，由 $\triangle KBC$ 得 $BL=\frac{1}{\sqrt{5}}$，所以 $\tan\alpha=\sqrt{5}$.

问题 12.5 证明：任何面积为$\sqrt{3}$ 的三角形，都可以放入一个宽度为$\sqrt{3}$ 的无限长的带子中.

证明 假设从宽度为$\sqrt{3}$ 的无限长带子中，不可能剪出一个面积为$\sqrt{3}$ 的三角形 T，则很明显三角形 T 的高大于$\sqrt{3}$，因此三角形 T 的边不超过 2.

设 α 是 T 的最小角，则 $\alpha\leqslant 60°$. 有

$$\sqrt{3}=\frac{bc\sin\alpha}{2}<\frac{2\cdot 2\sin 60°}{2}=\sqrt{3}$$

矛盾.

问题 12.6 设 m 是一个正整数,$A=\{-m,-m+1,\cdots,m-1,m\}$,且函数 $f:A\to A$ 满足 $f(f(n))=-n\ (n\in A)$.

a) 证明:m 是偶数;

b) 求函数 $f:A\to A$ 满足所需性质的个数.

Nikolai Nikolov

解 a) 设 $n\in A$, $O_n=\{n,f(n),-n,f(-n)\}$. 因为 $f(f(n))=-n,f(f(-n))=n$, 由此可知如果 $k\in A$,则有 $O_k=O_n$ 或者 $O_k\cap O_n=\varnothing$. 无论哪种情况都有 $f(n)\neq f(-n)\ (n\neq 0)$.

进一步地,如果 $f(\pm n)=\pm n$,则 $\mp n=f(f(\pm n))=f(\pm n)=\pm n\Rightarrow n=0$. 因为 $f(\pm n)=\mp n$,得到 $\mp n=f(f(\pm n))=f(\mp n)\Rightarrow n=0$. 所以 $|O_n|=4\ (n\neq 0)$. 说明 $A\backslash\{0\}$ 分成不相交的四重子集的并. 特别地数 m 是偶数.

b) 设 $m=2k$, $f:A\to A$ 是具有所要求性质的函数. 又设 $A_+=\{1,2,\cdots,m\}$. 注意到,$f(-n)=f(f(f(n)))=-f(n)\Rightarrow f(0)=0$. 所以当$n\neq 0$ 或者 $f(n)>0$ 或者 $f(-n)<0$ 时,意味着四重集 O_n 由来自 $A_+-(n,f(n))$ 或$(f(-n),n)$ 的不同数对$(n',f(n'))$ 唯一确定. 所以 f 是诱导A_+ 到有序对的一个配对. 相反的,任何 A_+ 到有序对(n,k) 的配对 $f(0)=0,f(n)=k,f(k)=-n,f(-n)=-k,f(-k)=n$ 定义了所要求性质的一个函数.

下面计算 A_+ 到有序对的配对数. 一个给定的配对的所有有序对,一个接着一个(这有 $k!$种方法) 我们得到数 $1,2,\cdots,m$ 的一个排列. 这给出了 $k!$个元素排列的"等价类",所以所要求的数为 $\frac{m!}{k!}$.

2005年国家奥林匹克国家轮回赛

问题 1 求所有正整数三元组(x,y,z)，满足$\sqrt{\frac{2\,005}{x+y}}+\sqrt{\frac{2\,005}{x+z}}+\sqrt{\frac{2\,005}{y+z}}$是一个正整数.

Oleg Mushkarov

解 我们首先证明下列引理.

引理 如果$p,q,r,\sqrt{p}+\sqrt{q}+\sqrt{r}$都是有理数，则$\sqrt{p},\sqrt{q},\sqrt{r}$也是有理数.

引理的证明 设$\sqrt{p}+\sqrt{q}+\sqrt{r}=s(pqr\neq 0)$，$s$是有理数.则$\sqrt{p}+\sqrt{q}=s-\sqrt{r}$，两边平方，得

$$p+q+2\sqrt{pq}=s^2+r-2s\sqrt{r}\Leftrightarrow 2\sqrt{pq}=s^2+r-p-q-2s\sqrt{r}$$

最后等式两边平方，有

$$4pq=M^2+4s^2r-4Ms\sqrt{r}，其中 M=s^2+r-p-q>0$$

所以$\sqrt{r}$是有理数.以同样的方法可以证明$\sqrt{p},\sqrt{q}$也是有理数.引理得证.

设正整数x,y,z具有所要求的性质，则由引理可知$\sqrt{\frac{2\,005}{x+y}}$，$\sqrt{\frac{2\,005}{x+z}}$，$\sqrt{\frac{2\,005}{y+z}}$都是有理数.设$\sqrt{\frac{2\,005}{x+y}}=\frac{a}{b}$，其中$a,b$是互素的正整数，则$2\,005b^2=(x+y)a^2$，由此可知$a^2$整除2 005.所以$a=1$.从而$x+y=2\,005b^2$.同理可得$x+z=2\,005c^2$，$y+z=2\,005d^2$，其中$c,d$是正整数.则

$$\sqrt{\frac{2\,005}{x+y}}+\sqrt{\frac{2\,005}{x+z}}+\sqrt{\frac{2\,005}{y+z}}=\frac{1}{b}+\frac{1}{c}+\frac{1}{d}$$

是正整数，其中b,c,d是正整数.我们有

$$1\leqslant\frac{1}{b}+\frac{1}{c}+\frac{1}{d}\leqslant 3$$

如果$\frac{1}{b}+\frac{1}{c}+\frac{1}{d}=3$，则$b=c=d=1$，但方程组

$\begin{cases} x+y=2\ 005 \\ x+z=2\ 005 \\ y+z=2\ 005 \end{cases}$无正整数解.

如果$\frac{1}{b}+\frac{1}{c}+\frac{1}{d}=2$,则$b,c,d$中有一个为1,另外两个为2.但此时关于$x,y,z$的方程组也没有正整数解.

下面考虑$\frac{1}{b}+\frac{1}{c}+\frac{1}{d}=1$的情况.假设$b\geqslant c\geqslant d>1$,则$\frac{3}{d}\geqslant 1\Rightarrow d=2,3$.如果$d=3$,则$b=c=3$;如果$d=2$,则方程$\frac{1}{b}+\frac{1}{c}=\frac{1}{2}$有两组解$(b,c)=(3,6)$,$(4,4)$.这些情况表明,关于$x,y,z$的方程组有正整数解时$d=2$,$b=c=4$.此时方程组的解为

$$x=14\times 2\ 005, y=z=2\times 2\ 005$$

所以,在问题的解三元组(x,y,z)中,有两个等于$2\times 2\ 005$,第三个等于$14\times 2\ 005$.

问题2 两个圆k_1和k_2外切于点T,一直线交圆k_1于A,B两点与圆k_2相切于点X,直线XT交圆k_1于点S.设C是$\overset{\frown}{TS}$上一点(不包含点A和B),令CY是圆k_2的切线($Y\in k_2$),满足线段CY和ST不相交.如果I是直线XY和SC的交点,证明:

a) 点C,T,Y和I共圆;

b) I是$\triangle ABC$切于边BC的旁切圆的圆心.

Stoyan Atanassov

证明 a) 如图1,因为圆k_1,k_2相切于点T,所以$\angle BXT=\frac{\overset{\frown}{XT}}{2}=\frac{\overset{\frown}{TS}}{2}=\angle TAS$.易知$S$是$\overset{\frown}{AB}$的中点,即$\overset{\frown}{SA}=\overset{\frown}{SB}$.所以$\angle TCI=\angle TAS$(四边形$ATCS$顶点共圆),$\angle TAS=\angle BXT$,$\angle BXT=\angle TYX\Rightarrow\angle TCI=\angle TYI$.所以四边形$CTIY$顶点共圆.

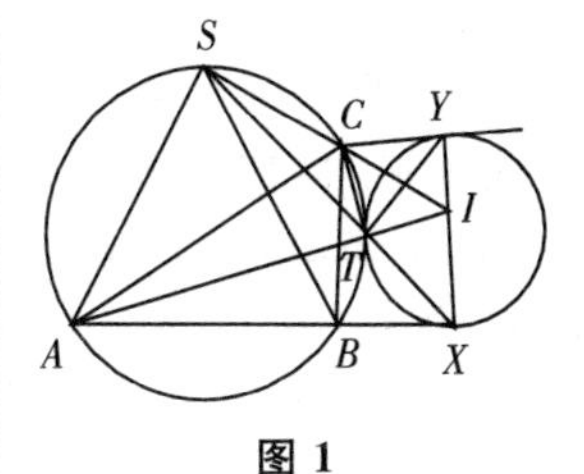

图 1

b) 因为$\angle AXS=\angle TAS$,所以$\triangle AXS\backsim\triangle TAS\Rightarrow SA^2=ST\cdot SX$.由a)我们有$\angle CIT=\angle CYT=\angle TXY\Rightarrow\triangle SXI\backsim\triangle SIT$.因此$SI^2=ST\cdot SX$,所以$SA=SI$.另一方面,由$\angle BCI=180^\circ-\angle BCS=180^\circ-\left(\gamma+\frac{\alpha+\beta}{2}\right)=90^\circ-\frac{\gamma}{2}$,可知,$CI$是$\angle ACB$的外角平分线.

在等腰$\triangle BSI$中,有$\angle BSI=\angle BSC=\alpha\Rightarrow\angle BIS=90^\circ-\frac{\alpha}{2}$.由$\triangle BCI$知$\angle CBI=90^\circ-\frac{\beta}{2}$.这就表明,$BI$是角$\angle ABC$的外角平分线.所以$I$是$\triangle ABC$切于边$BC$的旁切圆的圆心.

问题 3 设 M 是区间$(0,1)$上的有理数集合，是否存在 M 的一个子集 A，满足 M 中的每一个元素都可以以唯一的方式表示为 A 中的一个或有限个不同元素的和？

Nikolai Nikolov

解 假设存在这样一个集合，将引出矛盾.

首先，我们证明如果 $a\in A$，则 $A\cap\left(\frac{a}{2},a\right)=\varnothing$. 若不然，即存在 $a'\in A$，$a>a'>\frac{a}{2}$，则可以表示为 A 中一个或有限多个元素的和. 因为这些数中的每一个数都小于$\frac{a}{2}$，数 $a=a'+a-a'$ 有两个要求类型（$a-a'$ 的表示数为 a，a' 的和）不同的表示，矛盾.

由上面的讨论易知，在每一个区间$\left[\frac{1}{2^i},\frac{1}{2^{i-1}}\right)(i=1,2,\cdots)$至多有 A 的一个元素. 因为集合 A 是无限集（否则，我们可以得到 A 中不同数和的一个有限个数），易知 A 的元素可以按一个无限序列 $a_1,a_2,\cdots$ 来排序，且满足 $a_i\geqslant 2a_{i+1}(i=1,2,\cdots)$. 如果这个不等式对某些 i 是严格成立的，则

$$S=\sum_{i=2}^{\infty}a_i<\sum_{i=2}^{\infty}\frac{a_1}{2^{i-1}}=a_1$$

这说明区间(S,a_1)中的数不能表示为 A 中一个或有限个不同数的和. 所以 $a_{i+1}=\frac{a_1}{2^i}\ (i=1,2,\cdots)$. 易知只有形式为$\frac{m}{2^n}\cdot a_1$ 的数，可以表示为 A 中一个或有限个不同数的和. 这样分母为奇数，且与 a_1 的分母互质的任何有理数不能表示为所要求的形式，这是一个矛盾. 证毕.

问题 4 设$\triangle A'B'C$ 是由$\triangle ABC$ 的图形以顶点 C 为中心旋转所得，点 M,E 和 F 分别是线段 BA'，AC 和 $B'C$ 的中点，如果 $AC\neq BC$ 且 $EM=FM$，求$\angle EMF$.

Ivailo Kortezov

解 设 $BC=B'C=a$，$AC=A'C=b$，$AB=A'B'=c$，$\angle C=\gamma$. 如图 2，由于$\triangle AA'C\backsim\triangle BB'C$，则$\frac{AA'}{AC}=\frac{BB'}{BC}=k\Rightarrow AA'=kb$，$BB'=ka$. 由中线公式，得

$$4EM^2=k^2b^2+c^2+b^2+a^2-A'B^2-b^2$$

$$4FM^2=k^2a^2+c^2+b^2+a^2-A'B^2-a^2$$

所以条件 $EM=FM$ 等价于$(k^2-1)(a^2-b^2)=0\Rightarrow k=1(a\neq b)$. 当$\triangle AA'C$ 是等边三角形，即旋转$\pm 60^\circ$ 时，这是成立的.

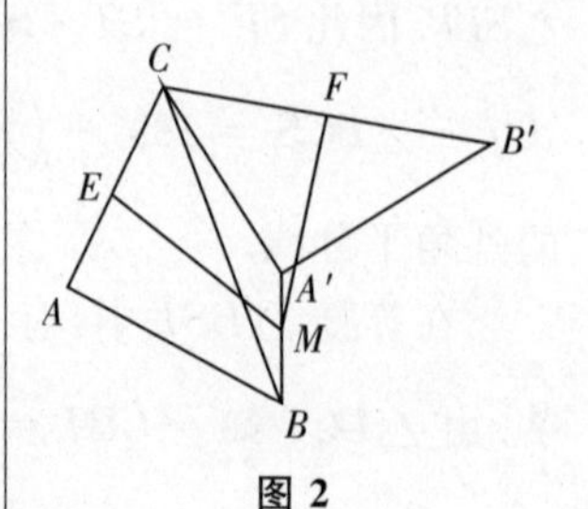

图 2

所以我们仅考虑原 $\triangle ABC$ 旋转 60° 的情况，其他情况的处理方法是类似的. 由 $\triangle CBA'$，有

$$A'B^2 = a^2 + b^2 - 2ab\cos(60^\circ - \gamma)$$

由 $\triangle AB'C$，有

$$4EF^2 = B'A^2 = a^2 + b^2 - 2ab\cos(60^\circ + \gamma)$$

我们来证明 $EF = EM$. 由上面 EF 和 EM 的表达式可知，这等价于证明等式

$$c^2 + 2ab\cos(60^\circ - \gamma) = a^2 + b^2 - 2ab\cos(60^\circ + \gamma)$$

由于 $a^2 + b^2 - c^2 = 2ab\cos\gamma$，所以，上面的等式等价于

$$2ab\cos(60^\circ - \gamma) + 2ab\cos(60^\circ + \gamma) = 2ab\cos\gamma \Leftrightarrow$$

$$2\cos 60^\circ \cos\gamma = \cos\gamma$$

这是成立的. 所以 $EF = EM$，且 $\angle EMF = 60^\circ$.

问题 5 设 t，a 和 b 是正整数，我们称 $(t;a,b)$ 游戏是指下列两个玩家玩的游戏：第一个玩家从 t 中减去 a 或 b，接着第二个玩家从第一个玩家得到的数减去 a 或 b，接着第一个玩家从第二个玩家得到的数减去 a 或 b，依次下去. 第一个得到负数的玩家认输. 证明：存在一个充分大的 t，满足第一个玩家对 $(t;a,b)$ 游戏有赢的策略，其中 $a + b = 2\,005$.

Emil Kolev

证明 我们首先证明下面的引理.

引理 如果在游戏 $(t;a,b)$ 中，两个玩家中有一个获胜的策略，则在游戏 $(t+a+b;a,b)$ 中，同样的玩家有一个获胜的策略.

引理的证明 用 A，B 表示两个玩家，设 B 对游戏 $(t;a,b)$ 有获胜策略. 在游戏 $(t+a+b;a,b)$ 中，玩家 A 首先操作之后，得到游戏 $(t+a;a,b)$ 或 $(t+b;a,b)$，玩家 B 占优. 在两种情况中，玩家 B 获得游戏 $(t;a,b)$，A 作为第一玩家. 在这个情况中，玩家 B 有获胜策略.

假设玩家 A 对游戏 $(t;a,b)$ 有获胜策略. 则玩家 A 首先操作之后，得到游戏 $(t-a;a,b)$ 或 $(t-b;a,b)$，玩家 B 占优. 所以第二个玩家对其中的游戏有获胜策略.

为不失一般性，考虑游戏 $(t-a;a,b)$ 的情况. 对于游戏 $(t-a+a+b;a,b)=(t+b;a,b)$，可知，上面第二个玩家有获胜的策略. 因为玩家 A 可以得到游戏 $(t+b;a,b)$，在游戏 $(t+a+b;a,b)$ 中，B 占优. 可知，对游戏 $(t+a+b;a,b)$，玩家 A 有获胜策略. 引理得证.

现在，我们来证明当 $t = 2\,004$，$a + b = 2\,005$ 时，第一玩家 A 有获胜策略. 假设 $a \leqslant b$，因为 $a > 0$，所以 $b \leqslant 2\,004$. 因此，玩家 A 从 $t = 2\,004$ 中减去 b，结果是 $2\,004 - b < a$. 因为 $a + b = 2\,005$，

这就说明,B 的任何操作都将导致一个负数出现. 由引理可知,对游戏$(t;a,b)(t\equiv 2\,004(\mathrm{mod}\,2\,005)$,$a+b=2\,005)$,玩家 A 有获胜策略.

问题 6 设 a,b 和 c 是正整数,且满足 ab 整除 $c(c^2-c+1)$,c^2+1 整除 $a+b$. 证明:集合$\{a,b\}$ 和$\{c,c^2-c+1\}$ 重合.

Alexander Ivanov

证明 我们首先证明下面的引理.

引理 设 x,y,n 是正整数,满足$\frac{xy}{x+y}>n$,则$\frac{xy}{x+y}\geqslant n+\frac{1}{n^2+2n+2}$,当且仅当$\{x,y\}=\{n+1,n^2+n+1\}$ 时成立等号.

引理的证明 因为 $xy>n(x+y)$,则有 $xy=n(x+y)+r$,其中 r 是正整数. 所以$(x-n)(y-n)=n^2+r\Rightarrow x>n,y>n$.

设 $x=n+d_1,y=n+d_2\Rightarrow d_1d_2=n^2+r$. 利用不等式$\frac{r}{A+r}\geqslant\frac{1}{A+1}$,$d_1+d_2\leqslant 1+n^2+r$(后者由 $d_1+d_2\leqslant 1+d_1d_2$ 可得),得

$$\frac{xy}{x+y}=\frac{n^2+d_1d_2+n(d_1+d_2)}{2n+d_1+d_2}=n+\frac{r}{2n+d_1+d_2}\geqslant$$

$$n+\frac{r}{2n+n^2+1+r}\geqslant n+\frac{1}{n^2+2n+2}$$

当且仅当$\{x,y\}=\{n+1,n^2+n+1\}$ 时,等号成立. 引理得证.

由题设条件得 $c(c^2-c+1)=pab,a+b=q(c^2+1)$,其中 p,q 是正整数. 所以

$$\frac{c(c^2-c+1)}{c^2+1}=\frac{pqab}{a+b}=\frac{xy}{x+y},\text{其中 } x=pqa,y=pqb$$

则

$$\frac{xy}{x+y}=c-\frac{c^2}{c^2+1}=c-1+\frac{1}{c^2+1}>c-1$$

由引理可知

$$\frac{xy}{x+y}\geqslant c-1+\frac{1}{(c-1)^2+2(c-1)+2}=c-1+\frac{1}{c^2+1}$$

当且仅当$\{x,y\}=\{c+1,c^2+c+1\}$ 时,等号成立.

因为 c,c^2-c+1 是互质的,且 $x=pqa$,$y=pqb$. 可知 $p=q=1$. 所以$\{a,b\}=\{c,c^2-c+1\}$.

2005 年 BMO 团队选拔赛

问题 1 求所有 a 和 b，满足对每一个正整数 n 都有 $[a[bn]]=n-1$ 成立.

解 由不等式 $x-1<[x]\leqslant x$，有

$abn-a-1<n-1\leqslant abn\Rightarrow n(ab-1)<a,\ n(1-ab)\leqslant 1$

如果 $ab\neq 1$，则 $ab-1>0$ 或 $1-ab>0$. 这说明，不等式 $n(ab-1)<a$，$n(1-ab)\leqslant 1$ 之一对充分大的 n，不成立. 所以 $ab=1$，且给定的不等式等价于

$$bn-b\leqslant[bn]<bn$$

由 $[bn]<bn$ 可知 b 是无理数，对任意 n，bn 不是整数. 当 $b>1$ 时，不等式 $bn-b\leqslant[bn]$ 显然成立. 当 $0<b<1$ 时，取 $n=\left[\frac{1}{b-1}\right]$，则有 $\frac{n-2}{n-1}<b<\frac{n}{n-1}\Rightarrow[bn]\leqslant n-2$. 从而 $\left[\frac{[bn]}{b}\right]<n-1$，矛盾.

所以本题的解是 a，b 是无理数，且 $ab=1$，$b>1$.

问题 2 如图 3，点 P 和 Q 位于 $\triangle ABC$ 的内部，$\angle ACP=\angle BCQ$，$\angle CAP=\angle BAQ$. 从点 P 作直线 BC，CA 和 AB 的垂线，垂足分别为 D，E 和 F. 证明：如果 $\angle DEF=90^\circ$，则 Q 是 $\triangle BDF$ 的垂心.

证明 我们有 $\angle BCQ=\angle ACP=\angle EDP$. 因为 $PD\perp BC\Rightarrow ED\perp CQ$. 类似可得 $AQ\perp EF$. 因为 $\angle DEF=90^\circ$，则有 $\angle AQC=90^\circ$. 所以 $\triangle QCD\backsim\triangle ACP$. 因为 $\angle QCD=\angle ACP$，则

$$\frac{DC}{QC}=\frac{PC\cdot\cos\angle PCD}{AC\cdot\cos\angle ACQ}=\frac{PC}{AC}$$

所以

$$\angle DQC=\angle PAC=\angle PFE$$

因为 $CQ\parallel EF(\perp ED)$，可知 $DQ\parallel PF$，即 $DQ\perp AB$. 同理可证 $FQ\perp BC$. 从而 Q 是 $\triangle BDF$ 的垂心.

备注：本题的逆命题也成立. 如果 Q 是 $\triangle BDF$ 的垂心，所以 $\angle DEF=90^\circ$.

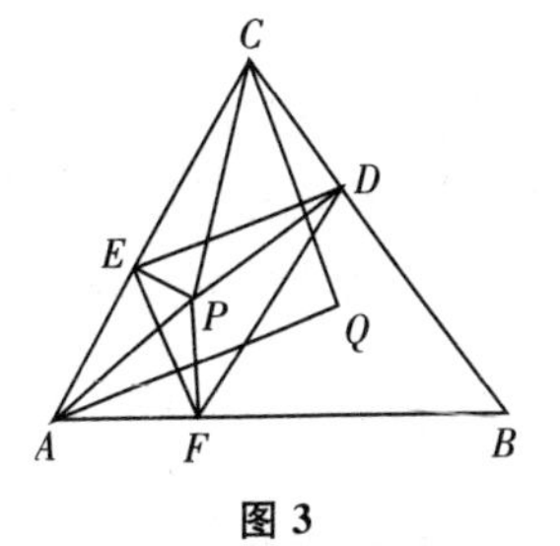

图 3

问题 3 是否存在一个严格递增的正整数序列$\{a_n\}_{n=1}^{\infty}$,满足$a_n \leqslant n^3$对每一个正整数n成立,且每一个正整数都可以以唯一的方式写成这个序列的两个项之差?

解 答案是存在这样一个序列.我们采用数学归纳法来定义所要求的序列.

设$a_1 = 1$, $a_2 = 2$.假设$a_1, a_2, \cdots, a_{2k}$已经定义,用m表示不能够表示为$a_j - a_i (1 \leqslant i < j \leqslant 2k)$的最小正整数.因为这样的差是$d = k(2k-1)$,则有$m \leqslant d+1$.

设$a_{2k+2} = a_{2k+1} + m$,其中a_{2k+1}满足

$a_{2k+1} \neq a_l, a_{2k+1} \pm m \neq a_l, a_{2k+1} - a_l \neq a_j - a_i,$

$a_{2k+1} + m - a_l \neq a_j - a_i$

其中$1 \leqslant l \leqslant k$, $1 \leqslant i < j \leqslant 2k$.由此可知$a_1, a_2, \cdots, a_{2k+2}$是不同的,且每一个介于1和$m$之间的整数,可以唯一地表示为$a_j - a_i (1 \leqslant i < j \leqslant 2k+2)$.因为对$a_{2k+1}$确有$6k + 4kd$个禁用值.我们可以使用上面的性质,来选择$a_{2k+1}$满足$a_{2k+1} \leqslant 6k + 4kd + 1$.则$a_{2k+1} < a_{2k+2} = a_{2k+1} + m \leqslant 6k + 4kd + 1 + d + 1 < (2k+1)^3$.

余下的就是,设置$a_1, a_2, \cdots, a_{2k+2}$是递增的序列(检查不等式$a_n \leqslant n^3$是成立的).

问题 4 平面上每个点都指派了一个实数,设P是一个凸n边形.已知每一个与P相似的n边形指派其顶点的实数之和都等于0.证明:在平面上所有被指派到点的实数之和等于0.

证明 设O是平面上任意一点,$A_{1,1}A_{2,1}\cdots A_{n,1}$是相似于$P$的$n$边形,且包含点$O$.考虑$n$边形

$OA_{1,1}A_{1,2}\cdots A_{1,n-1}$, $OA_{2,1}A_{2,2}\cdots A_{2,n-1}$, $\cdots$, $OA_{n,1}A_{n,2}\cdots A_{n,n-1}$

它们都相似于$A_{1,1}A_{2,1}\cdots A_{n,1}$,且具有相同的方向.利用旋转和位似中心$O$,得$n$边形$A_{1,j}A_{2,j}\cdots A_{n,j} (j = 2, 3, \cdots, n)$相似于$A_{1,1}A_{2,1}\cdots A_{n,1}$,且具有相同的方向.

分别用o, $a_{i,j}$表示点O, $A_{i,j}$指派的数.则

$$o + \sum_{j=1}^{n-1} a_{i,j} = 0 \ (i = 1, 2, \cdots, n)$$

这些等式求和,并利用$\sum_{j=1}^{n} a_{i,j} = 0 \ (i = 1, 2, \cdots, n)$,我们得到$no = 0$.这说明命题是成立的.

问题 5 如果$a_0 = 0$, $a_n = a_{\left[\frac{n}{2}\right]} + \left[\frac{n}{2}\right] (n \geqslant 1)$,求极限$\lim\limits_{n \to +\infty} \frac{a_n}{n}$.

解 对 n 采用数学归纳法，我们来证明 $a_n = n - t_2(n)$. 其中 $t_2(n)$ 是 n 的二进制表示中 1 的个数. 当 $n = 0$ 时，$a_0 = 0$，命题成立. 假设当 $n \leqslant k-1$ 时，命题成立. 如果 $k = 2k_0$，则 $t_2(k_0) = t_2(k)$（k_0 的二进制表示与 $k = 2k_0$ 的二进制表示中，1 的个数是相同的）. 所以

$$a_k = a_{k_0} + k_0 = k_0 - t_2(k_0) + k_0 = 2k_0 - t_2(k_0) = k - t_2(k)$$

如果 $k = 2k_0 + 1$，则 $t_2(2k_0+1) = t_2(2k_0) + 1$（$2k_0+1$ 的二进制表示比 $2k_0$ 的二进制表示中 1 的个数多一个），则

$$a_k = a_{k_0} + k_0 = k_0 - t_2(k_0) + k_0 = 2k_0 - t_2(2k_0) = 2k_0 + 1 - t_2(2k_0+1) = k - t_2(k)$$

因为当 $t_2(n) = t$ 时，有 $n \geqslant 2^t - 1$. 所以

$$0 \leqslant \lim_{n \to +\infty} \frac{t_2(n)}{n} \leqslant \lim_{n \to +\infty} \frac{t}{2^t} = 0$$

所以 $\lim\limits_{n \to +\infty} \dfrac{t_2(n)}{n} = 0$. 从而

$$\lim_{n \to +\infty} \frac{a_n}{n} = \lim_{n \to +\infty} \frac{n - t_2(n)}{n} = 1 - \lim_{n \to +\infty} \frac{t_2(n)}{n} = 1$$

问题 6 设 $a_1, a_2, \cdots, a_m$ 是任意正整数. 证明：存在不同的正整数 $b_1, b_2, \cdots, b_n (n \leqslant m)$，满足下列两个条件：

(1) $\{b_1, b_2, \cdots, b_n\}$ 的所有子集元素和不同.

(2) $a_1, a_2, \cdots, a_m$ 的每一个元素是 $\{b_1, b_2, \cdots, b_n\}$ 中某些子集的元素之和.

证明 对 $N = a_1 + a_2 + \cdots + a_m$，采用数学归纳法来证明. 当 $N = 1$ 时，有 $m = 1, a_1 = 1, b_1 = 1$ 是所要求的数. 设命题对每一个和小于 N 的集合为真，又设 $a_1, a_2, \cdots, a_m$ 满足 $a_1 + a_2 + \cdots + a_m = N$. 如果 $a_1, a_2, \cdots, a_m$ 都是偶数，则数 $\frac{a_1}{2}, \frac{a_2}{2}, \cdots, \frac{a_m}{2}$ 的和为 $\frac{N}{2}$. 由归纳假设知，存在集合 $b_1, b_2, \cdots, b_n$ 满足条件，则对 $a_1, a_2, \cdots, a_m$ 所要求的数就是 $2b_1, 2b_2, \cdots, 2b_n$.

假设 $a_1, a_2, \cdots, a_m$ 中，至少有一个为奇数. 为不失一般性，假设 a_m 是集合中最小的奇数. 考虑由下列方式定义的数 $a_1', a_2', \cdots, a_m'$

当 a_i 是偶数时，$a_i' = \dfrac{a_i}{2}$；当 a_i 是奇数时，$a_i' = \dfrac{a_i - a_m}{2}$.

新数 a_i' 的和小于 N. 由归纳假设知，存在数 $b_1', b_2', \cdots, b_k'$ 满足条件. 我们来证明数 $2b_1', 2b_2', \cdots, 2b_k', a_m$，就是对集合 $a_1, a_2, \cdots, a_m$ 所要求的数.

如果集合 $\{2b_1', 2b_2', \cdots, 2b_k', a_m\}$ 两个不相交的子集，有相同的和，则 a_m（作为仅有的奇数）不能属于这些集合. 被 2 除我们得到

$\{b'_1, b'_2, \cdots, b'_k\}$ 的两个不相交的子集具有相等的和,这是一个矛盾.另外,易见每一个 $a_i\ (i = 1,2,\cdots,m)$ 可以表示为数 $2b'_1$, $2b'_2$, $\cdots$, $2b'_k$, a_m 的某些数之和.这就完成了归纳证明.

问题 7 如图 4,把一个凸四边形 $ABCD$ 的边 AB 和 CD 延长相交于点 P,边 BC 和 AD 延长相交于点 Q,点 O 是四边形内部一点,满足 $\angle BOP = \angle DOQ$.证明:$\angle AOB + \angle COD = 180°$.

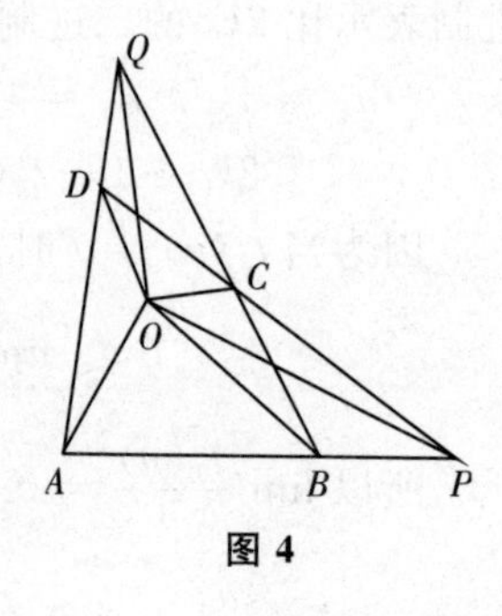

图 4

证明 对 $\triangle ODQ$, $\triangle AOQ$ 应用正弦定理,有

$$\frac{\sin\varphi}{\sin\beta} = \frac{QD}{OD}, \frac{\sin(\varphi + \angle AOD)}{\sin\beta} = \frac{AQ}{OA} \Rightarrow$$

$$\frac{\sin(\varphi + \angle AOD)}{\sin\varphi} = \frac{AQ}{OA} \cdot \frac{OD}{QD}$$

同理可证,$\dfrac{\sin(\varphi + \angle AOB)}{\sin\varphi} = \dfrac{AP}{OA} \cdot \dfrac{OB}{BP}$.所以

$$\frac{\sin(\varphi + \angle AOD)}{\sin(\varphi + \angle AOB)} = \frac{AQ}{AP} \cdot \frac{OD}{OB} \cdot \frac{BP}{DQ}$$

同理可证,$\dfrac{\sin(\angle DOC - \varphi)}{\sin(\angle BOC - \varphi)} = \dfrac{QC}{PC} \cdot \dfrac{OB}{OD} \cdot \dfrac{PD}{QB}$.

对 $\triangle ADC$ 和直线 QP, $\triangle ABC$ 和直线 QP 应用 Menelaus 定理,有

$$\frac{AQ}{DQ} \cdot \frac{DP}{CP} = \frac{AL}{CL}, \frac{QC}{QB} \cdot \frac{BP}{AP} = \frac{CL}{AL}$$

设 $\varphi + \angle AOD = x$, $\varphi + \angle AOB = y$, $\angle DOC - \varphi = z$, $\angle BOC - \varphi = t$.则

$$\frac{\sin x \sin z}{\sin y \sin t} = \frac{AQ \cdot DP \cdot QC \cdot BP}{DQ \cdot CP \cdot QB \cdot AP} = \frac{AL}{CL} \cdot \frac{CL}{AL} = 1 \Rightarrow$$

$$\sin x \sin z = \sin y \sin t$$

可知 $\cos(x - z) - \cos(x + z) = \cos(y - t) - \cos(y + t)$.

因为 $x + y + z + t = 360° \Rightarrow \cos(x + z) = \cos(y + t)$,所以

$$\cos(x - z) = \cos(y - t)$$

因为 $x - z + y - t < 360°$,所以 $x - z = t - y$ 或者 $x - z = y - t$.如果 $x - z = t - y$,则点 O 位于 PQ 上,如果 $x - z = t - y$, $x + t = z + y = 180°$.

问题 8 一组男孩 B 和一组女孩 G,已知 $G \geqslant 2B - 1$,某些男孩认识某些女孩.证明:以这样的方式安排跳舞舞伴是可能的:所有男孩都跳舞,每一个男孩在他的舞伴中不认识与他跳舞的女孩以及只认识不跳舞的女孩.

证明 当 $s = 1,2,\cdots,B$ 时,s 个男孩至少和 s 个女孩彼此认识,则由 Hall 定理可知,每一个男孩可以和一个认识的女孩跳舞,

且条件满足.假设相反的情况,且取最大 $s \leqslant B$,满足这 s 个男孩,至少认识 $s-1$ 个女孩.

S 表示 s 个男孩的集合,L 表示 S 中认识女孩的集合.如果 S 之外的某些男孩 t,认识 L 之外的至多 t 个女孩,这与 s 的选择矛盾.所以 S 之外的每一个男孩 t 至少认识 L 之外的 $t+1$ 个女孩.由 Hall 定理可知,S 之外的每一个男孩可以与 L 之外的一个认识的女孩跳舞.因此 L 之外没有跳舞的女孩至少有 $G-(B-s)-(s-1)=G+1-B \geqslant B$(与 S 之外的男孩跳舞的女孩是 $B-s$ 个,认识 S 中的男孩的至多有 $s-1$ 个).如果 S 中的男孩和 L 之外的余下没有跳舞的有 s 个女孩,则满足条件.

2005 年 IMO 团队选拔赛

问题 1 设$\triangle ABC$是锐角三角形.求$\triangle ABC$内部一点M,满足$AB-FG=\dfrac{MF\cdot AG+MG\cdot BF}{CM}$的轨迹,其中$F$和$G$是从点$M$到直线$BC$和$AC$的垂线,其垂足分别为$F$与$G$.

Peter Boyvalenkov, Nikolai Nikolov

解 如图 1,设$AP\perp FG$,$BQ\perp FG$, $P,Q\in FG$,则$AB\geqslant PQ=PG+GF+FQ$.因为四边形$CFMG$顶点共圆,则$\angle CMF=\angle CGF=\angle AGP\Rightarrow\triangle APG\backsim\triangle CFM$,所以

$$\frac{PG}{AG}=\frac{MF}{CM}\Leftrightarrow PG=\frac{MG\cdot BF}{CM}$$

同理可得$QF=\dfrac{MG\cdot BF}{CM}$.于是

$$AB-FG\geqslant PG+FQ=\frac{MF\cdot AG+MG\cdot BF}{CM}$$

很明显,当且仅当$AB\ /\!/\ FG$时,等号成立.这说明$\angle BAC=\angle FGC=\angle AGP\Rightarrow\angle MCB=90^{\circ}-\angle BAC=\angle OCB$.其中$O$是$\triangle ABC$外接圆的圆心.所以所求的轨迹是线段$CD$,其中点$D$是直线$OC$和边$AB$的交点.

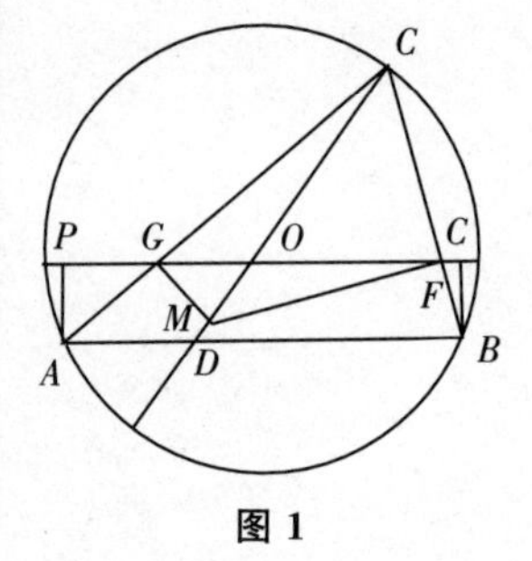

图 1

问题 2 求集合$\{1,2,\cdots,2\,005\}$的子集B,具有下列性质的个数B的元素之和是 2 006 的同余模 2 048.

Emil Kolev

解 考虑集合$\{1,2,2^2,\cdots,2^{10}\}$,因为 0 到 2 047 中的每一个数可以唯一地表示为 2 的幂之和的形式(集合中的元素).可以推出对每一个$i\ (1\leqslant i\leqslant 2\,047)$,存在集合$\{1,2,2^2,\cdots,2^{10}\}$的唯一的子集,满足其元素之和等于$i$(0 对应于空集合).

现在,我们考虑具有下列性质的集合A.对于每一个i,A的子集中的数满足它们的元素的和关于模 2 048 是同余的,且与i无关.易知对每一个a,集合$A\cup\{a\}$有这样的性质.因为$\{1,2,2^2,\cdots,2^{10}\}\subset\{1,2,\cdots,2\,005\}$,可以推出,$\{1,2,\cdots,2\,005\}$的子集$B$中的元素,满足其元素之和与$i$模 2 048 是同余的,即$\dfrac{2^{2\,005}}{2\,048}=$

$\frac{2^{2\,005}}{2^{11}}=2^{1\,994}$. 这就是所要求的数.

问题 3 设 $\mathbf{R}^*$ 是非零实数集合,求满足下列条件的所有函数 $f:\mathbf{R}^*\rightarrow\mathbf{R}^*$:

$$f(x^2+y)=f^2(x)+\frac{f(xy)}{f(x)}\quad(x,y\in\mathbf{R}^*,\ y\neq -x^2)$$

Alexander Ivanov

解 设 $\alpha=f(1)$. 则在

$$f(x^2+y)=f^2(x)+\frac{f(xy)}{f(x)}\tag{1}$$

中,分别令 $y=1,x=1$,有

$$f(x^2+1)=f^2(x)+1\tag{2}$$

以及

$$f(y+1)=\alpha^2+\frac{f(y)}{\alpha}\tag{3}$$

连续地使用等式(3),有

$$f(2)=\alpha^2+1,f(3)=\frac{\alpha^3+\alpha^2+1}{\alpha},f(4)=\frac{\alpha^4+\alpha^3+\alpha^2+1}{\alpha^2}$$

$$f(5)=\frac{\alpha^5+\alpha^4+\alpha^3+\alpha^2+1}{\alpha^3}$$

另一方面,在等式(2) 中,令 $x=2$,有 $f(5)=\alpha^4+2\alpha^2+2$ 所以

$$\frac{\alpha^5+\alpha^4+\alpha^3+\alpha^2+1}{\alpha^3}=\alpha^4+2\alpha^2+2\Leftrightarrow$$

$$\alpha^7+\alpha^5-\alpha^4+\alpha^3-\alpha^2-1=0\Leftrightarrow$$

$$(\alpha-1)[\alpha^4(\alpha^2+\alpha+1)+(\alpha+1)^2(\alpha^2-\alpha+1)+2\alpha^2]=0$$

由于上式最后的等式的方括号内是正数,所以 $\alpha=1$. 于是等式(3) 可化简为

$$f(y+1)=f(y)+1\tag{4}$$

因此,对每一个正整数 n,都有 $f(n)=n$.

现取任意正有理数 $\frac{a}{b}$(a,b 是正整数),由等式(4) 有

$$f(y)=y\Leftrightarrow f(y+m)=y+m\quad(m\text{ 是正整数})$$

等式 $f\left(\frac{a}{b}\right)=\frac{a}{b}$ 等价于

$$f\left(b^2+\frac{a}{b}\right)=b^2+\frac{a}{b}$$

由于这最后的等式可以由等式(1) 中令 $x=b,y=\frac{a}{b}$ 得到,

于是 $f\left(\frac{a}{b}\right)=\frac{a}{b}$.

在等式(4)中,令 $y=x^2$,有 $f(x^2+1)=f(x^2)+1$. 所以利用等式(2)可以推出

$$f(x^2)=f^2(x)>0\Rightarrow f(x)>0\ (x>0)$$

由等式(1),不等式 $f(x)>0\ (x>0)$ 和等式 $f(x^2)=f^2(x)$,有

$$f(x)>f(y)>0\ (x>y>0)$$

因为 $f(x)=x$ 对每一个有理数 $x>0$ 成立. 易知 $f(x)=x$,对每一个实数 $x>0$ 也成立.

最后,当 $x<0$ 时,取 $y<0$,满足 $x^2+y>0$,则由 $xy>0$ 以及等式(1),有

$$x^2+y=f(x^2+y)=f^2(x)+\frac{f(xy)}{f(x)}=f(x^2)+\frac{xy}{f(x)}=$$
$$x^2+\frac{xy}{f(x)}$$

即 $f(x)=x$. 所以对任意 $x\in\mathbf{R}^*$,有 $f(x)=x$,显然这个函数满足等式(1).

问题 4 设 $a_1,a_2,\cdots,a_{2\,005},b_1,b_2,\cdots,b_{2\,005}$ 都是实数,满足不等式 $(a_ix-b_i)^2\geqslant\sum_{j=1,j\neq i}^{2\,005}(a_jx-b_j)$,对每一个实数 x 以及 $i=1,2,\cdots,2\,005$ 都成立. 求 $a_i,b_i(i=1,2,\cdots,2\,005)$ 正实数中的最大数.

Nazar Agakhanov, Nikolai Nikolov

解 我们首先证明 $a_1,a_2,\cdots,a_{2\,005}$ 中至少有一个不是正数. 为此,假设相反的情况成立. 取 i 满足

$$\frac{b_i}{a_i}=M=\max_{1\leqslant j\leqslant 2\,005}\left(\frac{b_j}{a_j}\right)$$

则我们可以找到 $\varepsilon>0$,满足当 $x\in(M,M+\varepsilon)$ 时

$$(a_ix-b_i)^2<\sum_{j=1,j\neq i}^{2\,005}(a_jx-b_j)$$

成立. 矛盾.

另一方面,易知因为 $a_1=a_2=\cdots=a_{2\,004}=-a_{2\,005}=1$,$b_1=b_2=\cdots=b_{2\,004}=b_{2\,005}\geqslant\frac{1\,001^2}{2}$. 所以给定的不等式成立. 所以答案是 4 009.

问题5 设$\triangle ABC(AC \neq BC)$是锐角三角形，其垂心为$H$内心为$I$，直线$CH$和$CI$与$\triangle ABC$外接圆分别相交于点$D$和$L$，求证：$\angle CIH = 90^\circ$，当且仅当$\angle IDL = 90^\circ$.

Stoyan Atanassov

证明 如图2，用$k(O,R)$表示$\triangle ABC$其中O是圆心，R是半径. 点Q表示点H在CL上的正射影. 设

$$K = HQ \cap LO,\ D = k \cap LO,\ P = CL \cap DS,$$
$$M = AB \cap LO,\ N = AB \cap CD$$

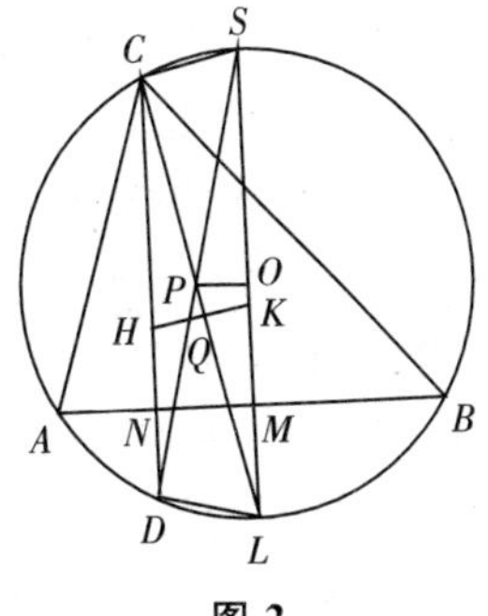

图2

因为点N,M分别是HD,KL的中点. 事实上，我们有$AH = AD(\angle AHD = \angle ABC = \angle ADH)$，类似可得$BH = BD$. 所以$AB$是线段$HD$的垂直平分线.

另一方面，四边形$DLSC$是等腰梯形，且$HK \parallel CS$，所以四边形$DLKH$也是等腰梯形. AB是线段KL的垂直平分线，则

$$\frac{LQ}{LC} = \frac{LK}{LS} = \frac{LM}{R} \Rightarrow LQ = \frac{LC \cdot LM}{R}$$

另外，我们有$LP = \frac{LO \cdot LS}{LC} = \frac{2R^2}{LC}$. 由$\triangle LOP \backsim \triangle LCS \Rightarrow LB^2 = LS \cdot LM = 2R \cdot LM$. 由$\triangle LBS \backsim \triangle LMB \Rightarrow LP \cdot LQ = LB^2$. 另外，由$\angle LBI = \frac{\angle B + \angle C}{2} = \angle LIB \Rightarrow LB = LI$. 所以$LP \cdot LQ = LI^2$. 特别地，$Q \equiv I \Leftrightarrow P \equiv I$.

余下的，注意到$\angle CIH = 90^\circ \Leftrightarrow Q \equiv I\ (\angle CQH = 90^\circ)$，$\angle IDL = 90^\circ \Leftrightarrow P \equiv I\ (\angle PDL = 90^\circ)$. 这就完成了证明.

备注：也可以证明$\angle CIH = 90^\circ \Leftrightarrow \cos \angle A + \cos \angle B = 1$.

问题6 9人一组不可能选出4人，满足其中每一个人都认识其他三人，证明：这9人组可以以这种方式分成四个部分，使得没有人认识他所在部分的任何人.

证明 我们来证明，如果一个9顶点的完全图，以这样的方式用蓝色和黑色着色，使得没有蓝色的四边形，则其顶点可以划分为四组，每组中其内部没有蓝色边.

引理1 6个顶点的完全图，用蓝色和红色对其边进行着色，使得其中没有蓝色四边形，且其顶点不能划分为三个组使其中任何一组没有蓝色边，则该图中不能包含一个红色三角形.

证明 众所周知，6个顶点的完全图用两种颜色（红色和蓝色）对其边着色有一个单色三角形. 设图的顶点为$v_1, v_2, \cdots, v_6$并假定存在一个红色三角形$v_1v_2v_3$. 如果边$v_iv_j(i,j \in \{4,5,6\})$是红色的，则$\{v_1, v_2, v_3\}$，$\{v_i, v_j\}$，$\{v_k\}(k \neq 1,2,3,i,j)$是一个划

分，这与题设矛盾. 所以 $v_4v_5v_6$ 是蓝色三角形. 现在由题设条件，对于 $i=1,2,3$ 边 $v_iv_j(i,j\in\{4,5,6\})$，至少有一个边是红色的. 如果边 v_1v_4，v_2v_4 是红色的，则 $v_1v_2v_4$ 是红色三角形. 如上所述 $v_3v_5v_6$ 是蓝色三角形. 如果边 v_3v_4 是蓝色的，则 $v_3v_4v_5v_6$ 是蓝色四边形. 如果边 v_3v_4 是红色的，则我们有一个划分 $\{v_1,v_2,v_3,v_4\}$，$\{v_5\}$，$\{v_6\}$，矛盾. 引理得证.

引理 2 在引理 1 的条件下，完全图 G 的所有红色边形成一个长度为 5 的圈.

证明 由引理1，我们知道 G 不能包含红色三角形. 不失一般性，假定边 v_1v_2 和 v_3v_4 是红色边. 如果所有边 $v_iv_j(i=1,2,j=3,4)$ 是红色的，则划分 $\{v_1,v_2,v_3,v_4\}$，$\{v_5\}$，$\{v_6\}$ 引出矛盾. 所以 v_2v_4 是蓝边. 因为四边形 $v_2v_4v_5v_6$ 不是蓝色的，不失一般性，假定边 v_4v_6 是红色的，现在 v_3v_6 是蓝边(否则，$v_3v_4v_6$ 是红色三角形)，v_3v_5 是蓝边(否则，划分 $\{v_1,v_2\}$，$\{v_3,v_5\}$，$\{v_4,v_6\}$ 引出矛盾).

如果边 v_1v_3 是红色的，则利用题设条件我们看出边 v_2v_5 是蓝色的，v_2v_6 是红色的，边 v_1v_6，v_1v_5，v_4v_5，v_1v_4 都是蓝色的. 最后推出 G 的红边是 v_1v_2，v_2v_6，v_6v_4，v_4v_3，v_3v_1，它们形成长度为 5 的一个圈，即为所求.

如果边 v_1v_3 是红色的，则类似地导致一个矛盾. 引理得证.

现在，我们考虑 9 个顶点 $v_1,v_2,\cdots,v_9$ 的完全图，满足题设条件. 显然，这样的一个图包含一个红色三角形或一个蓝色四边形. 由于后者是不可能的，因此有一个红色三角形，不妨设为 $v_7v_8v_9$. 如果推出图形 $v_1,v_2,\cdots,v_6$ 可以分成三个组，其中任何一个组没有蓝色边，则得到所要求的 G 的划分.

否则，由引理 2 可知，不失一般性，假定边 v_1v_2，v_2v_3，v_3v_4，v_4v_5，v_5v_1 是红色边. 如果边 $v_iv_6(i=7,8,9)$ 是红色的，则 $\{v_6,v_7,v_8,v_9\}$，$\{v_1,v_3\}$，$\{v_2,v_4\}$，$\{v_5\}$ 就是所要求的划分. 如果边 v_7v_6 是蓝色的，而边 v_8v_6，v_9v_6 是红色的，则边 $v_7v_i(i=1,2,\cdots,5)$ 中至少有三个边是红色的. 我们容易得到所要求的划分(否则，得到一个红色四边形).

类似的方法解决余下的两种情况：当边 v_6v_7，v_6v_8，v_6v_9 中的两个是蓝色一个是红色，或者它们全是蓝色.

2006 年冬季数学竞赛

问题 9.1 求所有的非负实数对(a,b),使得方程 $x^2+a^2x+b^3=0$ 和 $x^2+b^2x+a^3=0$ 有一个公共的实根.

Peter Boyvalenkov

解 如果 x_0 是两个方程的公共根,则

$$x_0(a^2-b^2)=a^3-b^3$$

情况 1 如果 $a\neq b$,则 $x_0=\dfrac{a^2+ab+b^2}{a+b}$. 因为 $x_0>0$,由第一个方程可知 $x_0^2+a^2x_0+b^3>0$,矛盾.

情况 2 如果 $a=b$. 则两方程完全相同. 当判别式 $\Delta=a^4-4a^3=a^3(a-4)\geqslant 0$ 时,有一个实根. 因为 $a\geqslant 0$,得到本题的解是 (a,a),其中 $a\in\{0\}\cup[4,+\infty)$.

问题 9.2 设 b,c 是使得方程 $x^2+bx+c=0$ 有两个不同的实根 x_1,x_2,且 $x_1=x_2^2+x_2$ 的实数.

a) 如果 $b+c=4$,求 b,c;.

b) 如果 b,c 是互质的整数,求 b,c.

Stoyan Atanasov

解 由条件 $x_1=x_2^2+x_2$ 及 Vieta 定理,有

$$\begin{cases}x_1+(b-1)x_2=-c\\ x_1+x_2=-b\\ x_1x_2=c\end{cases}$$

所以 $c^2+4(1-b)c+b^3-b^2=0,b\neq 2$.

a) 因为 $c=4-b$,所以 $b^3+4b^2-28b+32=0\Leftrightarrow(b-2)^2(b+8)=0$. 所以 $b=-8,(b,c)=(-8,12)$.

b) 考虑 $c^2+4(1-b)c+b^3-b^2=0$. 作为 c 的二次函数,其判别式 $\Delta=16(1-b)^2-4(b^3-b^2)=4(1-b)(b-2)^2$ 是完全平方式. 所以 $b=2$ 或者 $1-b=k^2$(k 是整数),则 $(b,c)=(2,2)$ 或者 $(b,c)=(1-k^2,k(k-1)^2)$. 很明显前一对不是解,第二对的两个正数当 $k-1=\pm 1$ 时互质. 即 $k=2,0$,所以 $(b,c)=(-3,2),(1,0)$. 在这两种情况中,给定方程的根是不同的实根.

问题9.3 如图1,给定$\triangle ABC$,设$BL(L\in AC)$是$\angle ABC$的平分线,$AH(H\in BC)$是BC边上的高,证明:当且仅当$\angle BAC=\angle ACB+90^\circ$时,$\angle AHL=\angle ALB$.

Stoyan Atanasov

证明 (⇒)设$\angle AHL=\angle ALB=\varphi$,$\triangle ABH$的内心是$I$,则

$$\angle AHI=\frac{1}{2}\angle AHB=45^\circ,\ \angle AIL=180^\circ-\angle AIB=45^\circ$$

所以

$$\angle LAI+\angle LHI=180^\circ-\angle ALI-\angle AIL+(\angle AHL+\angle AHI)=(180^\circ-\varphi-45^\circ)+(\varphi+45^\circ)=180^\circ$$

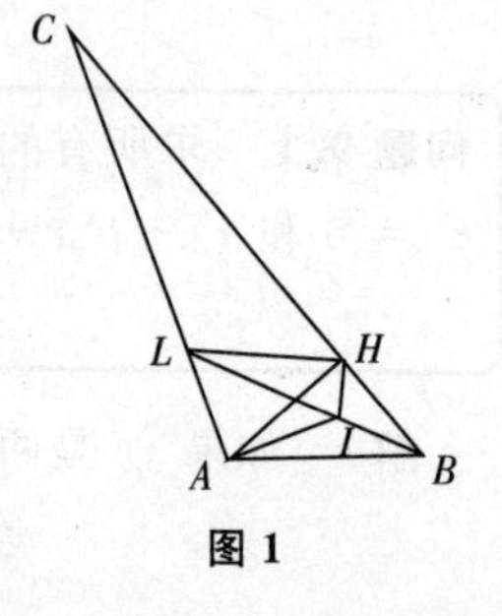

图1

可见,四边形$AIHL$共圆,所以$\varphi=45^\circ$,$\angle BAC=90^\circ+\angle BAI=90^\circ+\frac{1}{2}(90^\circ-\angle ABC)$.因为$\angle ABC=180^\circ-\angle BAC-\angle ACB$,所以$\angle BAC=\angle ACB+90^\circ$.

(⇐)设$\angle BAC=\angle ACB+90^\circ$.则$AL$是$\angle BAH$的外角平分线.所以$L$是$\triangle ABH$切于边$AH$的旁切圆的圆心,且$\angle AHL=\frac{1}{2}\angle CHA=45^\circ$.

另一方面

$$\angle ALB=180^\circ-\angle BAL-\angle ABL=180^\circ-\angle BAC-\frac{1}{2}\angle ABC=180^\circ-\angle BAC-\frac{180^\circ-\angle BAC-\angle ACB}{2}=90^\circ-\frac{\angle BAC-\angle ACB}{2}$$

所以$\angle AHL=\angle ALB$.

问题9.4 在8×8表的某些单元格里放置了一些标记,满足:

a)至少一个标记在任何一个2×1和1×2矩形中;

b)在任何7×1和1×7矩形中,有两个标记相邻.

求标记的最小可能数.

Peter Boyvalenkov

解 下图中显示了37个标记是如何以满足a)、b)放置的.现在,我们来证明,37即为所求的数.

考虑通过剪切给定表的最远的行和列得到的6×6表.

由a)可知,在每一个这样的列中,至少有3个标记.如果有3个标记在6×1列中,且不相邻,这和b)矛盾.所以在一个列中放置3个标记,或者出现在2,3,4单元格或者出现在2,4,5单元格.

<table>
<tr><td></td><td>·</td><td></td><td>·</td><td></td><td>·</td><td>·</td><td></td></tr>
<tr><td>·</td><td></td><td>·</td><td></td><td>·</td><td>·</td><td></td><td>·</td></tr>
<tr><td></td><td>·</td><td></td><td>·</td><td>·</td><td></td><td>·</td><td></td></tr>
<tr><td>·</td><td></td><td>·</td><td>·</td><td></td><td>·</td><td></td><td>·</td></tr>
<tr><td></td><td>·</td><td>·</td><td></td><td>·</td><td></td><td>·</td><td>·</td></tr>
<tr><td>·</td><td>·</td><td></td><td>·</td><td></td><td>·</td><td>·</td><td></td></tr>
<tr><td>·</td><td></td><td>·</td><td></td><td>·</td><td>·</td><td></td><td>·</td></tr>
<tr><td></td><td>·</td><td></td><td>·</td><td>·</td><td></td><td>·</td><td></td></tr>
</table>

用 k 表示每 3 个标记放置的列数. 至少有 4 个标记在余下的 $6-k$ 个列以及原始表中最远的两个列中. 由 a) 知有 8 个标记在原始表中的每一列,其中有 3 个在 6×6 表列中.

假设在两个相邻的列中,每一列有 3 个标记,则存在一个其中没有一个标记的 2×1 矩形. 矛盾. 所以至多有 3 个列,每一列有 3 个标记. 即 $k\leqslant 3$.

考虑上述两个 6×1 矩形以及 6×6 表,有下面两种情况:

情况 1 在这些矩形之中,至多有 3 个标记. 现在,至少有 5 个标记在原始表最远的列中. 所以,至少有

$$5k+2\cdot 5+4(6-k)+2(3-k)=40-k\geqslant 37$$

个标记在表中.

情况 2 在两个矩形中,至少有 4 个标记. 则标记的总数至少有

$$5k+4(8-k)+2(4-k)=40-k\geqslant 37$$

综上所要求的数是 37.

问题 10.1 考虑不等式 $\sqrt{x}+\sqrt{2-x}\geqslant\sqrt{a}$,其中 a 是正数.

a) 当 $a=3$ 时,解这个不等式;

b) 求所有 a 的值,使得这个不等式的解集是长度小于或等于 $\sqrt{3}$ 的一段(也可能是一个点).

Kerope Chakaryan

解 a) 当 $a=3$, $x\in[0,2]$ 时,原不等式等价于

$$2\sqrt{x(2-x)}\geqslant 1\Leftrightarrow 4x^2-8x+1\leqslant 0\Rightarrow x\in\left[\frac{2-\sqrt{3}}{2},\frac{2+\sqrt{3}}{2}\right]$$

b) 当 $a\geqslant 0$, $x\in[0,2]$ 时,原不等式等价于

$$2\sqrt{x(2-x)}\geqslant a-2$$

如果 $a\leqslant 2$,则 $x\in[0,2]$ 是一个解,但不满足题设条件.

如果 $a>2$,则 $4x(2-x)\geqslant(a-2)^2\ (x\in[0,2])\Leftrightarrow 4x^2-8x+a^2-4a+4\leqslant 0$.

判别式 $\Delta=16a(4-a)\geqslant 0\Rightarrow a\in(2,4]$. 此时,不等式的解是

$x \in [x_1, x_2]$. 其中 $x_1 \leqslant x_2$ 是二次方程 $4x^2 - 8x + a^2 - 4a + 4 = 0$ 的根. 给定的条件变成

$$x_2 - x_1 \leqslant \sqrt{3} \Leftrightarrow \frac{\sqrt{\Delta}}{4} = \sqrt{a(4-a)} \leqslant \sqrt{3} \Leftrightarrow a^2 - 4a + 3 \geqslant 0$$

因为 $a \in (2, 4]$, 所以 $a \in [3, 4]$.

问题 10.2 设四边形 $ABCD$ 是平行四边形, 点 E, F 分别在边 AB, BC 上, DE 是 $\angle ADF$ 的平分线, 且 $AE + CF = DF$, 过点 C 的直线垂直于 DE 交边 AD 于点 L, 交对角线 BD 于点 H, 设 $N = DE \cap AC$, 证明:

a) $AE = DL$;

b) 如果 $HN /\!/ AD$, 则 $BC = CD$;

c) 如果 $HN /\!/ AD$, 则 $ABCD$ 是正方形.

Ivailo Kortezov

证明 a) 如图 2, 设 $M = DE \cap CL$, $K = DF \cap CL$, 则 DM 是 $\triangle LKD$ 的高及角平分线, 所以 $DL = DK$. 因为 $\triangle LKD \backsim \triangle CKF$, 可知 $KF = CF$, 且 $AE = DF - CF = DF - KF = DK = DL$.

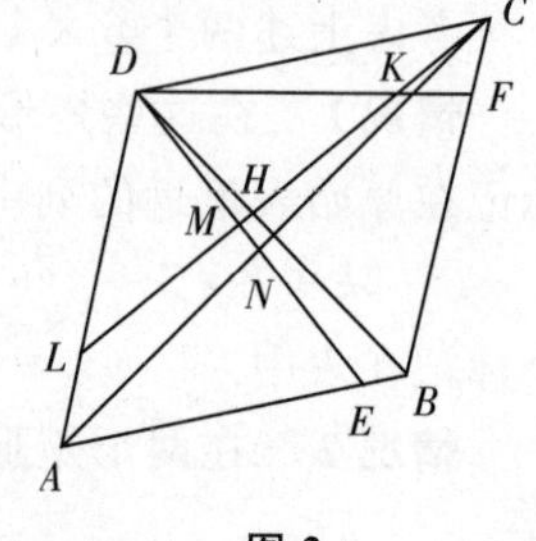

图 2

b) 因为 $\triangle ANE \backsim \triangle CND$, $\triangle HNC \backsim \triangle LAC$, $\triangle LHD \backsim \triangle CHB$, 所以

$$\frac{AE}{CD} = \frac{AN}{NC} = \frac{LH}{HC} = \frac{DL}{BC}$$

由 $AE = DL$, 可知 $BC = CD$.

c) 由 b) 可知, 四边形 $ABCD$ 是菱形, 则 $DB \perp AC$, 所以点 H 是 $\triangle DNC$ 的垂心. 所以 $HN \perp DC \Rightarrow AD \perp DC$. 所以四边形 $ABCD$ 是正方形.

问题 10.3 求所有满足 $2^t = 3^x \cdot 5^y + 7^z$ 的正整数 t, x, y, z.

Kerope Chakaryan

解 因为 $2^t \equiv 1 \pmod 3$, 所以 t 是偶数. 又因为 $2^t \equiv 2^z \pmod 5 \Leftrightarrow 2^{t-z} \equiv 1 \pmod 5$ (显然 $t > z$), 则 4 整除 $t - z$, 2 整除 z. 很明显

$$t \geqslant 6 > 2 \Rightarrow 0 \equiv 3^x(-3)^y + (-1)^z \pmod 8 \Leftrightarrow$$
$$3^{x+y} \equiv (-1)^{y+1} \pmod 8$$

如果 y 是偶数, 则 $3^{x+y} \equiv -1 \pmod 8$. 矛盾. 所以 y 是奇数, 且 $3^{x+y} \equiv 1 \pmod 8$.

可知 $x + y$ 是偶数, 从而 x 是奇数. 设 $t = 2m$ $(m \geqslant 3)$, $z = 2n$ $(n \geqslant 1)$, 则方程可转换为

$$(2^m - 7^n)(2^m + 7^n) = 3^x \cdot 5^y$$

因为$(2^m - 7^n, 2^m + 7^n) = 1$,有下列三种可能的情况:

情况 1 $2^m - 7^n = 3^x, 2^m + 7^n = 5^y$.

情况 2 $2^m - 7^n = 5^y, 2^m + 7^n = 3^x$.

情况 3 $2^m - 7^n = 1, 2^m + 7^n = 3^x \cdot 5^y$.

在前两种情况下,我们有 $2^m \mp 7^n = 3^x$. 因为 $m \geqslant 3$ 以及 x 是奇数,得

$$\mp(-1)^n \equiv 3 \pmod 8 \Leftrightarrow 3 \equiv -1 \pmod 8$$

矛盾.

在第三种情况下,$2^m - 7^n = 1 \Rightarrow 2^m \equiv 1 \pmod 7$,所以 3 整除 m. 设 $m = 3k$,则

$$(2^k - 1)(2^{2k} + 2^k + 1) = 7^n$$

易知$(2^k - 1, 2^{2k} + 2^k + 1) = 1$ 或 3,所以

$$2^k - 1 = 1,\ 2^{2k} + 2^k + 1 = 7^n \Rightarrow k = 1, n = 1$$

从而 $m = 3, t = 6, z = 2, x = y = 1$.

最后,本题的解为

$$t = 6, x = 1, y = 1, z = 2$$

问题 10.4 一王国有 40 位骑士. 每天早上,他们成对地进行对战(每一位骑士确有一名对手与之对战),晚上他们围桌而坐(这期间,他们不能改变自己座位). 求最小的天数,使得

a) 每两位骑士,至少完成一次对战;

b) 每两位已相邻的骑士围桌而坐.

解 a) 总共有$\frac{40 \cdot 39}{2} = 20 \cdot 39$ 对骑士. 因为每天早上 20 对骑士对战,所以至少需要 39 天. 这 39 天战斗的排列可以按下列方式进行:把 39 个骑士放置在正 39 边形的顶点上,最后一个骑士 B 放在其中心.

让骑士 B 在日子 i 对战骑士 A_i,余下的骑士 A_{i-j} 对战 A_{i+j}(弦 $A_{i-j}A_{i+j}$ 垂直于 BA_i,这里是取 39 模作为索引). 因为 39 是奇数,每一个弦垂直于其半径,因此,每一对骑士在确定的日子对战.

b) 相邻的派对总共有$\frac{40 \cdot 39 \cdot 2}{2} = 40 \cdot 39$. 因为 40 对至少需要 39 个夜晚. 利用 a),对于这 39 天可以按下列方式进行必要的排列:连接日子 i 到 $i+1$ 对应于骑士的所有线段(日子数取模 39 计算),我们得到一个封闭的折线

$BA_iA_{i+2}A_{i-2}A_{i+4}A_{i-4}\cdots A_{i+38}A_{i-38}$(注意 $A_{i-38} = A_{i+1}$)

由于奇偶性,故没有两个索引相差 39. 因其最大差等于 $38 - (-38) < 2 \cdot 39$. 所以这个折线包含了所有 40 个点. 依据 a),我们让这样的骑士在夜晚 i 环绕桌子,每两个在日子 i 的前一天对战和

日子 i 对战的骑士做邻居.

问题 11.1 解方程 $\log_a(a^{2(x^2+x)}+a^2)=x^2+x+\log_a(a^2+1)$.

解 显然,$a>0,a\neq 1$,则有

$$a^{x^2+x}(a^2+1)=a^{2(x^2+x)}+a^2$$

设 $u=a^{x^2+x}$,则方程转化成

$$u^2-(a^2+1)u+a^2=0\Rightarrow u=1,a^2\Rightarrow x^2+x=0,x^2+x-2=0$$

因此,对于 $a>0$, $a\neq 1$,方程有四个根 $x=-2,-1,0,1$.

问题 11.2 给定一个 $\triangle ABC$,$\angle ACB=60°$,以下列方式定义一个点的序列 $A_0,A_1,\cdots,A_{2\,006}$:

$A_0=A$,A_1 是 A_0 在 BC 上的正投影,A_2 是 A_1 在 AC 上的正投影,…,$A_{2\,005}$ 是 $A_{2\,004}$ 在 BC 上的正投影,$A_{2\,006}$ 是 $A_{2\,005}$ 在 AC 上的正投影.类似地定义点的序列 $B_0,B_1,\cdots,B_{2\,006}$:$B_0=B$,$B_1$ 是 B_0 在 AC 上的正投影,B_2 是 B_1 在 BC 上的正投影等等.证明:当且仅当 $\frac{AC+BC}{AB}=\frac{2^{2\,006}+1}{2^{2\,006}-1}$ 时,直线 $A_{2\,006}B_{2\,006}$ 与 $\triangle ABC$ 的内切圆相切.

Aleksander Ivanov

证明 如图 3,很明显,$CA_1=\frac{1}{2}CA_0$,$CA_2=\frac{1}{4}CA_0$ 等等,所以

$$CA_{2\,006}=\frac{1}{2^{2\,006}}CA_0=\frac{1}{2^{2\,006}}CA$$

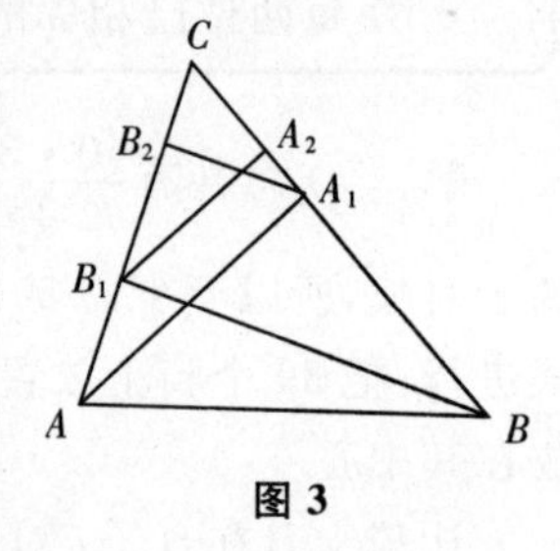

图 3

同理可得

$$CB_{2\,006}=\frac{1}{2^{2\,006}}CB$$

可见 $A_{2\,006}B_{2\,006}\ /\!/\ AB$,$A_{2\,006}B_{2\,006}=\frac{1}{2^{2\,006}}AB$.

因为直线 $A_{2\,006}B_{2\,006}$ 与 $\triangle ABC$ 内切圆相切,且四边形 $ABA_{2\,006}B_{2\,006}$ 共圆,所以有

$$AB+A_{2\,006}B_{2\,006}=AA_{2\,006}+BB_{2\,006}\Leftrightarrow AB+\frac{AB}{2^{2006}}=$$

$$\frac{(2^{2\,006}-1)(AC+BC)}{2^{2\,006}}\Leftrightarrow\frac{AC+BC}{AB}=$$

$$\frac{2^{2\,006}+1}{2^{2\,006}-1}$$

问题 11.3 设 a 是整数,求所有实数 x,y,z 使得
$$a(\cos 2x+\cos 2y+\cos 2z)+2(1-a)(\cos x+\cos y+\cos z)+6=9a$$
Aleksander Ivanov

解 利用公式 $\cos 2\alpha=2\cos^2\alpha-1$,则原方程可转换为
$$a(\cos^2 x+\cos^2 y+\cos^2 z)+(1-a)(\cos x+\cos y+\cos z)+3-6a=0$$
考虑函数 $f(t)=at^2+(1-a)t+1-2a(t\in[-1,1])$. 方程 $f(t)=0$ 的两个根是 $t_1=-1,t_2=\dfrac{2a-1}{a}\ (a\neq 0)$. 考虑下列三种可能的情况:

情况 1 当 $a<0$ 时,因为$\dfrac{2a-1}{a}>1\Rightarrow f(t)\geqslant 0(t\in[-1,1])$,所以 $f(t)=0$ 仅当 $t=-1$ 时成立.

情况 2 当 $a=0$ 时,则 $f(t)=t+1\geqslant 0(t\in[-1,1])$,所以 $f(t)=0$ 仅当 $t=-1$ 时成立.

情况 3 当 $a>0$ 时,则 $a\geqslant 1\Rightarrow\dfrac{2a-1}{a}\geqslant 1$. 当 $a=1$ 时,成立等号. 可知 $f(t)\geqslant 0,\ t\in[-1,1]$. 如果 $a>1$,则当 $t=-1$ 时,$f(t)=0$. 如果 $a=1$,则当 $t=\pm 1$ 时,$f(t)=0$.

因为给定的方程具有 $f(\cos x)+f(\cos y)+f(\cos z)=0$ 的形式. 我们有

如果 $a\neq 1$,则 $\cos x=\cos y=\cos z=-1$. 因此,本题的解为
$$x=(2k+1)\pi,y=(2l+1)\pi,z=(2m+1)\pi(k,l,m\in\mathbf{Z})$$
如果 $a=1$,则除了上面的解之外,还有 $\cos x=\cos y=\cos z=1$. 即
$$x=2r\pi,\ y=2s\pi,\ z=2t\pi(r,s,t\in\mathbf{Z})$$

问题 11.4 设 a 是一个正整数,用十进制表示有 2 006 个数字. 如果 a 的连续三项组成的整数不能被 3 整除,则称 a 为“坏整数”.

a) 求数字为 1,2 或 3 的所有“坏整数”的个数;

b) 设 a,b 是不同的“坏整数”,满足 $a+b$ 也是“坏整数”. 用 k 表示位置数,其中 a,b 的数字一致,求 k 的所有可能值.

Emil Kolev

解 a) 设 $n>1$, $a=\overline{a_1a_2\cdots a_n}$ 是具有数字 1,2,3 的“坏整数”. 因为 3 整除整数$\overline{a_{n-1}a_n1},\overline{a_{n-1}a_n2},\overline{a_{n-1}a_n3}$ 之一,则其中必有两个是坏的. 可见,添加数字 1,2,3 到 a,得到具有 $n+1$ 个数字的两个“坏整数”. 只用数字 1,2,3 的十进制表示的两位数字整数的个

数等于 9. 所以 a) 的答案是:$9 \cdot 2^{2\,004}$.

b) 整数 122122…12212,233233…23323 是“坏整数”,其和为 355355…35535 也是“坏整数”. 这样 0 就是 k 的一个可能值.

现设 $a=\overline{a_1a_2\cdots a_n}$,$b=\overline{b_1b_2\cdots b_n}$ 是两个不同的“坏整数”. 并假定其和也是坏整数. 则 3 不能整除 $a_i+a_{i+1}+a_{i+2}$,$b_i+b_{i+1}+b_{i+2}$,$a_i+a_{i+1}+a_{i+2}+b_i+b_{i+1}+b_{i+2}$,所以

$$a_i+a_{i+1}+a_{i+2}\equiv b_i+b_{i+1}+b_{i+2}\equiv 1,2 \pmod 3$$

假设数字 a_i,a_{i+1},a_{i+2} 和 b_i,b_{i+1},b_{i+2} 有两个重合. 由上面可见,第三个数字也重合. 继续同样的方法,我们推出 $a=b$,矛盾.

所以 a 的任意连续的三个数字当中,至多和 b 的数字有一个相重合. 另一方面,如果 $a_i=b_i$,则 $a_{i+3}=b_{i+3}$(同理 $a_{i-3}=b_{i-3}$). 实际上

$$a_i+a_{i+1}+a_{i+2}\equiv b_i+b_{i+1}+b_{i+2} \pmod 3 \Leftrightarrow a_i+a_{i+1}\equiv b_i+b_{i+1} \pmod 3$$

如果 $a_{i+3}\neq b_{i+3}$,则 $a_i+a_{i+1}+a_{i+2}\equiv b_i+b_{i+1}+b_{i+2} \pmod 3$ 是不可能的. 如果 $k>0$,则 a 的三个连续的数字确有一个和 b 的数字相重合. 可知 $k=669$ 或 $k=668$.

问题 12.1 考虑函数 $f(x)=\dfrac{x^2-2\,006x+1}{x^2+1}$.

a) 解不等式 $f'(x)\geqslant 0$;

b) 证明:对所有实数 x,y,有 $|f(x)-f(y)|\leqslant 2\,006$.

Oleg Mushkarov

解 a) 我们有

$$f'(x)=\frac{(2x-2\,006)(x^2+1)-2x(x^2-2\,006x+1)}{(x^2+1)^2}=\frac{2\,006(x^2-1)}{(x^2+1)^2}$$

所以当且仅当 $x\in(-\infty,-1]\cup[1,+\infty)$ 时,$f'(x)\geqslant 0$.

b) 由 a) 可知,$f(x)$ 在$(-\infty,-1]\cup[1,+\infty)$ 上是增函数,在$(-1,1)$ 内是减函数. 所以其最大值等于 $f(-1)=1\,004$. 最小值是 $f(1)=-1\,002$. 因此,对于任意实数 x,y,有

$$|f(x)-f(y)|\leqslant|1004-(-1\,002)|=2\,006$$

问题 12.2 设圆 k 的圆心为 O,半径为 $\sqrt{5}$. 设 M,N 是圆 k 直径上的两点,满足 $MO=NO$,弦 AB,AC 分别过点 M 和 N,满足 $\dfrac{1}{MB^2}+\dfrac{1}{NC^2}=\dfrac{3}{MN^2}$,求 MO 的长度.

Oleg Mushkarov

解 设M,N两点位于圆k的直径$PQ(M \in PO, N \in QO)$上.又设$x = MO = NO, 0 \leqslant x \leqslant \sqrt{5}$.则

$MA \cdot MB = MP \cdot MQ = (\sqrt{5} - x)(\sqrt{5} + x) = 5 - x^2$

同理可得,$NA \cdot NC = 5 - x^2$.因此

$$\frac{1}{MB^2} + \frac{1}{NC^2} = \frac{MA^2 + NA^2}{(5 - x^2)^2}$$

利用中线公式,有

$$5 = AO^2 = \frac{1}{4}[2(MA^2 + NA^2) - 4x^2] \Leftrightarrow MA^2 + NA^2 = 2(5 + x^2)$$

$$\frac{1}{MB^2} + \frac{1}{NC^2} = \frac{2(5 + x^2)}{(5 - x^2)^2} = \frac{3}{4x^2} \Leftrightarrow x^4 + 14x^2 - 15 = 0 \Rightarrow x = 1$$

问题 12.3 求满足下列三个条件的电话号码集合的最大基数.

a) 其中所有5位数字码(第一个数字可以是0);

b) 每一个号码至多包含两个不同的数字;

c) 在两个任意电话号码中删除任意一个数字(可能在不同的位置),不能出现长度为4的相同的数字序列.

Ivan Landjev

解 设C是电话号码的集合,满足给定的三个条件.假设C具有最大的基数.用A表示C中具有4个或5个相等数字的集合,用B表示C中有三个相等数字的集合.显然$C = A \cup B$,$|A| \leqslant 10$.

因为任何数字可以出现4次或5次,在C中至多有一个.用$B_{i,j}(0 \leqslant i,j \leqslant 9, i \neq j)$表示包含三个数字$i$和两个数字$j$的号码的集合.我们来证明,集合$B_{i,j} \cup B_{j,i}$的最大基数是4.则只需考虑$i = 0, j = 1$的情况.

设a_i是$B_1 = B_{0,1} \cup B_{1,0}$中电话号码的个数,具有$i$个块(如果$a_{k-1} \neq a_k = \cdots = a_j \neq a_{j+1}$,则一个序列$a_k, \cdots, a_j$称为一个块).假设$|B_1| = 5$,则

$$a_2 + a_3 + a_4 + a_5 = 5$$
$$2a_2 + 3a_3 + 4a_4 + 5a_5 \leqslant 14$$

因为任意两个号码没有长度为4的公共子序列,又因为$a_2 \leqslant 2, a_3 \leqslant 2$,所以$a_2 = a_3 = 2, a_4 = 1$.则$01110, 10001 \in B_1$,可知$B_1$不包含具有两个块的电话号码.

另一方面,B_1中可以找到四个号码满足c).如取$B_1 = \{10001, 01010, 11100, 00111\}$.

集合C可以写成如下形式

$$C = A \cup B = A \cup \left[\bigcup_{0 \leqslant i < j \leqslant 9} (B_{i,j} \cup B_{j,i})\right]$$

很明显,在 $B_{i,j} \cup B_{j,i}$ 和 $B_{k,l} \cup B_{l,k}$ 中选择满足 $(i,j) \neq (k,l)$ 的电话号码是独立的,另外,我们可以在 A 中选择 10 个电话号码,与 C 中任意选择的其他号码不发生冲突.例如

$$A = \{00000, 11111, \cdots, 99999\}$$

这样 C 的最大基数等于

$$|C| = |A| + \sum_{0 \leqslant i < j \leqslant 9} |B_{i,j} \cup B_{j,i}| = 10 + \binom{10}{2} \cdot 4 =$$
$$10 + 45 \times 4 = 190$$

问题 12.4 设 O 是 $\triangle ABC$ 外接圆的圆心,$AC = BC$,直线 AO 交边 BC 于点 D.如果 BD,CD 的长度是整数,且 $AO - CD$ 是一个质数,求这三个数.

Nikolai Nikolov

解 设 $AO = R, BD = b, CD = c, OD = d$.因为 CO 是 $\angle ACD$ 的平分线,所以 $\dfrac{d}{R} = \dfrac{c}{b+c}$.

设直线 AO 与 $\triangle ABC$ 外接圆交于点 E,则 $AD \cdot DO = BD \cdot CD \Leftrightarrow (R+d)(R-d) = bc$.

因为 $d = \dfrac{cR}{b+c}$,所以 $R^2 = \dfrac{(b+c)^2 c}{b+2c}$.

设 $k = (b,c,R), m = \left(\dfrac{b}{k}, \dfrac{c}{k}\right), R_1 = \dfrac{R}{k}, b_1 = \dfrac{b}{km}, c_1 = \dfrac{c}{km}$,

则 $R_1^2 = \dfrac{m^2(b_1+c_1)^2 c_1}{b_1 + 2c_1}$.

因为 $(m, R_1) = 1$, $(b_1 + 2c_1, b_1 + c_1) = (b_1 + 2c_1, c_1) = (b_1, c_1) = 1$,则

$$R_1^2 = (b_1 + c_1)^2 c_1, \ m^2 = b_1 + 2c_1$$

所以 c_1 是完全平方数.

设 $c_1 = n^2$,则

$c = kmc_1 = kmn^2$, $b = kmb_1 = km(m^2 - 2n^2)$, $R = kR_1 = kn(m^2 - n^2)$

不等式 $1 > \sin\angle BAC = \dfrac{b+c}{2R} = \dfrac{m}{2n} \Rightarrow \sqrt{2}n < m < 2n$.(相反地,这个条件说明这样的 $\triangle ABC$ 是存在的.它是一个锐角三角形且直线 AO 和边 BC 相交),特别地 $n \geqslant 2$.

因为 $R - c = kn(m^2 - n^2 - mn)$ 是质数,可知 n 是质数,所以 $k = 1$ 和 $m^2 - n^2 - mn = 1 \Leftrightarrow (m-1)(m+1) = n(m+n)$.所以 n 整除 $m-1$ 或 $m+1$.

a) 设 $m-1=ln$，则 $l(ln+2)=ln+1+n \Rightarrow n=\dfrac{1-2l}{l^2-l-1}$.

因为 $n<0$. 当 $l \geqslant 2$ 时，有 $l=1, n=1$，矛盾.

b) 设 $m+1=ln$，则 $l(ln-2)=ln-1+n \Rightarrow n=\dfrac{2l-1}{l^2-l-1}$.

当 $l \geqslant 3$ 时，有 $n \leqslant 1$. 当 $l=1$ 时，有 $n=-1$，所以 $l=2$. 所以 $n=R-c=3, m=5, b=35, c=45$.

2006年春季数学竞赛

问题 8.1 求所有使得 $ac-3bd=5$, $ad+bc=6$ 的整数 a, b,c,d.

Ivan Tonov

解 设存在整数 a,b,c,d 满足 $ac-3bd=5$, $ad+bc=6$. 则

$$(a^2+3b^2)(c^2+3d^2)=(ac-3bd)^2+3(ad+bc)^2=5^2+3\times6^2=133=7\times19$$

由于(a,b),(c,d) 之间的对称性,我们只考虑 $a^2+3b^2=1$, $c^2+3d^2=133$ 或 $a^2+3b^2=7$,$c^2+3d^2=19$ 的情况.

如果 $a^2+3b^2=1$,则 $a^2=1$,$b=0$. 结合 $ac=5$, $ad=6$,我们有当 $a=1$ 时,有 $c=5$,$d=6$;当 $a=-1$ 时,有 $c=-5$,$d=-6$.

如果 $a^2+3b^2=7$,则 $a^2=4$,$b^2=1$. 由 $c^2+3d^2=19$ 可知 $c^2=16$,$d^2=1$,则 $|ac|=8$. 结合 $ac-3bd=-5$,有 $ac=8$. 所以 $a=2$,$c=4$ 或 $a=-2$,$c=-4$. 从而得到 $b=d=1$ 或 $b=d=-1$.

综上所述,所有的解为

$$(a,b,c,d)=(\pm1,0,\pm5,\pm6),(\pm5,\pm6,\pm1,0),(\pm2,\pm1,\pm4,\pm1),(\pm4,\pm1,\pm2,\pm1)$$

问题 8.2 设A,B是圆k上给定的两点,对于圆k上的任意一点L,点M是直线AL上一点,满足$LM=LB$且L位于点A,M之间,求点M的轨迹.

Chavdar Lozanov

解 如图1,设CD是圆k的直径,满足$CD\perp AB$. 又设$L\in\overset{\frown}{ACB}$,则$\angle ALB=2\alpha$是常数,且$\angle AMB=\alpha$(因为$\triangle MLB$是等腰三角形). 所以点$M$在圆$k_1$($k_1$是$\triangle AMB$的外接圆)的一段弧上,它对线段$AB$的视角为$\alpha$. 同理当$L\in\overset{\frown}{ADB}$时,有$\angle ALB=180^\circ-2\alpha$, $\angle AMB=90^\circ-\alpha$. 由此我们推出,点$M$在圆$k_2$($k_2$是$\triangle AMB$的外接圆)的一段弧上,且其对线段$AB$的视角为$90^\circ-\alpha$. 设$t$是圆$k$在点$A$的切线,且$t\cap k_1=\{A,P\}$, $t\cap k_2=\{A,Q\}$. 设λ是切线包含圆k的半平面. 因为点L介于点A与M之间,有

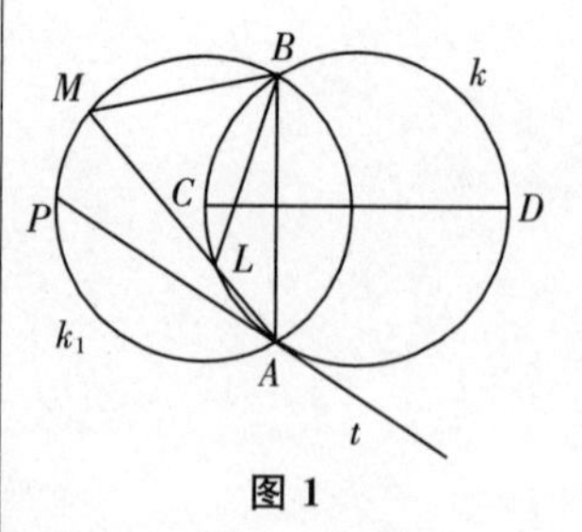

图 1

$M \in \lambda$. 所以所要求的轨迹是属于 λ 的圆 k_1, k_2 的弧组成的.

问题 8.3 设 m 是正整数, $u_m = \underbrace{11\cdots1}_{m}$, 证明: u_m 的正整数倍不可能满足其数字之和小于 m.

Ivan Tonov

解 假设要证明的结论不成立, 则存在 u_m 的一个整数倍, 满足其数字之和小于 m. 又设 t 是具有该性质的最小数. 因为 $t > 10^m$, 则 t 可以写成如下形式

$$t = 10^m a + b \quad (0 < b < 10^m)$$

我们有, $t = 10^m a + b = (10^m - 1)a + a + b$. 因为 u_m 整除 t 和 $10^m - 1 = 9u_m$, 所以 u_m 整除 $a + b$. 但 $a + b$ 的数字之和不超过 t 的数字之和, 且 $a + b < t$, 矛盾.

问题 8.4 一张纸的各个区域组成 5 个国家的地图. 地图上相应区域的国家以 5 种不同的颜色着色. 证明: 以这样的方式, 在其他地图上对相应区域的国家着色是可能的. 即每两个以不同颜色着色的国家, 至少占据以相同的颜色着色的两个区域的纸张的 20%.

解 用 $A_1, A_2, \cdots, A_5, B_1, B_2, \cdots, B_5$ 分别表示纸上各自的区域及相应的国家. 设 S_{ij} 表示隶属于国家 B_j 的 A_i 部分的面积(如果 A_i 和 B_j 没有公共面积, 则 $S_{ij} = 0$). 又设整张纸的面积为 1, 则

$$S = (S_{11} + S_{12} + S_{13} + S_{14} + S_{15}) + (S_{21} + S_{22} + S_{23} + S_{24} + S_{25}) + \cdots + (S_{51} + S_{52} + S_{53} + S_{54} + S_{55}) = 1$$

因为 $S_{i1} + S_{i2} + S_{i3} + S_{i4} + S_{i5}$ 等于 A_i 的面积, 则 S 也可以写成如下形式

$$S = (S_{11} + S_{22} + S_{33} + S_{44} + S_{55}) + (S_{12} + S_{23} + S_{34} + S_{45} + S_{51}) + \cdots + (S_{15} + S_{21} + S_{32} + S_{43} + S_{54})$$

因此, 加数之一至少大于或等于 0.2. 设 $S_{13} + S_{24} + S_{35} + S_{41} + S_{52} \geqslant 0.2$. 现在, 我们对国家 $B_1, B_2, \cdots, B_5$ 着色如下:

B_3 用 A_1 的颜色, B_4 用 A_2 的颜色, B_5 用 A_3 的颜色, B_1 用 A_4 的颜色, B_2 用 A_5 的颜色. 则每两个国家以不同的颜色着色, 且表格中两个区域以相同的颜色着色至少为 20%.

问题 9.1 求所有的实数 a, 使得方程 $x^2 + ax + 3a^2 - 7a - 19 = 0$ 有两个实根 x_1, x_2, 满足 $\frac{1}{x_1 - 2} + \frac{1}{x_2 - 2} = -\frac{2a}{13}$.

Peter Boyvalenkov

解 利用 Vieta 定理,有

$$\frac{1}{x_1-2}+\frac{1}{x_2-2}=\frac{x_1+x_2-4}{(x_1-2)(x_2-2)}=-\frac{a+4}{3a^2-5a-15}$$

所以,$3a^2-5a-15\neq 0$,且

$$\frac{a+4}{3a^2-5a-15}=\frac{2a}{13}\Leftrightarrow 6a^3-10a^2-43a-52=$$
$$0\Leftrightarrow(a-4)(6a^2+14a+13)=0$$

即 $a=4$. 此时 $x_{1,2}=-2\pm\sqrt{15}$.

问题 9.2 如图 2,锐角 $\triangle ABC$ 的高为 $AA_1(A_1\in BC)$,$BB_1(B_1\in AC)$ 和 $CC_1(C_1\in AB)$,I 是内心,直线 CI 交 AB 于点 L,已知点 I 位于 $\triangle A_1B_1C$ 的外接圆上.

a) 证明:L 是 $\triangle A_1B_1C$ 切于边 A_1B_1 旁切圆的圆心;

b) 如果 $CI=2IL$,求 $\angle ACB$.

Stoyan Atanasov

解 a) 因为 $\angle CB_1A_1=\angle CIA_1$,且四边形 ABA_1B_1 的四个顶点共圆,则 $\angle CIA_1=\angle CB_1A_1=\angle ABC$,说明四边形 LBA_1I 的四个顶点共圆. 因此

$$\angle LA_1B=\angle LIB=\angle ICB+\angle IBC=\frac{1}{2}(\angle ACB+\angle ABC)=$$
$$\frac{1}{2}(\angle ACB+\angle A_1B_1C)=\frac{1}{2}\angle BA_1B_1$$

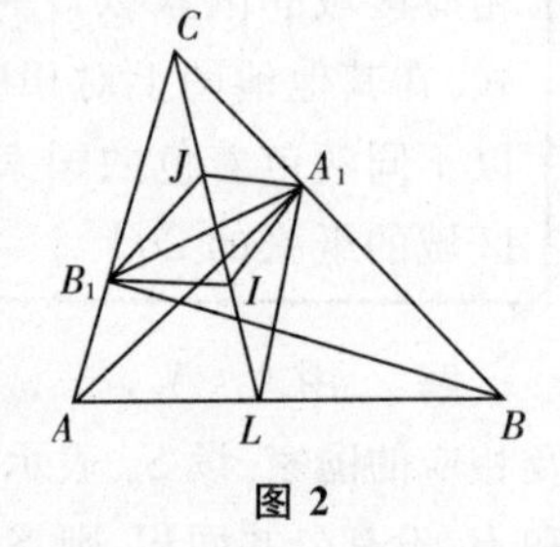

图 2

所以 A_1L 是 $\angle BA_1B_1$ 的平分线. 证毕.

b) 如果 J 是 CI 的中点,则 $CJ=JI=IL$. 但 $IL=IA_1$,由 a) 我们推出 $\triangle JLA_1$ 是直角三角形. 则 A_1J 是 $\angle B_1A_1C$ 的平分线. 从而,J 是 $\triangle A_1B_1C$ 的内心. 另一方面,有 $\triangle A_1B_1C\backsim\triangle ABC$,所以 $\frac{A_1C}{AC}=\frac{CJ}{CI}=\frac{1}{2}$,且 $\angle ACB=60^\circ$.

备注 在情形 b) 中,可以证明 $\triangle ABC$ 是等边三角形.

问题 9.3 集合 $M=\{1,2,\cdots,27\}$ 和 $A=\{a_1,a_2,\cdots,a_k\}\subset\{1,2,\cdots,14\}$ 具有下列性质:M 中的每一个元素,或者是 A 中的元素或者是 A 中两个元素(可能相同)的和,求 k 的最小值.

Peter Boyvalenkov

解 集合 A 的元素给出所要求和的类型有 $\binom{k}{2}+k+k=\frac{k(k+3)}{2}$ 个(分别具有两个不同的加数,两个相同的加数或一个

加数). 所以$\frac{k(k+3)}{2} \geqslant 27$,从而 $k \geqslant 6$.

如果 $k=6$,集合 M 的每一个元素具有唯一的表示形式,这个连续性意味着 $1 \in A, 2 \notin A, 3 \in A, 4 \notin A, 5 \in A$,且 $6=3+3=1+5$ 有两个表示,矛盾. 所以 $k \geqslant 7$.

假设集合 $A=\{a_1, a_2, \cdots, a_7\}$ 具有所要求的性质,且 $a_1<a_2<\cdots<a_7$. 因为 1 和 27 具有唯一的表示,我们有 $a_1=1, a_6=13, a_7=14$. 另外,容易看到 $a_2 \in \{2,3\}$, $a_3 \leqslant 5$. 25 仅有两种可能的表示是 $25=13+12=14+11$,从而 $a_5=12$ 或 $a_5=11$.

情况 1 $a_5=12$. 由 $23=14+9=13+10=12+11$ 可见,$a_4 \in \{9,10,11\}$. 则对 21 的所有可能情况检验,得到 $a_3 \geqslant 7$,这和上面的限制 $a_3 \leqslant 5$ 相矛盾.

情况 2 $a_5=11$. 如情况 1,我们推出 $a_4 \in \{9,10\}$. 另一方面,由 $21=14+7=13+8=11+10$,我们有 $a_4 \in \{7,8,10\}$,所以 $a_4=10$.

令 $a_3 \leqslant 5$,得 19 只有一种可能 $19=14+5$,这说明 $a_3=5$, $a_2=3$. 即有 $A=\{1,3,5,10,11,13,14\}$,但这个集合并不具有所要求的性质.

集合 $A=\{1,3,5,7,9,11,13,14\}$ 具有所要求的性质,其基数为 8,所以 k 的最小值是 8.

备注 $k=6$ 的情况并不是必须的,它仅给出了寻找解答的一个途径.

问题 9.4 对任意正整数 n, $f(n)$ 表示最小正整数 m,使得 n 整除和式 $1+2+\cdots+m$,求所有满足 $f(n)=n-1$ 的 n.

Kerope Chakarian

解 如果 $f(n)=n-1$,则 n 整除和式 $1+2+\cdots+(n-1)=\frac{1}{2}n(n-1)$,这说明 n 是奇数. 数 $n=p^s$($p>2$ 是质数,$s \geqslant 1$) 是一个解. 实际上,如果 $k \in \mathbf{N}$, $k<p^s-1$,则和式 $1+2+\cdots+k=\frac{1}{2}k(k+1)$ 不能被 p^s 整除. 因为$(k, k+1)=1, k, k+1<p^s$.

我们来证明,这是唯一的答案. 设 n 是正奇数,且不是质数的幂,则 $n=ab$ ($a>1, b>1, (a,b)=1$),由中国余数定理知存在整数 $k \in [0, ab-1]$,满足 $a \mid k$, $b \mid (k+1)$,则很明显 $k \neq 0, k \neq ab-1, k \left| \frac{k(k+1)}{2} \right.$,所以 $n=ab$ 不是解.

问题 10.1 考虑方程

$$3^{2x+3}-2^{x+2}=2^{x+5}-9^{x+1} \tag{1}$$

和

$$a\cdot 5^{2x}+|a-1|\cdot 5^{x}=1 \tag{2}$$

其中 a 是实数.

a) 求解方程(1);

b) 求 a 的值,使得方程(1) 和(2) 等价.

Kerope Chakarian

解 a) 方程(1) 可以写成 $9^x=2^x\Leftrightarrow\left(\frac{9}{2}\right)^x=1\Rightarrow x=0$

b) 将 $x=0$ 代入方程(2) 中,得到 $|a-1|=1-a\Leftrightarrow a\leqslant 1$. 在这种情况下,0 是方程(2) 的一个解. 我们必须确定当方程(2) 成立时,没有其他的解.

设 $5^x=t>0$,则方程(2) 变成

$$at^2+(1-a)t-1=0 \tag{3}$$

当 $a=0$ 时,方程(3) 有唯一的根 $t=1$,且满足条件.

当 $a\neq 0$ 时,方程(3) 有两个根是 $t=1,-\frac{1}{a}$,所以当且仅当 $-\frac{1}{a}=1$ 或 $-\frac{1}{a}<0$ 时,满足条件. 所以 $a=-1$ 或 $a>0$,从而 $a\in[0,1]\cup\{-1\}$.

问题 10.2 如图 3,设 AA',BB' 和 CC' 是 $\triangle ABC$ 的角平分线,I 是 $\triangle ABC$ 内心,线段 CI 和 $A'B'$ 相交于点 D,线段 AI 和 BI 的中点分别为 M 和 N.

a) 如果 $a=BC$,$b=AC$,$c=AB$,求比值 $\frac{CD}{DI}$;

b) 如果 $K=AC\cap\overrightarrow{C'M}$,$L=BC\cap\overrightarrow{C'N}$,证明:$D$ 是 $\triangle KLC$ 的内心.

Ivailo Kortezov

解 a) 我们有

$$CA'=\frac{ab}{b+c},\ \frac{AI}{IA'}=\frac{AC}{CA'}=\frac{b+c}{a}$$

对 $\triangle AIC$ 和直线 $B'A'$ 应用 Menalaus 定理,有

$$\frac{CD}{DI}\cdot\frac{IA'}{A'A}\cdot\frac{AB'}{B'C}=1\Rightarrow\frac{CD}{DI}=\frac{a+b+c}{a}\cdot\frac{a}{c}=\frac{a+b+c}{c}$$

b) 对 $\triangle AIC$ 和直线 KC' 应用 Menalaus 定理,有

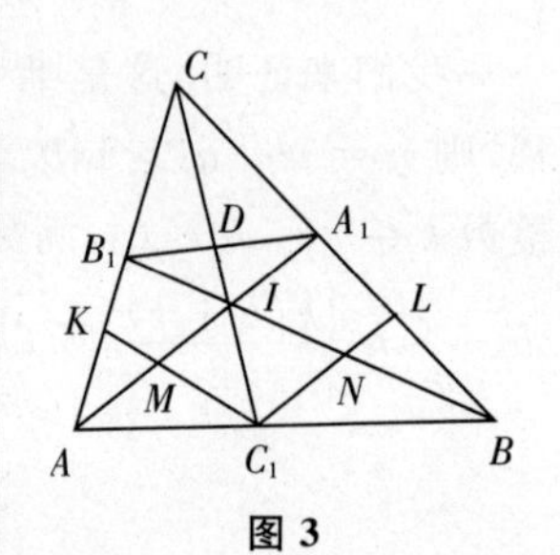

图 3

$$\frac{AM}{MI}\cdot\frac{IC'}{C'C}\cdot\frac{CK}{KA}=1\Rightarrow\frac{CK}{KA}=\frac{a+b+c}{c}$$

类似可得，$\frac{CL}{LB}=\frac{a+b+c}{c}$.

设 h 是以位似中心 C，位似比为 $\frac{a+b+c}{a+b+2c}$ 的位似变换，则 $h(A)=K, h(B)=L, h(C)=C$，由 a) 可知 $h(I)=D$，所以点 D 是 $\triangle KLC$ 的内心.

问题 10.3 40 个小偷来分 4 000 欧元. 5 个小偷一组，如果他们所有的钱数不超过 500 欧元，称为“贫困组”. 他们当中，所有可能的 5 个小偷一组的“贫困组”的最小个数是多少？

解 如果 39 个小偷每人分得 101 欧元，最后一个小偷分得 61 欧元，则仅最后一个小偷作为一个成员构成“贫困组”. 因此，这种金钱的分发方式给出 $\binom{39}{4}$ 个“贫困组”. 我们要证明这是所要求的最小数.

设 r 是每 5 个小偷一组的 8 组小偷所有可能的划分数. 任何这样的分组至少有一个“贫困组”. 在所有分组中，“贫困组”的总数为 $8r$，每组参入 $\frac{8r}{\binom{40}{5}}$ 个划分，所以每个“贫困组”确切计数 $\frac{8r}{\binom{40}{5}}$ 次，且这种情况至少 r 次. 所以至少有 $\frac{r\binom{40}{5}}{8r}=\binom{39}{4}$ 个“贫困组”.

问题 10.4 见问题 9.4.

解 参见问题 9.4 的解答.

问题 11.1 设 $a_1, a_2, \cdots, a_n, \cdots$ 是几何级数，$a_1=3-2a$，公比为 $q=\frac{3-2a}{a-2}$，其中 $a\left(\neq\frac{3}{2}, 2\right)$ 是实数. 设 $S_n=\sum_{i=1}^{n}a_i\ (n\geqslant 1)$，证明：如果序列 $\{S_n\}_{n=1}^{\infty}$ 是收敛的，且其极限为 S，则 $S<1$.

Aleksander Ivanov

证明 因为 $S_n=a_1\cdot\frac{1-q^n}{1-q}$，序列 $\{S_n\}_{n=1}^{\infty}$ 当且仅当 $|q|<1$ 时收敛. 所以

$$-1<\frac{3-2a}{a-2}<1\Rightarrow a\in\left(1,\frac{5}{3}\right)\setminus\left\{\frac{3}{2}\right\}$$

此时

$$S=\lim_{n\to\infty}S_n=a_1\frac{1}{1-q}=\frac{3-2a}{1-\frac{3-2a}{a-2}}=\frac{(3-2a)(a-2)}{3a-5}$$

下面我们来证明，当 $a\in\left(1,\frac{5}{3}\right)\backslash\left\{\frac{3}{2}\right\}$ 时，不等式

$$\frac{(3-2a)(a-2)}{3a-5}<1$$

成立.

不等式等价于 $\frac{2a^2-4a+1}{3a-5}>0$. 因为 $3a-5<0$，所以只需证明 $f(a)=2a^2-4a+1<0$. 这可由 $f(1)=-1,f\left(\frac{5}{3}\right)=-\frac{1}{9}$ 得到.

问题 11.2 解方程组

$$\begin{cases}(4^{\sqrt{x^2+x}}+7\cdot 2^{\sqrt{x^2+x}}-1)\sin(\pi y)=7\mid\sin(\pi y)\mid\\ x^2+4x+y^2=0\end{cases}$$

Aleksander Ivanov

解 该方程组定义域为 $x\in(-\infty,-1]\cup[0,+\infty)$，$y\in\mathbf{R}$. 考虑三种情况.

情况 1 设 $\sin(\pi y)>0$，则第一个方程变成

$$4^{\sqrt{x^2+x}}+7\cdot 2^{\sqrt{x^2+x}}-1=7$$

设 $t=2^{\sqrt{x^2+x}}>0$，上述方程变成

$$t^2+7t-8=0\Rightarrow t_1=1,t_2=-8$$

由于 $t>0$，所以

$$2^{\sqrt{x^2+x}}=1\Leftrightarrow x^2+x=0\Rightarrow x=0,-1$$

当 $x=0$ 时，有 $y=0$. 当 $x=-1$ 时，有 $y=\pm\sqrt{3}$.

因为 $\sin 0=0$，$\sin(\sqrt{3}\pi)<0$，$\sin(-\sqrt{3}\pi)>0$，所以在此情况下，方程组有唯一解

$$x=-1,y=-\sqrt{3}$$

情况 2 设 $\sin(\pi y)=0$，即 y 是整数. 由第二个方程，有

$$4-y^2\geqslant 0\Rightarrow y=0,\pm 1,\pm 2$$

当 $y=0$ 时，有 $x=0,-4$；当 $y=\pm 1$ 时，有 $x=-2\pm\sqrt{3}$；当 $y=\pm 2$ 时，有 $x=-2$.

因为 $-1<-2+\sqrt{3}<0$，在此情况下，方程组的解是

$$(x,y)=(0,0),(-4,0),(-2-\sqrt{3},\pm 1),(-2,\pm 2)$$

情况 3 设 $\sin(\pi y)<0$，则第一个方程变成

$$4^{\sqrt{x^2+x}}+7\cdot 2^{\sqrt{x^2+x}}-1=-7$$

设 $t=2^{\sqrt{x^2+x}}>0$,上述方程变成

$$t^2+7t+6=0\Rightarrow t_1=-1,t_2=-6$$

由于 $t>0$,在此情况下方程组无解.

问题 11.3 如图4,考虑切于 $\triangle ABC$ 边 AB 与 AC 的旁切圆. M,N,P 是第一个圆切于 AB,BC 和 CA 延长线上的切点. S,Q,R 是第二个圆切于 AC,AB 和 BC 延长线上的点. X 是直线 MN 和 RS 的交点,Y 是 PN 和 RQ 的交点,证明:点 X,A 和 Y 共线.

Emil Kolev

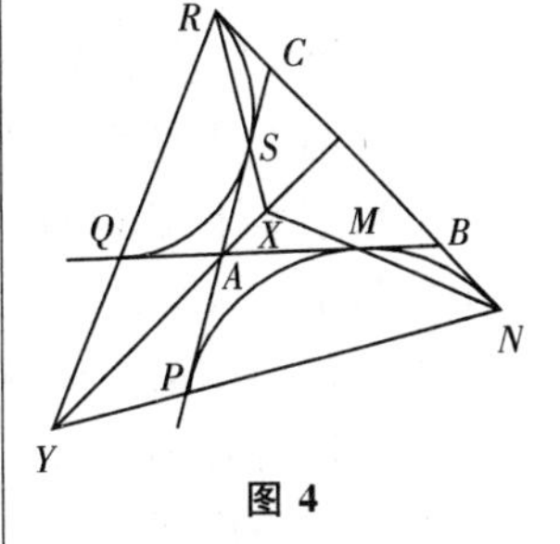

图 4

证明 在 $\triangle ABC$ 中,设 $AB=c,BC=a,CA=b,2p=a+b+c$. 首先,我们证明 $YX\perp BC$.

在 $\triangle BQR$ 中,有 $\angle BRY=90^\circ-\frac{\beta}{2}$. 因为 $\angle MNB=\frac{\beta}{2}$,可见 $NX\perp RY$. 类似可证 $RX\perp NY$. 这说明,点 X 是 $\triangle NRY$ 的垂心,且 $YX\perp RN$,所以 $YX\perp BC$.

现在我们要证明,点 X 位于 $\triangle ABC$ 过点 A 的高线上. 用 X' 表示 其与 M 的交点. 因为 $BM=BN,CP=CN=p$,则,$BM=BN=p-a,AM=c-(p-a)=p-b$. 对 $\triangle AMX'$,由正弦定理,有

$$\frac{AX'}{\sin\frac{\beta}{2}}=\frac{AM}{\sin\angle AX'M}\Leftrightarrow\frac{AX'}{\sin\frac{\beta}{2}}=\frac{p-b}{\sin\left(90^\circ+\frac{\beta}{2}\right)}\Leftrightarrow$$

$$AX'=(p-b)\tan\frac{\beta}{2}$$

另一方面,如果 T 是内切圆与边 BC 的切点,则 $BT=p-b$, $r=(p-b)\tan\frac{\beta}{2}\Rightarrow AX'=r$.

类似地,如果 X'' 是 $\triangle ABC$ 过点 A 的高线与 RS 的交点,则 $AX''=r$. 所以 $X'\equiv X''\equiv X$.

因为 $YX\perp BC,AX\perp BC$,所以点 X,A,Y 共线.

问题 11.4 设 n 是正整数,求满足 $\prod_{i=1}^{k}\left[\frac{a_i+a_{i-1}-1}{a_{i-1}}\right]=2\cdot 3^n$(其中 $[x]$ 表示 x 的整数部分)的严格增加的正整数有限序列 $a_0=1,a_1,\cdots,a_k=2\cdot 3^n$ 的个数.

Aleksander Ivanov

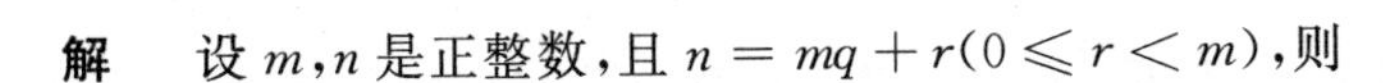

解 设 m,n 是正整数,且 $n=mq+r(0\leqslant r<m)$,则

$$\left[\frac{n+m-1}{m}\right]=q+1+\left[\frac{r-1}{m}\right],\ \frac{n}{m}=q+\frac{r}{m}$$

所以$\left[\frac{n+m-1}{m}\right]\geqslant\frac{n}{m}$，当且仅当$m\mid n$时，等号成立.

应用上面的不等式，得到

$$2\cdot 3^n=\prod_{i=1}^{k}\left[\frac{a_i+a_{i-1}-1}{a_{i-1}}\right]\geqslant\prod_{i=1}^{k}\frac{a_i}{a_{i-1}}=\frac{a_k}{a_0}=2\cdot 3^n$$

所以$a_{i-1}\mid a_i(i=1,2,\cdots,k)$. 下面，我们来求序列$1=a_0<a_1<\cdots<a_k=2\cdot 3^n$，满足$a_{i-1}\mid a_i(i=1,2,\cdots,k)$的个数. 从任意序列开始，采用下列方法来构造$k$个符号“$*$”、$n$个数字3和一个数字2的一个序列.

如果$\frac{a_{i+1}}{a_i}=2^p3^q(i=1,2,\cdots,k-1)$，则我们在第$i$个“$*$”和第$i+1$个“$*$”之间，放置$p$个数字2和$q$个数字3. 因为$a_i<a_{i+1}$，所以没有两个连续的符号“$*$”. 很明显，$k$个符号“$*$”、$n$个数字3和一个数字2，且没有两个连续的符号“$*$”的任何序列，都对应着一个序列$1=a_0<a_1<\cdots<a_k=2\cdot 3^n$.

为计算$*$，3，2的序列的个数，考虑序列$*333\cdots33*$，其中3有n个. 对于固定的$l\ (0\leqslant l<n-1)$，我们在3之间放置l个$*$. 由此给出在该序列中3的分布. 在某些$*$或某些连续的$*$之间，放置数字2. 这给出$2l+3$种可能. 所以所要求的个数等于

$$\sum_{l=0}^{n-1}(2l+3)\binom{n-1}{l}=2\sum_{l=0}^{n-1}l\binom{n-1}{l}+32\sum_{l=0}^{n-1}l\binom{n-1}{l}=$$
$$2(n-1)2\sum_{l=0}^{n-2}\binom{n-2}{l}+3\sum_{l=0}^{n-1}\binom{n-1}{l}=$$
$$2(n-1)2^{n-2}+3\cdot 2^{n-1}=(n+2)2^{n-1}$$

问题 12.1 序列$\{x_n\}_{n=1}^{\infty}$由下式定义：

$x_1=2,\ x_{n+1}=1+ax_n(n\geqslant 1)$，$a$是实数. 求$a$的值，使得序列分别是：

a) 算术级数；

b) 收敛的，并求其极限.

Oleg Mushkarov

解 a) 由递推关系可知$x_1=2,x_2=1+2a,x_3=1+a+2a^2$，则

$$x_1+x_3=2x_2\Leftrightarrow 3+a+2a^2=2(1+2a)\Rightarrow a=1,\frac{1}{2}$$

当$a=1$时，有$x_{n+1}=x_n+1$. 即序列是算术级数. 当$a=\frac{1}{2}$时，对n采用数学归纳法，可得$x_n=2$. 所以$a=1$是唯一解.

b) 对 n 采用数学归纳法可以证明，$x_{n+1}=1+a+\cdots+a^{n-1}+2a^n(n\geqslant 1)$.

当 $a=1$ 时，有 $x_n=n+1$，即序列不收敛. 设 $a\neq 1$，则

$$x_{n+1}=2a^n+\frac{1-a^n}{1-a}=a^n\left(2-\frac{1}{1-a}\right)+\frac{1}{1-a}$$

如果 $2-\frac{1}{1-a}=0\Leftrightarrow a=\frac{1}{2}$，有 $x_{n+1}=2$，序列是收敛的. 因为序列 $\{a^n\}$ 收敛，当且仅当 $|a|<1$ 或 $a=1$. 所以当 $a\in(-1,1)$ 时，给定的序列是收敛的，其极限等于 $\frac{1}{1-a}$（因为 $\lim\limits_{n\to\infty}a^n=0$，$a\in(-1,1)$）.

问题 12.2 如图 5，设 $\triangle ABC$ 是直角三角形，D 是斜边 AB 上的一点.

a) 证明：表达式 $\frac{AC^2}{AD+CD}+\frac{BC^2}{BD+CD}$ 与点 D 的位置无关；

b) 设 DE $(E\in AC)$，$DF(F\in BC)$ 分别是 $\angle ADC$，$\angle BDC$ 的平分线，求表达式 $\frac{CF}{CA}+\frac{CE}{CB}$ 的最小值.

Oleg Mushkarov

解 a) 设 $\angle BAC=\alpha$，$\angle ACD=x\Rightarrow AC=AB\cos\alpha$，$BC=AB\sin\alpha$. 对 $\triangle ADC$，$\triangle BDC$ 应用正弦定理，有

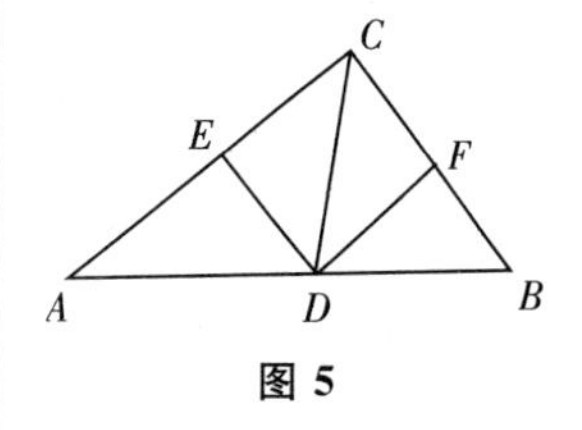

图 5

$$\frac{AC^2}{AD+CD}+\frac{BC^2}{BD+CD}=\frac{AC}{\frac{AD}{AC}+\frac{CD}{AC}}+\frac{BC}{\frac{BD}{BC}+\frac{CD}{BC}}=$$

$$\frac{AB\cos\alpha}{\frac{\sin x}{\sin(\alpha+x)}+\frac{\sin\alpha}{\sin(\alpha+x)}}+\frac{AB\sin\alpha}{\frac{\cos x}{\sin(\alpha+x)}+\frac{\cos\alpha}{\sin(\alpha+x)}}=$$

$$AB\left[\frac{\cos\alpha\sin(\alpha+x)}{\sin\alpha+\sin x}+\frac{\sin\alpha\sin(\alpha+x)}{\cos\alpha+\cos x}\right]=$$

$$AB\left(\frac{\cos\alpha\cos\frac{\alpha+x}{2}}{\cos\frac{\alpha-x}{2}}+\frac{\sin\alpha\sin\frac{\alpha+x}{2}}{\cos\frac{\alpha-x}{2}}\right)=AB$$

上面的等式，也可以由 Stewart 定理来证明.

b) 我们有

$$\frac{AE}{AC}=\frac{AD}{CD}\Rightarrow\frac{AE+CE}{CE}=\frac{AD+CD}{CD}\Rightarrow CE=\frac{AC\cdot CD}{AD+CD}$$

类似可得 $CF=\frac{BC\cdot CD}{BD+CD}$. 所以

$$\frac{CF}{CA}+\frac{CE}{CB}=\frac{BC\cdot CD}{CA(BD+CD)}+\frac{AC\cdot CD}{CB(AD+CD)}=$$

$$\frac{CD}{CA \cdot CB}\left(\frac{CA^2}{AD+CD}+\frac{BC^2}{BD+CD}\right)$$

利用 a),有

$$\frac{CF}{CA}+\frac{CE}{CB}=\frac{CD \cdot AB}{CA \cdot CB}$$

所以所要求的最小值等于 1. 当 CD 是 $\triangle ABC$ 的高时可以取到.

问题 12.3 求复数 $a \neq 0$, b,使得对方程 $z^4 - az^3 - bz - 1 = 0$ 的每一个复根 ω 都有不等式 $|a-\omega| \geqslant |\omega|$ 成立.

Nikolai Nikolov

解 设 $z_k(1 \leqslant k \leqslant 4)$ 是给定方程的根. 利用 Vieta 定理,有

$$z_1+z_2+z_3+z_4=a,\ z_1^2+z_2^2+z_3^2+z_4^2=a^2$$

设 $u_k=\dfrac{2z_k}{a}=x_k+\mathrm{i}y_k(1 \leqslant k \leqslant 4,\ x_k, y_k \in \mathbf{R}) \Rightarrow u_k^2=x_k^2-y_k^2+2\mathrm{i}x_k y_k$,则

$$x_1+x_2+x_3+x_4=2 \tag{1}$$

$$x_1^2+x_2^2+x_3^2+x_4^2=4+y_1^2+y_2^2+y_3^2+y_4^2 \tag{2}$$

另一方面

$$|a-z_k| \geqslant |z_k| \Leftrightarrow |2-u_k| \geqslant |u_k| \Leftrightarrow (2-x_k)^2+y_k^2 \geqslant x_k^2+y_k^2 \Leftrightarrow x_k \leqslant 1$$

由等式(1)有,$x_k \geqslant -1 \Rightarrow x_k^2 \leqslant 1$, 与等式(2)联合,可得 $x_k = \pm 1, y_k = 0$. 所以(1)表明 $x_k(1 \leqslant k \leqslant 4)$ 中,有三个等于 1,第四个等于 -1.

假设 $z_1 = z_2 = z_3 = -z_4$,则 $z_1 z_2 z_3 z_4 = -1 \Rightarrow z_1 = \pm 1, \pm \mathrm{i}$. 因此可得

$$(a,b)=(2,-2),\ (-2,2),\ (2\mathrm{i},2\mathrm{i}),\ (-2\mathrm{i},-2\mathrm{i})$$

问题 12.4 见问题 11.4.

解 参见问题 11.4 的解答.

2006 年国家奥林匹克地区轮回赛

问题 9.1 求实数 a 的值，使得方程 $x^2+6x+6a-a^2=0$ 的根 x_1, x_2，满足关系 $x_2=x_1^3-8x_1$.

Ivan Landjev

解 由 Vieta 定理，有 $-6=x_1+x_2=x_2+x_1^3-8x_1 \Leftrightarrow x_1^3-7x_1+6=0 \Rightarrow x=-3,1,2$. 将其代入原方程，得到当 $x=-3$ 时，$a=3$；当 $x=1$ 时，$a=-1,7$；当 $x=2$ 时，$a=-2,8$.

问题 9.2 如图 1，两个圆 k_1, k_2 相交于 A, B 两点，过点 B 的直线分别交圆 k_1, k_2 于 X, Y 两点，圆 k_1 在点 X 处的切线与圆 k_2 在点 Y 处的切线相交于点 C. 证明：

a) $\angle XAC=\angle BAY$；

b) 如果 B 是 XY 的中点，则 $\angle XBA=\angle XBC$.

Stoyan Atanasov

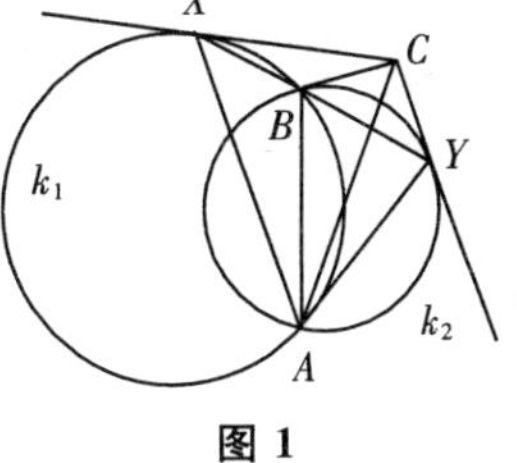

图 1

证明 a) 因为

$$\angle XCY=180^\circ-\angle CXY-\angle CYX=$$
$$180^\circ-\angle XAB-\angle BAY=180^\circ-\angle XAY$$

所以四边形 $XCYA$ 四个顶点共圆，因此 $\angle XAC=\angle XYC=\angle BAY$.

b) 由 a) 可见，$\triangle XAC \backsim \triangle BAY \Rightarrow \frac{XC}{AC}=\frac{BY}{AY}$. 因为 $XB=BY$，所以 $\frac{XC}{XB}=\frac{AC}{AY}$. 又因为 $\angle CXY=\angle CAY$. 所以 $\triangle XCB \backsim \triangle ACT \Rightarrow \angle XBC=\angle AYC=\angle XBA$.

问题 9.3 正整数 l, m, n 满足 $m-n$ 是质数，且 $8(l^2-mn)=2(m^2+n^2)+5(m+n)l$. 求证：$11l+3$ 是完全平方数.

Ivan Landjev

证明 设 $p=m-n, q=m+n \Rightarrow mn=\frac{1}{4}(q^2-p^2), m^2+n^2=\frac{1}{2}(q^2+p^2)$. 所以题设条件变成

$$8l^2-2q^2+2p^2=q^2+p^2+5ql \Leftrightarrow p^2=(3q+8l)(q-l)$$

因为 p 是质数，且 $3q+8l>q-l$，所以 $p^2=3q+8l$，$1=q-l\Rightarrow 11l+3=p^2$.

问题 9.4 求整数 a 的值，使得方程 $x^4+2x^3+(a^2-a-9)x^2-4x+4=0$ 至少有一个实根.

Stoyan Atanasov

解 设 $u=x-\dfrac{2}{x}$，则方程变成

$$u^2+2u+a^2-a-5=0 \tag{1}$$

因为方程 $x^2-ux-2=0$ 对任意实数 u，都有实根，所以只需找到 a 的一个整数值，使得方程(1) 有一个实根即可. 事实上，判别式

$$\Delta=-a^2+a+6\geqslant 0\Leftrightarrow(a-3)(a+2)\leqslant 0\Leftrightarrow a\in[-2,3]$$

所以 $a=-2,-1,0,1,2,3$.

问题 9.5 如图 2，给定直角 $\triangle ABC$（$\angle ACB=90°$）. 设 CH，$H\in AB$ 是 AB 边上的高，P，Q 分别是内切圆切 $\triangle ABC$ 边 AC，BC 的切点. 如果 $AQ\perp HP$，求比值 $\dfrac{AH}{BH}$.

Stoyan Atanasov

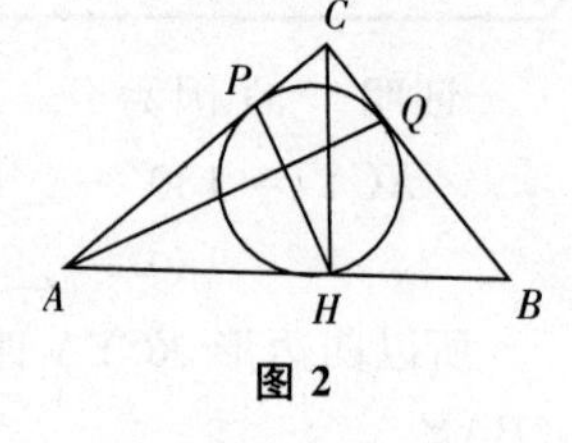

图 2

解 由 $AQ\perp HP$，有 $\angle QAB=\angle PHC$. 另一方面

$$\angle ABC=\angle ACH\Rightarrow\triangle ABQ\backsim\triangle HCP\Rightarrow\frac{AB}{BQ}=\frac{HC}{CP}$$

在 $\triangle ABC$ 中，设 $AB=c$，$BC=a$，$CA=b$，$2p=a+b+c$，$S=S_{\triangle ABC}$. 我们得到下列等式

$$\frac{c}{p-b}=\frac{h}{r}\Leftrightarrow\frac{c}{p-b}=\frac{\frac{2S}{c}}{\frac{S}{p}}\Leftrightarrow\frac{c}{p-b}=\frac{2p}{c}\Leftrightarrow$$

$$\frac{2c}{a+c-b}=\frac{a+b+c}{c}\Leftrightarrow 2c^2=(a+c)^2-b^2\Leftrightarrow$$

$$c^2=a^2+2ac-b^2\Leftrightarrow b^2=ac$$

因为 $c^2=a^2+b^2$，所以 $b^4=a^2(a^2+b^2)\Leftrightarrow b^4-a^2b^2-a^4=0$.

设 $k=\dfrac{AH}{BH}=\dfrac{\frac{b^2}{c}}{\frac{a^2}{c}}=\dfrac{b^2}{a^2}$，则 $k^2-k-1=0\Rightarrow k=\dfrac{1+\sqrt{5}}{2}$.

问题 9.6 某国的一家航空公司拥有 16 个机场，经营 36 条航线. 证明：可以建造一个环形带区，使其中包含 4 个机场.

Ivan Landjev

证明 考虑一个图形 G,其顶点是该国家的机场. 如果两个顶点对应的机场之间有一条航线,则用一条边联结. 假定满足问题条件的往返航线不存在,即在图 G 中没有长度为 4 的一个圈.

如果 x 是图G 的一个顶点,$d(x)$ 表示 x 的相邻的顶点数,则 x 的相邻顶点的每两个元素的配对数等于 $\binom{d(x)}{2}$. 注意到,每一对至多有一个顶点 z 被计数,因为其他是一个长度为 4 的一个圈.

利用等式 $\sum\limits_{x\in G} d(x)=72$ 以及均方根－算术平均不等式,有

$$\binom{16}{2}=120\geqslant\sum_{x\in G}\binom{d(x)}{2}=\sum_{x\in G}\frac{d^2(x)}{2}-\sum_{x\in G}\frac{d(x)}{2}\geqslant$$

$$\frac{1}{32}\Big[\sum_{x\in G}d(x)\Big]^2-\sum_{x\in G}\frac{d(x)}{2}=\frac{72^2}{32}-36=126$$

矛盾.

问题 10.1 圆 k 切于一锐角 $\angle AOB$ 的两边,切点分别为 A,B. 设 AD 是过点 A 的圆 k 的直径,$BP\perp AD$,$P\in AD$,直线 OD 与 BP 交于点 M. 求比值 $\frac{BM}{BP}$.

Peter Boyvalenkov

解 如图 3,设圆 k 在点 D 的切线与射线OB 相交于点 S,则直线 SD,BP,OA 相互平行,所以

$\triangle OBM\backsim\triangle OSD$,$\triangle DPM\backsim\triangle DAO\Rightarrow$

$\frac{BM}{SD}=\frac{OB}{OS}$,$\frac{MA}{OA}=\frac{DP}{DA}\Rightarrow BM=\frac{OB\cdot SD}{OS}$,$MP=\frac{OA\cdot DP}{DA}$

因为 $OA=OB$,$\frac{BS}{OS}=\frac{DP}{DA}$(因为 $SD=SB$),所以 $BM=MP$. 因此,所求的比值等于 $1:2$.

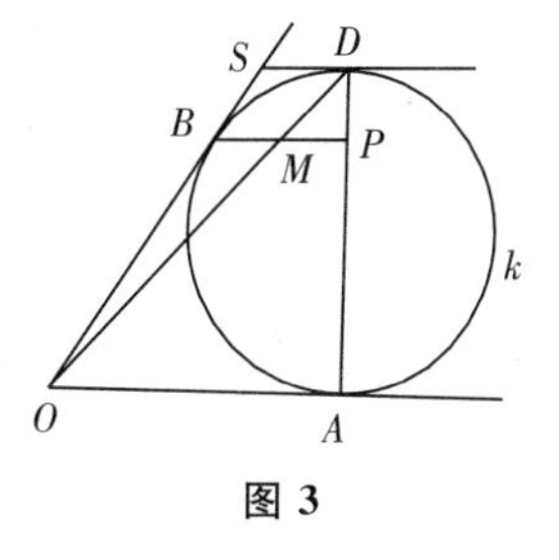

图 3

问题 10.2 求函数 $f(x)=\frac{\lg x\lg x^2+\lg x^3+3}{\lg^2 x+\lg x^2+2}$ 的最大值及当取到最大值时 x 的值.

解 $f(x)$ 的定义域是 $x>0$. 设 $y=\lg x$,则

$$F(y)=\frac{2y^2+3y+3}{y^2+2y+2}$$

函数 $F(y)$ 的分母对所有实数 y 都是正的. 设 M 是 $f(x)$ 的最大值(如果存在的话),则对任意实数 y,有

$$\frac{2y^2+3y+3}{y^2+2y+2}\leqslant M\Leftrightarrow$$

$$(2-M)y^2+(3-2M)y+(3-2M)\leqslant 0$$

所以 $2-M<0, \Delta=(3-2M)(3-2M-8+4M)=(3-2M)(2M-5)\leqslant 0$.

于是 $M\geqslant \frac{5}{2}$.

注意到,当 $M=\frac{5}{2}$ 时,上面的不等式变成

$$-\frac{1}{2}y^2-2y-1\leqslant 0 \Leftrightarrow y^2+4y+4=(y+2)^2\geqslant 0$$

当且仅当 $y=-2$ 时,等号成立.此时 $x=\frac{1}{100}$.所以当 $x=\frac{1}{100}$ 时,函数 $f(x)$ 取到最大值 $\frac{5}{2}$.

问题 10.3 设 $\mathbf{Q}^+$ 表示正有理数集合.求函数 $f:\mathbf{Q}^+\to\mathbf{R}$,使得

$$\forall x\in\mathbf{Q}^+, f(1)=1, f\left(\frac{1}{x}\right)=f(x), \text{且 } \forall x>1\in\mathbf{Q}^+,$$

$xf(x)=(x+1)f(x-1)$.

Ivailo Kortezov

解 设 $x=\frac{p}{q}(p,q\in\mathbf{N})(p,q)=1$.对 $n=p+q\geqslant 2$,采用数学归纳法证明 $f(x)$ 是唯一确定的.

当 $n=2$ 时,$f(1)=1$ 为真.

假设对所有小于给定的正整数 $n\geqslant 3$ 命题为真.考虑 $x=\frac{p}{q}$, $p+q=n$,由第一个条件可以假设 $p>q$.第二个条件表明 $f\left(\frac{p}{q}\right)$ 由 $f\left(\frac{p-q}{q}\right)$ 唯一确定.因为 $p-q+q=p<n$.由归纳假设可知 $f(x)$ 是唯一确定的.

注意函数 $f\left(\frac{p}{q}\right)=\frac{p+q}{2}$ 对 p,q 相对互质,满足问题的条件.

问题 10.4 一商品的价格,从三月份到四月份下降了 $x\%$,从四月份到五月份上升了 $y\%$.结果从三月份到五月份期间价格下降了 $(y-x)\%$,如果 x,y 是正整数(在整个期间价格是正整数),求 x,y.

Ivailo Kortezov

解 由已知可得

$$\frac{100-x}{100}\cdot\frac{100+y}{100}=\frac{100-y+x}{100}\Leftrightarrow(100-x)(100+y)=$$

$$100(100-y+x)\Leftrightarrow$$

$$(200-x)(200+y)=200^2$$

进一步地，$100 < 200 - x < 200 \Rightarrow 200 - x = 125, 160$.

所以，所求解为 $(x, y) = (75, 120), (40, 50)$.

问题 10.5 如图 4，设四边形 $ABCD$ 是平行四边形，满足 $\angle BAD < 90°$，设 DE $(E \in AB)$，DF $(F \in BC)$ 是平行四边形的高. 证明：$4(AB \cdot BC \cdot EF + BD \cdot AE \cdot FC) \leqslant 5AB \cdot BC \cdot BD$. 当等号成立时，求 $\angle BAD$.

Ivailo Kortezov

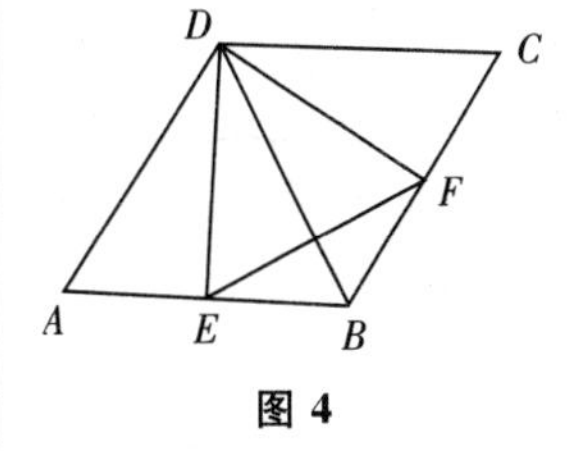

图 4

解 设 $\angle BAD = \alpha$，$AB = CD = a$，$AD = BC = b$，$BD = d$，有

$$DE = b\sin\alpha, AE = b\cos\alpha, DF = a\sin\alpha, CF = a\cos\alpha$$

由 $\triangle DEF \backsim \triangle ADB \Rightarrow EF = d\sin\alpha$.

把上面的表达式代入给定的不等式中，有

$$4\sin\alpha + 4 - 4\sin^2\alpha \leqslant 5 \Leftrightarrow (2\sin\alpha - 1)^2 \geqslant 0$$

这对任意 α 都成立，当 $\alpha = 30°$ 时，等号成立.

问题 10.6 见问题 9.6.

解 参见问题 9.6 的解答.

问题 11.1 设圆 k 的直径为 AB，$C \in k$ 是任意一点，$\triangle ABC$ 切于边 AB 的旁切圆分别切边 AC，BC 于点 M，N，O_1，O_2 分别表示 $\triangle AMC$，$\triangle BNC$ 的圆心. 证明：$\triangle O_1CO_2$ 的面积与点 C 位置无关.

Aleksander Ivanov

证明 设 $AB = c$，$BC = a$，$AC = b$，$p = \dfrac{a+b+c}{2}$. 又设 O，P，Q 分别是 AB，AM，BN 的中点.

因为 $OO_1 \perp AC$，$O_1P \perp AM$，所以

$$\triangle O_1OP \backsim \triangle ABC \Rightarrow \frac{OO_1}{c} = \frac{OP}{a}$$

由 $AM = p - c$，有

$$OP = OA + \frac{1}{2}AM = \frac{c}{2} + \frac{1}{2}(p - c) = \frac{a+b+c}{4}$$

因此 $OO_1 = \dfrac{c(a+b+c)}{4a}$，类似可得 $OO_2 = \dfrac{c(a+b+c)}{4b}$.

由 $\angle ACB = 90° \Rightarrow \angle O_1O_2O_3 = 90°$.

最后，利用关系式 $S_{\triangle O_1O_2C} = |S_{\triangle OO_1O_2} - S_{\triangle OO_1C} - S_{\triangle OO_2C}|$ 以及 $c^2 = a^2 + b^2$，有

$S_{\triangle OO_1O_2}-S_{\triangle OO_1C}-S_{\triangle OO_2C}=\frac{OO_1\cdot OO_2}{2}-\frac{OO_1\cdot b}{4}-\frac{OO_2\cdot a}{4}=$

$\frac{c^2(a+b+c)^2}{32ab}-\frac{c(a+b+c)}{16}\left(\frac{b}{a}+\frac{a}{b}\right)=$

$\frac{c^2(a+b+c)^2}{32ab}-\frac{c^3(a+b+c)}{16ab}=\frac{c^2}{16}$

这表明,$S_{\triangle O_1OO_2}$ 与点 C 的选取无关.

问题 11.2 证明:$t^2(xy+yz+zx)+2t(x+y+z)+3\geqslant 0(x,y,z\in[-1,1],t$ 是实数).

Nikolai Nikolov

证明 当 $t=0$ 时,不等式恒成立.当 $t\neq 0$ 时,设 $u=t$.我们来证明

$$f(u)=3u^2+2u(x+y+z)+xy+yz+zx\geqslant 0,\ |u|\geqslant 1$$

由在区间$[-1,1]$内的抛物线 $w=f(u)$ 的顶点的横坐标为 $-\frac{x+y+z}{3}$,以及 $f(\pm 1)=(x\pm 1)(y\pm 1)+(y\pm 1)(z\pm 1)+(z\pm 1)(x\pm 1)\geqslant 0(x,y,z\in[-1,1])$ 可见,不等式是成立的.仅当 $f(\pm 1)=0$ 时,即当 $u=t=\pm 1$ 或 x,y,z 中有两个等于 ∓ 1,第三个任意时,等号成立.

问题 11.3 考虑平面上 2 006 个点的集合 S,$(A,B)\in S\times S$ 称为"孤立",如果直径为 AB 的圆盘不能包含 S 中的其他点.求"孤立"点对的最大数.

Alexander Ivanov

解 考虑以给定的点为顶点的图.如果对应的点对是"孤立"的,则两点形成一条边.我们首先证明,图是连通的.为此,假设有多于一个连通分支,并从不同的分支中选取两点 A 和 B,满足 AB 的距离是最小可能的.则以 AB 为直径的圆盘不能包含其他顶点.因此,A 和 B 有一条边相连,这与 A,B 的选取相矛盾.

因为具有 2 006 个顶点的连通图至少有 2 005 条边(如果图是一棵树),则有至少 2 005 个"孤立"对.

如果在一个半圆上,我们选取 2 006 个点,满足相邻点之间的距离是相等的,则"孤立"的仅是相邻的点对,所以有 2 005 个"孤立"点对.

问题 11.4 求最小正整数 a,使得方程组

$$\begin{cases} x+y+z=a \\ x^3+y^3+z^2=a \end{cases}$$

没有正整数解.

Oleg Mushkarov

解 当 $a=1,2,3$ 时,方程组分别有解$(1,0,0)$,$(1,1,0)$,$(1,1,1)$.下面我们来证明当 $a=4$ 时,方程组无整数解.

假若不然,有

$$4-z^2=x^3+y^3=(x+y)(x^2-xy+y^2)=$$
$$(4-z)(x^2-xy+y^2) \qquad (1)$$

因为 $z=4$,不能导出一个整数解,所以$\dfrac{4-z^2}{4-z}=4+z+\dfrac{12}{z-4}$为整数,由此可见,$z-4$ 是 12 的因数,所以 $z-4=\pm1,\pm2,\pm3,\pm4,\pm6,\pm12$.从而

$$z=-8,-2,0,1,2,3,5,6,7,8,10,16$$

利用等式(1),有

$$(x+y)^2-3xy=\frac{4-z^2}{4-z}\Leftrightarrow 3xy=(4-z)^2-\frac{4-z^2}{4-z}$$

得到方程组

$$\begin{cases} x+y=4-z \\ xy=\dfrac{(4-z)^3+z^2-4}{3(4-z)} \end{cases}$$

容易验证,列出的 z 的值,上述方程组都无整数解.

问题 11.5 如图 5,等腰 $\triangle ABC(AC=BC)$ 的外接圆 k 在点 B,C 的切线相交于点 X,如果 AX 与圆 k 相交于点 Y,求比值 $\dfrac{AY}{BY}$.

Emil Kolev

解 设 $\angle BAY=\alpha$, $\angle ABY=\beta$,则

$$\angle BYX=\beta+\alpha,\ \angle ACB=\angle AYB=180^\circ-\alpha-\beta$$

$$\angle BAC=\angle ABC=\frac{\beta+\alpha}{2},\ \angle AYC=\frac{\beta+\alpha}{2}$$

$$\angle YCX=\angle YAC=\frac{\beta+\alpha}{2}-\alpha=\frac{\beta-\alpha}{2}$$

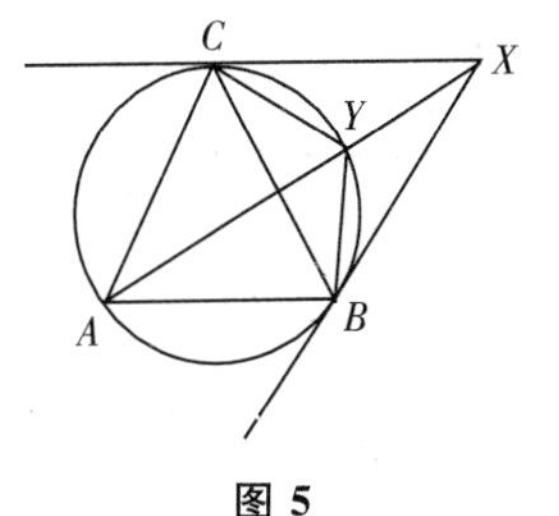

图 5

对 $\triangle BYX$,$\triangle CYX$ 应用正弦定理,有

$$\frac{XY}{XB}=\frac{\sin\alpha}{\sin(\alpha+\beta)},\frac{XY}{XC}=\frac{\sin\dfrac{\beta-\alpha}{2}}{\sin\dfrac{\beta+\alpha}{2}}$$

由于 $XB = XC$,有

$$\frac{\sin\alpha}{\sin(\alpha+\beta)} = \frac{\sin\frac{\beta-\alpha}{2}}{\sin\frac{\beta+\alpha}{2}} \Leftrightarrow \sin\alpha = 2\cos\frac{\beta+\alpha}{2}\sin\frac{\beta-\alpha}{2} =$$

$$\sin\beta - \sin\alpha \Rightarrow \frac{AY}{BY} = \frac{\sin\beta}{\sin\alpha} = 2$$

问题 11.6 设 $a_1, a_2, \cdots, a_n, \cdots$ 是小于 1 的实数序列,且满足 $a_{n+1}(a_n+2) = 3(n \geqslant 1)$,证明:

a) $-\frac{7}{2} < a_n < -2$;

b) $a_n = -3(n \geqslant 1)$.

Nikolai Nikolov

证明 a) 由 $a_n < 1$, $a_{n+1} = \frac{3}{a_n+2} < 1 \Rightarrow a_n < -2$, $a_{n+1} < -2$. 因此 $a_n + 2 = \frac{3}{a_{n+1}} > -\frac{3}{2} \Rightarrow a_n > -\frac{7}{2}$.

b) 第一个解法:设 $b_n = a_n + 3 \Rightarrow b_{n+1} = \frac{3b_n}{b_n - 1}$.

由 a) 可知 $-\frac{3}{2} < b_n - 1 < 0 \Rightarrow |b_n - 1| < \frac{3}{2} \Rightarrow |b_{n+1}| > 2|b_n|$. 所以 $1 > |b_{n+1}| > 2^n |b_1|$.

令 $n \to \infty \Rightarrow b_1 = 0$. 因此,对任意正整数 n,有 $b_n = 0 \Rightarrow a_n = -3$.

第二个解法:设 $c_1 = 1$, $c_{k+1} = 3c_k + (-1)^k (k \geqslant 1)$. 对 k 采用归纳法可以证明,对所有正整数 n, k,下列不等式成立.

$$-\frac{c_{2k+1}}{c_{2k}} < a_n < -\frac{c_{2k}}{c_{2k-1}} \qquad (*)$$

实际上,类似于 a),由 $a_n < -\frac{c_{2k}}{c_{2k-1}}$ 可得 $-\frac{c_{2k+1}}{c_{2k}} < a_n$,因此 $a_n < -\frac{c_{2k+2}}{c_{2k+1}}$. 对 k 采用数学归纳法可以证明 $c_k = \frac{3^k + (-1)^{k-1}}{4} \Rightarrow \lim_{k\to\infty}\frac{c_{k+1}}{c_k} = 3$. 利用式($*$),可以推出对所有正整数 n,有 $a_n = -3$.

问题 12.1 求直线 $x - y + 1 = 0$ 与抛物线 $y = x^2 - 4x + 5$ 的公共点处的切线所围成的三角形的面积.

Emil Kolev

解 直线和抛物线图象上的公共点是 $A(1,2)$, $B(4,5)$. 抛物线在 A, B 两点的切线方程分别为 $y = -2x + 11$, $y = 4x - 11$. 其交点为 $C\left(\frac{5}{2}, -1\right)$. 因此 $\triangle ABC$ 的面积等于 $\frac{27}{4}$.

问题 12.2 见问题 11.5.

解 参见问题 11.5 的解答.

问题 12.3 求实数 a 的取值,使得不等式 $x^4+2ax^3+a^2x^2-4x+3>0$ 对所有实数 x 成立.

Nikolai Nikolov

解 第一个解法.不等式写成如下形式

$$x^2(x+a)^2>4x-3 \tag{1}$$

当 $x=1$ 时,有 $(a+1)^2>1 \Leftrightarrow a>0$ 或 $a<-2$.如果 $a<-2$,则 $x=-a$ 给出一个矛盾 $0>-4a-3$.因此 $a>0$.

相反的,如果 $a>0$,则不等式(1)对所有的实数 x 成立.实际上,当 $x\leqslant 0$ 时是很明显的.当 $x>0$ 时,有 $x^2(x+a)^2>x^4\geqslant 4x+3 \Leftrightarrow (x-1)^2[(x+1)^2+2]\geqslant 0$.

第二个解法:由不等式(1)可知

$$a<-\frac{\sqrt{4x-3}}{x}-x=f(x)$$

或者 $a>\dfrac{\sqrt{4x-3}}{x}-x=g(x)$.其中 $x\geqslant\dfrac{4}{3}$.

第一个情况是不可能的.因为 $\lim\limits_{x\to+\infty}f(x)=-\infty$.函数 $g(x)$ 的最大值等于0(当 $x=1$ 时,取到),所以 $a>0$.

问题 12.4 求正整数 n,使得等式 $\dfrac{\sin(n\alpha)}{\sin\alpha}-\dfrac{\cos(n\alpha)}{\cos\alpha}=n-1$,对所有 $\alpha\neq\dfrac{k\pi}{2}$,$k\in\mathbf{Z}$ 成立.

Emil Kolev

解 等式变形如下

$$\sin(n-1)\alpha=\frac{(n-1)\sin 2\alpha}{2} \tag{1}$$

当 $n\geqslant 4$ 时,设 $\alpha=\dfrac{\pi}{4}$,有 $\sin\left[(n-1)\dfrac{\pi}{4}\right]=\dfrac{n-1}{2}\geqslant\dfrac{3}{2}$.矛盾.

当 $n=1,3$ 时,等式(1)是恒等式.

当 $n=2$ 时,有 $\sin\alpha=\dfrac{\sin(2\alpha)}{2}$,这当 $\alpha=\dfrac{\pi}{4}$ 时,不成立.

所以 $n=1,3$.

问题 12.5 如图 6,平面与四面体 $ABCD$ 相交,并且过点 D 分别以比值 $1:2,1:3$ 和 $1:4$ 分隔出 $\triangle DAB$,$\triangle DBC$ 和 $\triangle DCA$,求四面体 $ABCD$ 被平面分成两部分的体积之比.

Oleg Mushkarov

解 设平面与棱 DA,DB,DC 分别交于点 P,Q,R. 设 $\frac{DP}{DA}=x,\frac{DQ}{DB}=y,\frac{DR}{DC}=z$.

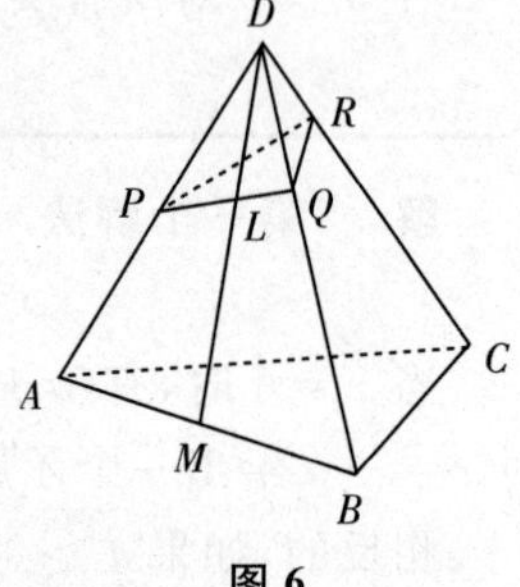

图 6

令 M 是 AB 的中点,$L=DM\cap PQ$. 由题设条件,有

$$\frac{DL}{DM}=\frac{1}{3}\Rightarrow\frac{S_{\triangle DLP}}{S_{\triangle DAM}}=\frac{DP\cdot DL}{DA\cdot DM}=\frac{x}{3};\frac{S_{\triangle DLQ}}{S_{\triangle DMB}}=\frac{DP\cdot DQ}{DM\cdot DB}=\frac{y}{3}$$

由 $S_{\triangle DAM}=S_{\triangle DMB}=\frac{1}{2}S_{\triangle DAB}$,有

$$2xy=2\cdot\frac{DP\cdot DQ}{DA\cdot DB}=\frac{S_{\triangle DPQ}}{\frac{1}{2}S_{\triangle DAB}}=\frac{S_{\triangle DPL}}{S_{\triangle DAM}}+\frac{S_{\triangle DLQ}}{S_{\triangle DMB}}=$$

$$\frac{x+y}{3}\Rightarrow\frac{1}{x}+\frac{1}{y}=\frac{1}{6}$$

同理可得 $\frac{1}{y}+\frac{1}{z}=\frac{1}{8},\frac{1}{z}+\frac{1}{x}=10$. 三个方程联立解方程组得 $x=\frac{1}{4},y=\frac{1}{2},z=\frac{1}{6}$.

所以 $\frac{V_{D-PQR}}{V_{D-ABC}}=\frac{DP\cdot DQ\cdot DR}{DA\cdot DB\cdot DC}=xyz=\frac{1}{48}$. 因此所求的比是 $1:47$.

问题 12.6 见问题 11.6.

解 参见问题 11.6 的解答.

2006 年国家奥林匹克国家轮回赛

问题 1 考虑集合 $A=\{1,2,3,4\cdots,2^n\}$ $(n\geqslant 2)$，如果 A 的两个元素之和是 2 的某个幂，则其中确有一个属于 A 的子集 B，求 A 的子集 B 的个数.

Aleksander Ivanov

解 设 A 的子集 B 具有给定的性质. 因为 $1+3=2^2$，我们确定 1 或 3 之一属于 B. 如果 $1\in B$，则 $3\notin B$. 对任何一个整数 t $(0\leqslant t<2^{n-2})$ 采用数学归纳法，我们来证明形式为 $4t+1$ 的整数属于 B，且形式为 $4t+3$ 的整数不属于 B. 当 $t=0$ 时，命题显然为真. 假设 $t\leqslant s$ 时，命题为真，因为 $4(s+1)+1$ 是奇数，存在 l 满足 $2^l<4(s+1)+1<2^{l+1}$，所以 $2(4s+5)>2\cdot 2^l=2^{l+1}\Rightarrow 0<2^{l+1}-(4s+5)<4s+5$. 设 $x=4s+5$，$y=2^{l+1}-(4s+5)$，则 $x+y=2^{l+1}$. 由于 y 是形式为 $4m+3$ 的数，所以 $y\notin B$. 因此 $4(s+1)+1\in B$. 类似地 $4(s+1)+3\notin B$.

如果 $1\notin B$，则 $3\in B$. 如上所述，我们来证明形式为 $4t+1$ 的整数属于 B，而形式为 $4t+3$ 的整数不属于 B.

所以，在 B 中的奇数或者都是 $4t+1$ 的形式，或者都是 $4t+3$ 的形式.

设 $x=2^px_0$，$y=2^qy_0$，其中 x_0，y_0 是奇数，p，q 是正整数. 如果 $2^px_0+2^qy_0=2^k$，$p\neq q$. 不妨设 $p<q$，则 $x_0+2^{q-p}y_0=2^{k-p}$，这是不可能的，所以 $p=q$. 从不同的集合 $A_i=\{2^ia\mid a$ 是奇整数$\}(i=1,2,\cdots,n)$ 的元素之和可见，它不是 2 的幂. 对任意 A_i，其元素除以 2^i 之后，应用上面的结论，得到形式为 $2^i(4t+1)$ 的所有整数都属于 B，或者形式为 $2^i(4t+3)$ 的所有整数属于 B. 因此，存在 2^{n+1} 个集合 B 具有给定性质.

问题 2 设 $\mathbf{R}^+$ 是所有正实数的集合，函数 $f:\mathbf{R}^+\to\mathbf{R}^+$，满足对任意 $x>y>0$ 成立关系

$$f(x+y)-f(x-y)=4\sqrt{f(x)f(y)}$$

a) 证明：$f(2x)=4f(x)(x\in\mathbf{R}^+)$；

b) 求所有这样的函数.

Oleg Mushkarov, Nikolai Nikolov

解 a) 由 $f(x+y)-f(x-y)>0$ 可见，f 是增函数. 所以当 $x\to 0$，$x>0$ 时，函数 f 有极限 $l\geqslant 0$(证明之). 这样令 $x,y\to 0$，$x>y>0$，得到 $l-l=4\sqrt{l^2}\Rightarrow l=0$.

固定 x，让 $y\to 0$，$y>0$，则 $f(x+y)-f(x-y)\to 0$. 因为 f 是增函数，所以它在 x 处连续. 最后令 $y\to x$，$y<x$，得到 $f(2x)=4f(x)$.

b) 设 $x=ny$，其中 $n\geqslant 2$ 是整数，从给定的等式，我们得到

$$f((n+1)y)=f((n-1)y)+4\sqrt{f(ny)f(y)}$$

利用关系 $f(2y)=4f(y)$，由数学归纳法可知 $f(ny)=n^2f(y)$. 设 $f(1)=c>0$，则 $f(n)=n^2c$. 对任意正整数 p,q，有

$$cp^2=f\left(q\cdot\frac{p}{q}\right)=q^2f\left(\frac{p}{q}\right)\Rightarrow f\left(\frac{p}{q}\right)=c\left(\frac{p}{q}\right)^2$$

因为 f 是连续函数，则当 $x>0$ 时，有 $f(x)=cx^2$.

相反的，任何形式为 $f(x)=cx^2$ 的函数，都满足给定的条件.

备注 任何满足条件的函数表明，它是可微的. 这样，令 $y\to 0$，$y>0$，由关系式

$$\frac{f(x+y)-f(x-y)}{2y}=2\frac{\sqrt{f(y)}}{y}\cdot\sqrt{f(x)}$$

得 $f'(x)=2c\sqrt{f(x)}\Leftrightarrow(\sqrt{f(x)})'=c\Rightarrow f(x)=c^2x^2$.

问题 3 一个无限数字序列，是由所有正整数以增加的次序一个接着一个书写而成的. 求最小正整数 k，满足上面的序列第一个 k 位数字中每两个非零数字出现不同的次数.

Aleksander Ivanov，Emil Kolev

解 用 M_n 表示数 $1,2,\cdots,n$ 的所有数字的集合. 首先，我们求出最小正整数 $n=\overline{a_1a_2\cdots a_t}$，使得每两个非零数字在 M_n 中出现不同的次数. 通过在左边添加数字 0. 假设所有数 $1,2,\cdots,n-1$ 是 t－数字数，很明显，每个非零数字出现相同的次数. 设 $B_i^j(1\leqslant i\leqslant t,1\leqslant j\leqslant q)$ 表示数字 j 在数字 $1,2,\cdots,n$ 中位置 i 出现的个数. 注意到，对所有的 i 和 $j\leqslant 8$，如果一个数 A 有 $j+1$ 个在位置 i，则用 j 替换这个数字，得到一个小于 A 的数，所以 $B_i^j\geqslant B_i^{j+1}$.

其次当固定 i 时，不等式 $B_i^j\geqslant B_i^{j+1}$，满足对至多两个数字对 j 和 $j+1$，命名为 $a_{i-1},a_i;a_i,a_{i+1}$. 另外，如果 $i=t$，仅对 a_t,a_{t+1} 满足. 因为形式为 $(j,j+1)$ 的有 8 对，所以 $t\geqslant 5$. 如果 $n=13\,578$，则 $B_1^1>B_1^2;B_2^2>B_2^3;B_2^3>B_2^4;B_3^4>B_3^5;B_3^5>B_3^6;B_4^6>B_4^7;B_4^7>B_4^8;B_5^8>B_5^9$. 即 $n=13\,578$ 满足问题的条件.

如果 $m<13\,578$ 也满足条件，则 m 的第一个数字是 1，第二个数字是 0,1,2,3. 因为 $B_1^j>B_1^{j+1}$，仅当 $j=1$ 时成立. 如果第二个数

字是 0,1,2,则至少两个相邻的数字出现相同的次数. 所以 m 的第二个数字是 3. 由类似的结论可见,m 的第三、第四和第五个数字分别是 5,7,8. 所以 $n = 13\,578$ 是满足在 M_n 中每两个非零数字出现不同次数的最小正整数.

因为,所有数 1,2,3,…,13 578 的数字个数等于

$$9 \times 1 + 90 \times 2 + 900 \times 3 + 9\,000 \times 4 + 3\,579 \times 5 = 56\,784$$

我们推出 56 784 具有所要求的性质.

假设存在 $k < 56\,784$,具有要求的性质. 则在序列中的数字是对某些 $s < 13\,578$ 的 M_s 和 $s+1$ 的某些数字. 依据前面观察到的,存在两个相邻的数字,它们不是在 M_s 中出现相同次数的 s 的数字(排除最后一个). 如果 s 的最后一个数字不是 9,则同样的数字在序列中出现相同的次数. 因为 s 和 $s+1$ 的数字是一样的(除去最后一个). 如果 s 的最后一个数字是 9,则 $s+1$ 的最后一个数字是 0,所以 $s+1 < 13\,578$. 因此,正如上面所说的,存在两个相邻的数字,不在 $s+1$ 的数字当中,其出现相同的次数.

问题 4 设 p 是质数,满足 p^2 整除 $2^{p-1}-1$. 证明:对任意正整数 n,整数 $(p-1)(p!+2^n)$ 至少有 3 个不同的质因子.

Aleksander Ivanov

证明 因为 $p-1$ 是 $p!$ 的一个因子,$p-1$ 和 $p!+2^n$ 的最大公因子是 2 的幂. 我们来证明,两个数 $p-1$ 和 $p!+2^n$ 具有至少一个奇因子.

设 $p-1 = 2^k \Rightarrow p = 2^k+1$. 如果 $s \geqslant 3$ 是 k 的一个奇因子,则 $p = 2^{st}+1 = (2^t+1)A$ 不是质数. 所以 $k = 2^t$. 因此

$$2^{p-1}-1 = 2^{2^k}-1 = (2^{2^{k-1}}-1)(2^{2^{k-1}}+1) = \cdots =$$
$$(2^{2^t}-1)(2^{2^t}+1)(2^{2^{t+1}}+1)\cdots(2^{2^{k-1}}+1)$$

很明显,p^2 不能整除上面的乘积式. 因为 $(2^{2^t}+1, 2^{2^l}+1) = 1(l > t)$, 且 $2^{2^t}-1 < p = 2^{2^t}+1$. 所以 $p-1$ 不是 2 的幂.

现设 $p!+2^n = 2^k \Rightarrow k > n$, $p! = 2^n(2^{k-n}-1)$,则 p 是 $2^{k-n}-1 = 2^m-1\ (m = k-n)$ 的一个因子. 设 t 是满足 $p \mid (2^t-1)$ 的最小正整数. 则 t 是 m 的一个因子,且 t 是 $p-1$ 的一个因子. 如果 $p-1 = lt$, 则

$$2^{p-1}-1 = (2^t-1)[2^{t(l-1)}+2^{t(l-2)}+\cdots+2^t+1]$$

因为 $2^t \equiv 1 \pmod p$,则 $2^{t(l-1)}+2^{t(l-2)}+\cdots+2^t+1 \not\equiv 0 \pmod p$. 所以 p^2 是 2^t-1 的一个因子. 从而 p^2 是 2^m-1 的一个因子,即 p^2 是 $p!$ 的一个因子,矛盾.

这样,$p-1$ 和 $p!+2^n$ 具有至少一个奇因子,且这些因子是不相同的. 所以乘积 $(p-1)(p!+2^n)$ 具有至少三个不同的质因子.

问题 5 如图1,在$\triangle ABC$中,$\angle BAC = 30°$,$\angle ABC = 45°$.考虑所有X与Y的点对,使得X,Y分别位于射线AC,BC上,且$OX = BY$,其中O是$\triangle ABC$外接圆的圆心,证明:线段XY的中垂线通过一个固定点.

Emil Kolev

证明 我们要证明XY的中垂线经过点C关于边AB的对称点C'.用R表示$\triangle ABC$外接圆的半径.对$\triangle ABC$应用正弦定理,得到$AC = \sqrt{2}R$,$BC = R$.假设点C位于点A和点X之间,则$OX = BY$,$C'A = CA$,$C'B = CB$,$\angle C'BY = 90°$.

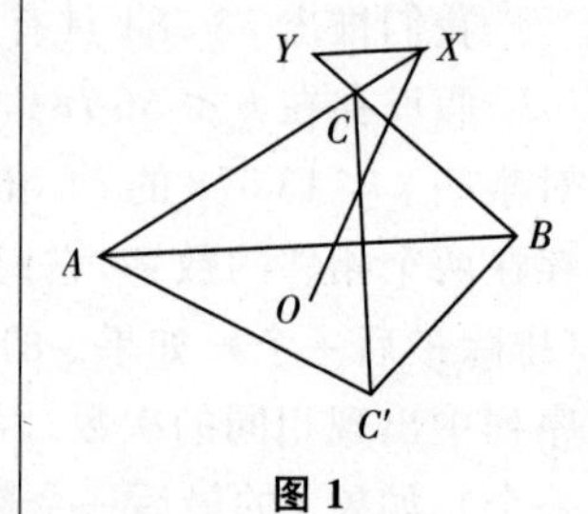

图 1

对$\triangle C'AX$,利用余弦定理,有

$$C'X^2 = C'A^2 + AX^2 - C'A \cdot AX = AC^2 + AX^2 - AC \cdot AX = AC^2 + XA \cdot XC = 2R^2 + (OX^2 - R^2) = R^2 + BY^2 = C'B^2 + BY^2 = C'Y^2$$

所以C'是XY中垂线上的一点.当X位于A和C之间时,证明是类似的.

问题 6 设O是平面上的一个固定点.求平面上所有点的集合S,包含至少两个不同的点,且满足对任意点$A \in S$,$A \neq O$,圆的直径OA包含在S中.

Nikolai Nikolov, Slavomir Dinev

解 我们首先来证明下面的引理.

引理 如果$A \in S$,则开圆盘$k(O,OA)$包含在S中.

引理的证明 注意到,如果$A \in S$,B是直径为OA的圆内的一点,则$B \in S$.(因为B属于直径为OX的圆,其中$OB \perp BX$,且X是直径为OA圆内的一点).

设$B \in k(O,OA)$,$\varphi = \angle AOB$.对任意正整数n,设$A_0 = A$,并定义A_k $(k = 1,2,\cdots,n)$,使得$\angle A_{k-1}OA_k = \frac{\varphi}{n}$,$OA_k = OA_{k-1}\cos\frac{\varphi}{n}$.因为$\angle OA_kA_{k-1} = 90°$.对$k$采用数学归纳法可得,$A_k \in S$,$k = 1,2,\cdots,n$.特别地,$A_n \in k(O,OA)$.因为$B \in OA$,$OB < OA$.如果$\lim\limits_{n\to\infty} OA_n = OA$,则引理结论成立.而$\lim\limits_{n\to\infty} OA_n = OA$是成立的,因为

$$OA_n = OA\left(\cos\frac{\varphi}{n}\right)^n, 1 \geqslant \left(\cos\frac{\varphi}{n}\right)^{2n} = \left(1 - \sin^2\frac{\varphi}{n}\right)^n \geqslant \left(1 - \frac{\varphi^2}{n^2}\right)^n \to 1$$

由引理可知，如果 S 是无边界的，则 $S=R^2$. 如果 S 是有边界的，设 $r=\sup\limits_{A\in S}OA$，则 $k(O,r)\subset S\subset\overline{k(O,r)}$. 所以要求的集合是 $S=R^2$ 和 $S=k\cup\gamma$，其中 k 是中心为 O 的开圆盘，γ 是其圆周上的一个任意集合.

2006 年 BMO 团队选拔赛

问题 1 是否存在两个三角形，它们的内角（按某种次序）成非零公差的等差数列？

解 我们来证明，如果两个三角形的内角成公差为 d 的等差数列，则 $d=0$.

设 α 是六个角中最小的，并设等差数列为 $\alpha, \alpha+d, \cdots, \alpha+5d$. 有

$$3\alpha+(k_1+k_2)d=3\alpha+(k_3+k_4+k_5)d$$

其中 $\{k_1, k_2, k_3, k_4, k_5\}=\{1,2,3,4,5\}$，所以如果 $d\neq 0$，则

$$k_1+k_2=k_3+k_4+k_5$$

这是不可能的. 因为 $k_1+k_2+k_3+k_4+k_5=15$，所以不存在这样的两个三角形.

问题 2 设 $\triangle ABC$ 的 $\angle ACB$ 的内、外角平分线分别交直线 AB 于点 L 和 K，CM $(M\in AB)$ 是其中线. P 是 CM 上的一点，满足 C, A_1, B_1, P 四点共圆，其中 $A_1=AP\cap BC$，$B_1=BP\cap AC$. 证明：C, K, L, P 四点也共圆.

证明 由 Ceva 定理，有

$$\frac{AM\cdot BA_1\cdot CB_1}{MB\cdot A_1C\cdot B_1A}=1\Rightarrow\frac{CB_1}{B_1A}=\frac{CA_1}{A_1B}$$

所以，$A_1B_1 /\!/ AB$，$\angle A_1B_1C=\angle BAC$.

因此 $\angle APM=\angle A_1PC=\dfrac{\overset{\frown}{A_1C}}{2}=\angle A_1B_1C=\angle BAC\Rightarrow$ $\triangle APM\backsim\triangle ACM$.

类似可证，$\triangle PBM\backsim\triangle BCM$. 所以

$$\frac{AP}{AC}=\frac{AM}{CM}=\frac{BM}{CM}=\frac{BP}{BC}\Rightarrow\frac{AP}{BP}=\frac{AC}{BC}=\frac{AL}{BL}$$

从而 PL 是 $\angle APB$ 的内角平分线. 因而 $\dfrac{AK}{BK}=\dfrac{AC}{BC}=\dfrac{AP}{BP}$，即 PK 是 $\angle APB$ 的外角平分线. 所以 $\angle LPK=90^\circ$. 这表明，点 P 位于直径为 KL 的圆上，注意到点 C 位于同样的圆上. 这就完成了证明.

问题 3 证明：如果实数 $x,y,a\in(0,1)$，则 $\frac{|x-y|}{1-xy}\leqslant\frac{|x^a-y^a|}{1-x^ay^a}$.

证明 只需证明不等式对于 $r\in Q\cap(0,1)$，$r\to a$ 成立即可.

设 $r=\frac{p}{q}$，$u=\sqrt[q]{x}$，$v=\sqrt[q]{y}$. 我们来证明，当 $v\leqslant u$，$p<q$ 时，下面的不等式成立

$$\frac{u^q-v^q}{1-(uv)^q}\leqslant\frac{u^p-v^p}{1-(uv)^p}$$

为此，首先证明

$$\frac{u^{p+1}-v^{p+1}}{1-(uv)^{p+1}}\leqslant\frac{u^p-v^p}{1-(uv)^p}\qquad(*)$$

对 p 采用数学归纳法可以证明不等式（$*$）是成立. 将不等式（$*$）改写成如下形式

$$\frac{1-u^{2p+1}}{u^p(1-u)}\leqslant\frac{1-v^{2p+1}}{v^p(1-v)}\Leftrightarrow\sum_{j=1}^{p}(u^j+u^{-j})\leqslant\sum_{j=1}^{p}(v^j+v^{-j})$$

这由不等式 $t+\frac{1}{t}\leqslant z+\frac{1}{z}$ $(0<z\leqslant t\leqslant 1)$ 可以得到.

问题 4 Ivan 和 Peter 玩下列游戏：Ivan 从集合 $A=\{1,2,\cdots,90\}$ 中选择了一个秘密数，接着 Peter 选择了 A 的一个子集 B，Ivan 询问 Peter 他的数是否在子集 B 中，如果答案为“是”，则 Peter 支付 Ivan 2 欧元，如果答案为“不是”，则支付 Ivan 1 欧元. 求 Peter 总能找到 Ivan 的秘密数并求出所支付给 Ivan 的最小欧元数.

解 对集合 $A=\{1,2,\cdots,t\}$，来求解本题.

设 $F_0=F_1=1$，$F_{n+1}=F_n+F_{n-1}(n\geqslant 1)$ 是 Fibonacci 序列. 用数学归纳法证明，如果 $F_{n-1}<t\leqslant F_n(n\geqslant 2)$，则所要求的和等于 n.

(1) 因为当 $t=2,3$ 时，Peter 分别需要 2 或 3 欧元. 所以对 $n=2,3$，命题是成立的.

(2) 假设当 $n=k$ 时，命题成立.

(3) 选取 $t\in(F_k,F_{k+1}]$，且 Peter 询问的一个问题集有 s 个元素. 如果 $s\in(F_{k-1},F_k]$，且答案是“是”，则 Peter 给 Ivan 2 欧元. 由归纳假设，他需要额外 k 欧元，即总共 $k+2$ 欧元.

如果 $s\leqslant F_{k-1}$，则 $t-s\geqslant F_k+1-F_{k-1}=F_{k-2}+1$. 如果 Peter 接收的答案是“是”，则他支付 2 欧元，而且他需要额外 $k-1$ 欧元.

即总共 $k+1$ 欧元. 余下的,如果 Peter 询问的一个问题集由 F_{k-1} 个元素,且答案是"是",则他需要 $2+k-1=k+1$ 欧元,答案是"不是",他需要 $1+k-1=k$ 欧元.

因为 $F_{10}=89$, $F_{11}>89$,因此所要求的数等于 11.

问题5 两实数 a,b 满足不等式 $b^3+b\leqslant a-a^3$,求 $a+b$ 的最大可能值.

解 设 $a+b=c$,则

$(c-a)^3+c-a\leqslant a-a^3\Leftrightarrow 3ca^2-(3c^2+2)a+c^3+c\leqslant 0$

如果 $c>0$,则 $0\leqslant\Delta=(3c^2+2)^2-12c(c^3+c)=4-3c^4\Rightarrow c\leqslant\sqrt[4]{\frac{4}{3}}$. 当且仅当 a 是对应的二次方程的根时,等号成立. 所以 $a+b$ 的最大值是 $\sqrt[4]{\frac{4}{3}}$.

问题6 求正整数对 (m,n) 的个数. 如果满足下列条件,m, $n\leqslant 2\,006$,且方程 $(x-m)^{13}=(x-y)^{25}+(y-n)^{37}$ 有一组整数解.

解 设数对 (m,n) 满足题设条件,且 (x,y) 是对应的整数解. 由 Fermat 小定理可知

$a^{13}\equiv a(\bmod 13)$, $a^{25}\equiv a(\bmod 13)$, $a^{37}\equiv a(\bmod 13)$

所以

$$0=(x-m)^{13}-(x-y)^{25}-(y-n)^{37}\equiv$$
$$x-m-x+y-y+n\equiv n-m(\bmod 13)$$

同样的原因表明,$n-m$ 模 2,3,5,7 余数为 0,则 $2\cdot 3\cdot 5\cdot 7\cdot 13=2\,730\mid(n-m)$.

因为 $|n-m|<2\,005$,可见 $n=m$. 另一方面,如果 $n=m$,则 $x=y=m$ 是给定方程的一个解,即所要求的数是 2 006.

问题7 $\triangle ABC$ 的内切圆 k 分别切三边 AB, BC, CA 于点 C_1, A_1, B_1,点 C_2, A_2, B_2 分别是圆 k 中,点 C_1, A_1, B_1 的直径的另一端点.

a) 证明:直线 AA_2, BB_2, CC_2 共点;

b) 如果直线 AA_2 交圆 k 于点 A_3,求在点 A_3,圆 k 的切线分 BC 所成两线段的比值.

解 a) 设 $A_4=AA_2\cap BC$,又设圆 k 在点 A_2 的切线分别交直线 AB, AC 于点 X, Y. 因为 A_2A_1 是直径,则 $XY\parallel BC\Rightarrow\triangle AXY\backsim\triangle ABC$. 因为 k 是 $\triangle AXY$ 的旁切圆,则

$BA_4 = p - c$, $CA_4 = p - b \Rightarrow \frac{BA_4}{CA_4} = \frac{p-c}{p-b}$(对 $\triangle ABC$ 的元素使用标准记号)

类似可得另外两个等式.

由 Ceva 定理可见,直线 AA_2,BB_2,CC_2 共点.

b) 用 Z 表示圆 k 在点 A_3 的切线与 BC 的交点,则 $\angle A_1A_3A_4 = 90°$,$ZA_3 = ZA_1$, $ZA_4 = ZA_1$.

所以 $CZ = CA_1 + A_1Z = p - c + ZA_1 = BA_4 + ZA_4 = BZ$. 因此所要求的比值等于 $1:1$.

问题 8 n 个球队参加排球锦标赛(每两队比赛一场),结果是,任意两个队 A,B 满足 B 胜 A,存在一个正整数 t 与团队 C_1,C_2,$\cdots$,C_t,使得 A 胜 C_1,C_1 胜 C_2,$\cdots$,C_t 胜 B. 证明:对任意 $k = 3,4,\cdots,n$ 存在 k 个队 A_1,A_2,$\cdots$,A_k 满足 A_1 胜 A_2,A_2 胜 A_3,$\cdots$,A_{k-1} 胜 A_k,A_k 胜 A_1.

证明 首先证明,存在球队 A,B,C,满足 A 胜 B,B 胜 C,C 胜 A. 假若不然,取 $m \geqslant 4$ 个球队 A,B,C_1,$\cdots$,$C_t(t \geqslant 2)$ 的一个最短圈,使得 A 胜 C_1,C_1 胜 C_2,$\cdots$,C_t 胜 B,B 胜 A. 考虑 C_2 和 A 之间的比赛,如果 C_2 是胜者,则有所要求的三元组,且如果 A 是胜者,则有一个最短的圈.

现在,对 k 采用数学归纳法. $k = 3$ 的情况上面已经考虑过了. 假设团队 A_1,A_2,$\cdots$,$A_k(3 \leqslant k < n)$,满足题设条件. 考虑两种情况.

情况 1 存在一个球队 $U \notin \{A_1, A_2, \cdots, A_k\}$,对此球有两个球队 A_i, A_j 使得 A_i 胜 U,U 胜 A_j. 不失一般性,假设 A_1 胜 U. 设 A_l 是输给 U 的最小的球队. 则下列 $k+1$ 个球队

$$A_1, A_2, \cdots, A_{l-1}, U, A_l, \cdots, A_k$$

具有所要求的性质.

情况 2 对任意两个球队 A_i, A_j 以及任意球队 U,或者 A_i 输给 U,或者 A_i, A_j 都胜 U.

除了 A_1,A_2,$\cdots$,A_k之外的所有球队,划分成两个集合 S 和 T,使得 S 中的所有球队胜 A_1,A_2,$\cdots$,A_k,T 中所有的球队都输给 A_1,A_2,$\cdots$,A_k. 显然,$S \cap T = \varnothing$,且 S 和 T 都是非空集合.

设 $U \in S$,$V \in T$,满足 V 胜 U(由题设条件知,这种情况是存在的). 则下列 $k+1$ 个球队,U,A_1,A_2,$\cdots$,A_{k-1},V 具有所要求的性质.

2006年IMO团队选拔赛

问题1 在一个方表的单元格里，以下列方式写下了数字1，0，−1，在每行和每列确有一个1和一个−1，通过重排初始表的行和列，是否总是可以得到对立表(如果对应单元格的所有数字之和等于0，两个表称为对立表)？

解 我们来证明，通过重排原始表的行和列可以得到一个对立表.用$1,2,\cdots,n$从左到右表示列，从上到下表示行.用a_{ij}表示第i行第j列写下的数.交换行和列得到$a_{11}=1,a_{12}=-1,a_{23}=-1$(当$a_{21}=-1$时，命题可以用$2\times2$到$(n-1)\times(n-2)$表，采用数学归纳法来证明)，$a_{33}=1,a_{34}=-1$(当$a_{31}=-1$时，可以用$3\times3$到$(n-3)\times(n-3)$表，采用数学归纳法来证明)如此等等.

余下的是要证明命题对下列表成立.

表(A)

1	−1	0	0	…	0	0
0	1	−1	0	…	0	0
0	0	1	−1	…	0	0
…	…	…	…	…	…	…
…	…	…	…	…	…	…
…	…	…	…	…	1	−1
1	0	0	0	…	0	1

用同样的处理方式，从原始表得到下表

表(B)

−1	1	0	0	…	0	0
0	−1	1	0	…	0	0
0	0	−1	1	…	0	0
…	…	…	…	…	…	…
…	…	…	…	…	…	…
…	…	…	…	…	−1	1
1	0	0	0	…	0	−1

现在，应用得到表(B)的同样方法移动表(A)，但以相反的次序可得到原始表的对立表.

问题 2 求实系数多项式(P,Q)，使得对无限多 $x\in\mathbf{R}$ 都有 $\frac{P(x)}{Q(x)}-\frac{P(x+1)}{Q(x+1)}=\frac{1}{x(x+2)}$ 成立.

Nikolai Nikolov, Oleg Mushkarov

解 第一个解法：只需考虑，当 $P,Q(\neq 0)$ 是互质多项式，且 Q 的首项系数等于 1.

对任意实数 x，有

$$x(x+2)[P(x)Q(x+1)-Q(x)P(x+1)]=Q(x)Q(x+1) \tag{1}$$

这样的多项式 $Q(x)$，$Q(x+1)$ 分别整除 $x(x+2)Q(x+1)$，$x(x+2)Q(x)$，所以

$$S(x)Q(x)=x(x+2)Q(x+1)$$
$$T(x)Q(x+1)=x(x+2)Q(x)$$

其中 $S(x)$，$T(x)$ 都是首项系数等于 1 的二次多项式. 因此，$S(x)T(x)=x^2(x+2)^2$. 考虑以下三种情况.

情况 1 $S(x)=T(x)=x(x+2)$，则 $Q(x+1)=Q(x)\Rightarrow Q(x)=1$. 但问题的条件表明，这是不可能的.

情况 2 $S(x)=x^2$，$T(x)=(x+2)^2$，则 $xQ(x)=(x+2)Q(x+1)\Rightarrow Q(1)=0$. 由数学归纳法可见，对于 $n\in\mathbf{N}\Rightarrow Q(n)=0$，因此 $Q(x)\equiv 0$，矛盾.

情况 3 $S(x)=(x+2)^2$，$T(x)=x^2$，则

$(x+2)Q(x)=xQ(x+1)\Rightarrow x\mid Q(x)$，$(x+2)\mid Q(x+1)\Rightarrow (x+1)\mid Q(x)$

可见 $Q(x)=x(x+1)Q_1(x)$，其中 $Q_1(x)$ 是首项系数等于 1，且满足 $Q_1(x+1)=Q(x)$ 的多项式. 因此，可以得到 $Q_1(x)=1$，$Q(x)=x(x+1)$.

现将 $Q(x)$ 代入等式(1)，有

$$(x+2)P(x)-xP(x+1)=x+1 \tag{2}$$

分别令 $x=0,-1$，有

$P(0)=\frac{1}{2}$，$P(-1)=-\frac{1}{2}\Rightarrow P(x)=\frac{1}{2}+x+x(x+1)P_1(x)$

其中 $P_1(x)$ 是多项式.

将其代入等式(2)，可得 $P_1(x+1)=P(x)$，因此 $P_1(x)$ 是常数.

最后，我们得到，如果多项式 P,Q 互质，且 $a_0=1$，则

$$Q(x)=x+1,P(x)=\frac{1}{2}+x+cx(x+1)$$

所以答案是 $Q(x)=x(x+1)R(x), P(x)=\left[\frac{1}{2}+x+cx(x+1)\right]R(x)$. 其中 $R(x)$ 是任意非零多项式, c 是常数.

第二个解法:给定的等式可以写成如下形式

$$\frac{P(x)}{Q(x)}-\frac{1}{2}\left(\frac{1}{x}+\frac{1}{x+1}\right)=\frac{P(x+1)}{Q(x+1)}-\frac{1}{2}\left(\frac{1}{x+1}+\frac{1}{x+2}\right)$$

所以,由数学归纳法可以证明

$$\frac{P(x)}{Q(x)}-\frac{1}{2}\left(\frac{1}{x}+\frac{1}{x+1}\right)=\frac{P(x+n)}{Q(x+n)}-\frac{1}{2}\left(\frac{1}{x+n}+\frac{1}{x+n+1}\right)$$

固定 x,令 $n\to+\infty$,则有 $\frac{P(x)}{Q(x)}-\frac{1}{2}\left(\frac{1}{x}+\frac{1}{x+1}\right)=c$,其中 c 是常数.

现在,很容易得到

$$Q(x)=x(x+1)R(x), P(x)=\left[\frac{1}{2}+x+cx(x+1)\right]R(x)$$

备注 以类似的方法,可以证明下列命题

设 P,Q 是实系数多项式,满足 $\frac{P(x)}{Q(x)}-\frac{P(x+1)}{Q(x+1)}=\frac{1}{x(x+a)}$ 对无限多 $x\in\mathbf{R}$ 成立,其中 a 是实数. 设 $a\in\mathbf{Z}$, $a\neq 0$, $n\in\mathbf{N}$,

$$S_n(x)=\frac{1}{0!n}+\frac{x}{1!(n-1)}+\frac{x(x+1)}{2!(n-2)}+\cdots+\frac{x(x+1)\cdots(x+n-2)}{(n-1)!1}$$

$$T_n(x)=x(x+1)\cdots(x+n-1)$$

如果 $a=n$, 则 $Q(x)=T_n(x)R(x), P(x)=[S_n(x)+cT_n(x)]R(x)$. 其中 $R(x)$ 是任意非零多项式, c 是常数.

如果 $a=-n$,使用代换 $P_1(x)=-P(1-x)$, $Q_1(x)=-Q(1-x)$ 后,同样处理.

问题 3 设 $\triangle ABC$ 是非等边三角形, M,N 是其内部点,满足 $\angle BAM=\angle CAN$, $\angle ABM=\angle CBN$,且 $AM\cdot AN\cdot BC=BM\cdot BN\cdot CA=CM\cdot CN\cdot AB=k$. 证明:

a) $3k=AB\cdot BC\cdot CA$;

b) 线段 MN 的中点是 $\triangle ABC$ 的重心.

Nikolai Nikolov

证明 角相等的条件表明,点 M,N 是 $\triangle ABC$ 内的等角共轭点,所以 $\angle BCM=\angle ACN$.

用小写字母前缀表示在复平面上对应的点,则有

$$\arg\frac{b-a}{m-a}=\arg\frac{n-a}{c-a}, |(m-a)(n-a)(b-c)|=k\Rightarrow$$

$$\frac{(b-a)(c-a)}{(m-a)(n-a)}=\frac{AB\cdot BC\cdot CA}{k}\triangleq K\Rightarrow$$

$$(b-a)(c-a)=K(m-a)(n-a)$$

类似可得

$$(c-b)(a-b)=K(m-b)(n-b),(a-c)(b-c)=K(m-c)(n-c)$$

后两式相减,有

$$(b-c)[K(m+n)-(K-1)(b+c)-2a]=0\Rightarrow$$

$$m+n=\frac{(K-1)(b+c)+2a}{K}$$

类似可得

$$m+n=\frac{(K-1)(c+a)+2b}{K}$$

所以 $K=3,\frac{m+n}{2}=\frac{a+b+c}{3}$.

备注1 实际上,m,n 是多项式 $(z-a)(z-b)(z-c)$ 导数的根.

备注2 直接验证表明,下面的恒等式成立

$$\frac{(m-a)(n-a)}{(b-a)(c-a)}+\frac{(m-b)(n-b)}{(c-b)(a-b)}+\frac{(m-c)(n-c)}{(a-c)(b-c)}=1$$

由三角不等式可知,如果 M,N 是 $\triangle ABC$ 所在平面上的点,则

$$\frac{AM\cdot AN}{AB\cdot AC}+\frac{BM\cdot BN}{BC\cdot BA}+\frac{CM\cdot CN}{CA\cdot CB}\geqslant 1$$

等号成立的条件是,当且仅当 M,N 是等角共轭的.

问题4 设 k 是 $\triangle ABC$ 的外接圆,D 是弧 $\overset{\frown}{AB}$ 上的一点(不包含 C),I_A,I_B 分别表示 $\triangle ADC,\triangle BDC$ 的内心. 证明:$\triangle I_AI_BC$ 的外接圆与圆 k 相切,当且仅当 $\frac{AD}{BD}=\frac{AC+CD}{BC+CD}$.

Stoyan Atanasov

证明 如图1,设 $P=CI_A\cap k$, $Q=CI_B\cap k$. 首先证明,$\triangle I_AI_BC$ 的外接圆 k_1 与 k 相切,当且仅当 $I_AI_B \parallel PQ$.

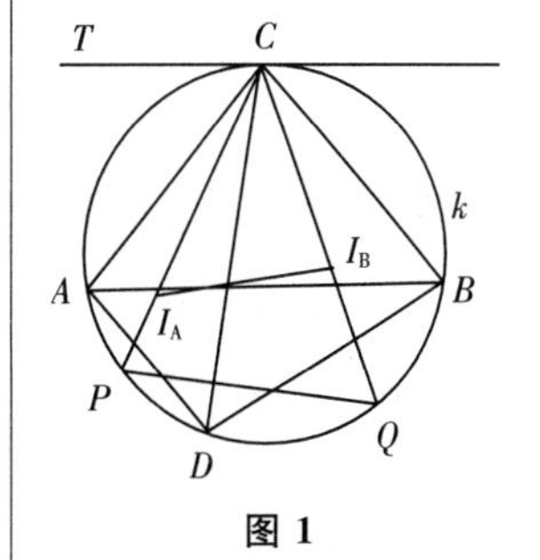

图 1

设 T 是圆 k 在点 C 的切线上的一点,则 $\angle ACT=\angle ABC$. 如果圆 k_1 与圆 k 相切,则 CT 是它们的公切线,所以

$$\angle CQP=\angle TCP=\angle TCI_A=\angle CI_BI_A\Rightarrow I_AI_B \parallel PQ$$

反之,若 $I_AI_B \parallel PQ$,则 $\angle TCI_A=\angle TCP=\angle CQP=\angle CI_BI_A$,表明直线 CT 和 k_1 相切.

余下的要证明

$$I_AI_B \parallel PQ\Leftrightarrow\frac{AD}{BC}=\frac{AC+CD}{BC+CD}$$

因为 $PI_A=PA=PD$, $QI_B=QB=QD$,则

$$I_AI_B \parallel PQ \Leftrightarrow \frac{CI_A}{CI_B}=\frac{AP}{BQ}\Leftrightarrow \frac{\dfrac{AC+CD-AD}{2\cos\frac{1}{2}\angle ACD}}{\dfrac{BC+CD-BD}{2\cos\frac{1}{2}\angle BCD}}=$$

$$\frac{2R_{ABC}\sin\frac{1}{2}\angle ACD}{2R_{ABC}\sin\frac{1}{2}\angle BCD}\Leftrightarrow \frac{AC+CD-AD}{BC+CD-BD}=$$

$$\frac{\sin\angle ACD}{\sin\angle BCD}\Leftrightarrow \frac{AC+CD-AD}{BC+CD-BD}=$$

$$\frac{AD}{BD}\Leftrightarrow \frac{AC+CD}{BC+CD}=\frac{AD}{BC}$$

问题 5 证明:如果 $a,b,c>0$,则 $\dfrac{ab}{3a+4b+5c}+\dfrac{bc}{3b+4c+5a}+\dfrac{ca}{3c+4a+5b}\leqslant\dfrac{a+b+c}{12}$.

证明 我们来证明给定不等式的一般形式

如果 $x,y\geqslant 1$, $a,b,c>0$,则

$$\frac{ab}{xa+yb+2c}+\frac{bc}{xb+yc+2a}+\frac{ca}{xc+ya+2b}\leqslant\frac{a+b+c}{x+y+z} \tag{1}$$

当 $x=\dfrac{6}{5}, y=\dfrac{8}{5}$ 时,即得所给不等式.

根据 Cauchy－Schwarz 不等式,有

$$ab\,\frac{(x+y+2)^2}{xa+yb+2c}=ab\,\frac{[(x-1)+(y-1)+2+2]^2}{(x-1)a+(y-1)b+(a+c)+(b+c)}\leqslant$$

$$ab\left(\frac{x-1}{a}+\frac{y-1}{b}+\frac{4}{a+c}+\frac{4}{b+c}\right)=$$

$$(x-1)b+(y-1)a+\frac{4ab}{a+c}+\frac{4ab}{b+c}$$

类似可得另外两个不等式,将这些不等式相加,有

$$(x+y+2)^2\left(\frac{ab}{xa+yb+2c}+\frac{bc}{xb+yc+2a}+\frac{ca}{xc+ya+2b}\right)\leqslant$$

$$(x-1)(a+b+c)+(y-1)(a+b+c)+4(a+b+c)=$$

$$(x+y+2)(a+b+c)$$

这就证明了不等式(1).

第二个证法:所给不等式等价于

$$0\leqslant 30[(a^2-b^2)^2+(b^2-c^2)^2+(c^2-a^2)^2]+$$

$$11[ab(b-c)^2+bc(c-a)^2+ca(a-b)^2]+$$

$$73[ab(c-a)^2+bc(a-b)^2+ca(b-c)^2]$$

问题6 设$p>2$是质数,求集合$\{1,2,\cdots,p-1\}$的子集B的个数,如果p整除B中的元素之和.

Ivan Landjev

解 考虑用集合$A'=A\cup\{0\}$来代替集合A.设$B=\{a_1,a_2,\cdots,a_k\}$是A'的非空子集.

定义$i+B=\{i+a_1(\mathrm{mod}\ p),i+a_2(\mathrm{mod}\ p),\cdots,i+a_k(\mathrm{mod}\ p)\}$.

注意到,集合$i+B$ $(i=0,1,2,\cdots,p-1)$的元素之和是互不相同的.实际上,如果某些和s,t相等,则

$$\sum_{i=1}^{k}(s+a_i)\equiv\sum_{i=1}^{k}(t+a_i)(\mathrm{mod}\ p)\Leftrightarrow ks+\sum_{i=1}^{k}a_i\equiv kt+\sum_{i=1}^{k}a_i(\mathrm{mod}\ p)\Leftrightarrow ks\equiv kt(\mathrm{mod}\ p)\Leftrightarrow s=t$$

所以集合A'(非空子集合A')的子集合可以划分成$\frac{2^p-2}{p}$个组,每个组包含p个集合.因此每一组中子集的元素之和,跑遍了所有模p剩余,所以和能被p整除的子集个数等于$\frac{2^p-2}{p}$.因为0包含在它们中的一半,可见A的子集B的个数(包含了空集以及排除的A)等于$\frac{2^p-2}{2p}$.

空集用A替换$\left(A\text{具有和}\frac{p(p-1)}{2},\text{这个和能被}p\text{整除}\right)$,最后,答案是$\frac{2^{p-1}-1}{p}$.

问题7 设D,E分别是$\triangle ABC$的边AB,AC上的点,满足$DE\parallel BC$.$\triangle ADE$的外接圆k交线段BE,CD于点M,N,直线AM,AN交BC于点P,Q,且$BC=2PQ$,点P位于点B,Q之间.证明:圆k,直线BC和$\angle BAC$的平分线共点.

Nikolai Nikolov

证明 因为$\angle PBM=\angle MED=\angle BAP$,所以$PB^2=PM\cdot PA$.类似可得$QC^2=QN\cdot QA$.

因为$BC=2PQ$,且P位于B,Q之间,所以在PQ上存在一点L,满足$PB=PL,QC=QL$.这样$PL^2=PM\cdot PA$.即M位于圆k'过点A,且在点L处切于BC.

类似可得,$N\in k'$,所以$k'=k$.最后,我们有

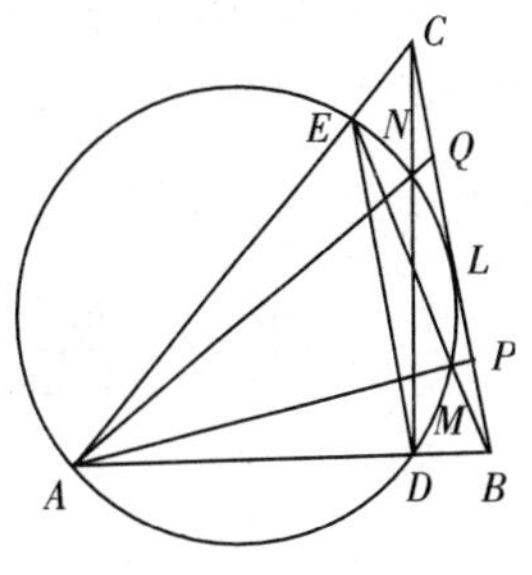

图2

$$\frac{BL^2}{CL^2}=\frac{BD\cdot BA}{CE\cdot CA}=\frac{BA^2}{CA^2}\Rightarrow\angle BAL=\angle CAL$$

问题 8 设$\{a_n\}_{n=1}^{\infty}$是大于 1 的整数序列,$x>0$是无理数,x_n表示乘积$a_na_{n-1}\cdots a_1x$的分数部分.

a) 证明:$x_n>\frac{1}{a_{n+1}}\ (n\geqslant 1)$;

b) 求所有序列$\{a_n\}_{n=1}^{\infty}$,使得存在无限多个$x\in(0,1)$,对所有n成立,$x_n>\frac{1}{a_{n+1}}\ (n\geqslant 1)$.

解 a) 假设不等式$\{a_na_{n-1}\cdots a_1x\}>\frac{1}{a_{n+1}}$,对有限多个$n$成立. 则存在$s$,满足$n\geqslant s$,使得$\{a_na_{n-1}\cdots a_1x\}\leqslant\frac{1}{a_{n+1}}$.

因为$\{a_na_{n-1}\cdots a_1x\}$不是有理数(特别地,不等于零),我们得到

$$\{a_na_{n-1}\cdots a_1x\}<\frac{1}{a_{n+1}}\Rightarrow a_{n+1}\{a_na_{n-1}\cdots a_1x\}<1$$

利用a_{n+1}是整数,我们有

$$\{a_{n+1}a_na_{n-1}\cdots a_1x\}=\{a_{n+1}\{a_na_{n-1}\cdots a_1x\}\}=a_{n+1}\{a_na_{n-1}\cdots a_1x\}$$

对任意$t>s$,都有$1>\{a_ta_{t-1}\cdots a_sa_{s-1}\cdots a_1x\}=a_ta_{t-1}\cdots a_s\{a_{s-1}\cdots a_1x\}$,矛盾.

这是因为$\lim\limits_{t\to\infty}a_ta_{t-1}\cdots a_s=\infty$,但$0<\{a_{s-1}\cdots a_1x\}<1$.

b) 很明显,如果对某些$i>1$, $a_i=1$,则$\{a_{i-1}a_{i-2}\cdots a_1x\}>\frac{1}{a_i}=1$,并不成立. 假设存在$t$满足当$i>t$时$a_i=2$,则对每一个$p$以及$y=a_ta_{t-1}\cdots a_1x$,有$\{2^py\}>\frac{1}{2}$. 因为$y<1$,$\sum\limits_{j=1}^{\infty}\frac{1}{2^j}=1$,所以对于每一个$k$,有$c_k\leqslant y<c_{k+1}$,其中$c_k=\frac{1}{2}+\frac{1}{2^2}+\cdots+\frac{1}{2^k}$. 因此,$2^ky\in\left[2^kc_k,2^kc_k+\frac{1}{2}\right]$,这与$\{2^py\}>\frac{1}{2}$矛盾.

下面我们来证明,如果序列$\{a_n\}_{n=1}^{\infty}$,当$a_i>1\ (i>1)$时,对无限多个i值,不等式$a_i>2$成立,则存在无限多个$x_n\in(0,1)$,满足$x_n>\frac{1}{a_{n+1}}$. 设

$$x=\frac{b_1}{a_1}+\frac{b_2}{a_1a_2}+\frac{b_3}{a_1a_2a_3}+\cdots\ (b_1\leqslant a_i-1,1\leqslant b_i\leqslant a_i-1,i>1)$$

则

$$x=\frac{b_1}{a_1}+\frac{b_2}{a_1a_2}+\frac{b_3}{a_1a_2a_3}+\cdots<\frac{a_1-1}{a_1}+\frac{a_2-1}{a_1a_2}+\frac{a_3-1}{a_1a_2a_3}+\cdots=$$

$$1-\frac{1}{a_1}+\frac{1}{a_1}-\frac{1}{a_1a_2}+\frac{1}{a_1a_2}-\cdots=1$$

这种类型的数有无限多个. 如上所述,我们有

$$\frac{b_{n+1}}{a_{n+1}}+\frac{b_{n+2}}{a_{n+1}a_{n+2}}+\cdots<1$$

所以 $x_n=\frac{b_{n+1}}{a_{n+1}}+\frac{b_{n+2}}{a_{n+1}a_{n+2}}+\cdots>\frac{b_{n+1}}{a_{n+1}}\geqslant\frac{1}{a_{n+1}}$.

备注 1 可以证明,存在无限多个无理数满足 b) 的条件.

备注 2 可以证明,如果 $\{a_n\}_{n=1}^{\infty}$ 是大于 1 的正整数序列,则当 $x\in[0,1)$ 时,可以唯一地表示为

$$x=\sum_{i=1}^{\infty}\frac{b_i}{a_1a_2\cdots a_i}$$

其中 b_i 是正整数,满足 $0\leqslant b_i\leqslant a_i-1$. 对于右边的不等式,有无限多个是严格的.

问题 9 设 $n\geqslant 3$ 是正整数,M 是前 n 个质数的集合. 对 M 的每一个非空集合 X,令 $P(X)$ 表示 X 中的元素之积. 令 N 是形式为 $\frac{P(A)}{P(B)}$ 的分数的集合,其中 $A,B\subset M,A\cap B=\varnothing$,满足 N 的任何 7 个元素之积是整数,N 的基数的最大可能值是多少?

Alexander Ivanov

解 考虑下列三元素集

$$N_1=\left\{\frac{p_3p_4\cdots p_{n-1}}{p_1},\frac{p_2p_3\cdots p_{n-1}}{p_1},\frac{p_2p_3\cdots p_{n-1}p_n}{p_1}\right\}$$

$$N_2=\left\{\frac{p_1p_4\cdots p_{n-1}}{p_2},\frac{p_1p_3\cdots p_{n-1}}{p_2},\frac{p_1p_3\cdots p_{n-1}p_n}{p_2}\right\}$$

$$\vdots$$

$$N_{n-1}=\left\{\frac{p_2p_3\cdots p_{n-2}}{p_{n-1}},\frac{p_1p_2\cdots p_{n-2}}{p_{n-1}},\frac{p_1p_2\cdots p_{n-2}p_n}{p_{n-1}}\right\}$$

容易验证,这些集合的并满足题设条件,且具有 $3n-3$ 个元素.

假设存在一个集合有 $3n-2$ 个元素,满足题设条件. 很明显,每一个质数在分母中至多出现 3 次.

设 $M_1\subset M$ 是最大可能的在分母中出现 3 次质数,没有两个来自 M_1 的质数出现在相同分母一次的集合. 则下不等式成立

$3\mid M_1\mid+2(n-\mid M_1\mid)\geqslant 3n-2\Rightarrow\mid M_1\mid\geqslant 3n-2$

情况 1 设 $|M_1|=n$，则 N 是一个类型为 $N_i=\left\{\frac{a_i}{p_i},\frac{b_i}{p_i},\frac{c_i}{p_i}\right\}$ 的子集的并，可见 p_i 不能在余下分式的分子中至多出现一次中出现. 在每一个 N_i 中至少两个分数，分数不包含一个 p_j，否则两个分数相等. 所以 $2n\leqslant n$，矛盾.

情况 2 设 $|M_1|=n-1$，则有两种情况.

a) 集合 N 是类型为 $N_i=\left\{\frac{a_i}{xp_i},\frac{b_i}{p_i},\frac{c_i}{p_i}\right\}$ 的 $n-1$ 个集合的并集. 其中 $x=1$ 或 $x=p_n$，且 $N_n=\left\{\frac{r}{p_n},\frac{s}{p_n}\right\}$. 如果一个分数的分母不在 N_n 中且被 p_n 整除. 则如上所述，我们有 $2(n-1)+1\leqslant n\Rightarrow n\leqslant 1$，矛盾.

否则，至多三个分数的分母被 p_n 整除，所以 $2(n-1)+1\leqslant n-1+3\Rightarrow n\leqslant 3$. 容易验证 $n=3$，无答案.

b) 考虑集合 $N_n=\left\{\frac{t}{p_n}\right\}$，注意到. 类似这些情况由 a) 有 $2(n-1)\leqslant n-1+5\Rightarrow n\leqslant 6$. 对每一个 $n=3,4,5,6$，容易找到具有 $3n-2$ 个元素的集合的例子.

情况 3 设 $|M_1|=n-2$. 为找到最好的 N，从 M_1 得到质数的 $n-2$ 个集合，且两个集合中，有两个元素来自 p_{n-1},p_n. 如上所述，我们得到 $2(n-2)+2\leqslant(n-2)+3+3\Rightarrow n\leqslant 6$. 所以在这种情况下，找不到一个最好的 N.

当 $n=3,4,5,6$ 时，答案是 $3n-2$；当 $n\geqslant 7$ 时，答案是 $3n-3$.

问题 10 求正整数序列 $\{a_n\}_{n=1}^{\infty}$，满足 $a_4=4$，对于正整数 $n\geqslant 2$，下面的等式成立

$$\frac{1}{a_1a_2a_3}+\frac{1}{a_2a_3a_4}+\cdots+\frac{1}{a_na_{n+1}a_{n+2}}=\frac{(n+3)a_n}{4a_{n+1}a_{n+2}}$$

Peter Boyvalenkov

解 把递推关系式写成如下形式

$$\frac{(n+2)a_{n-1}}{4a_na_{n+1}}+\frac{1}{a_na_{n+1}a_{n+2}}=\frac{(n+3)a_n}{4a_{n+1}a_{n+2}}\Leftrightarrow(n+2)a_{n+2}=\frac{(n+3)a_n^2-4}{a_{n-1}}\quad(n\geqslant 3)$$

在初始递推关系中，令 $n=2$，有

$$4(a_1+4)=5a_1a_2^2\Rightarrow a_1\mid 16,\ 5\mid a_1+4$$

所以，$a_1=12,a_2=1$ 或者 $a_1=1,a_2=2$.

情况 1 设 $a_1=12,a_2=1$，则对于 $n=3,4,5$ 分别有 $5a_5=6a_3^2-4$，$a_3a_6=18$，$7a_7=2a_5^2-1$.

因为 $a_3\equiv\pm 2\pmod 5$，且 a_3 是 18 的因子，所以 $a_3=3,18$. 直

接验证两个值表明没有答案.

情况 2 设 $a_1=1, a_2=2$,则对于 $n=3,4$ 分别有 $5a_5^2+2=3a_3^2, a_3a_6=18$. 因为 $a_3\equiv\pm 2 \pmod 5$,所以 $a_3=3, a_6=6$ 或者 $a_3=18, a_6=1$. 在第二种情况下得到 $a_5=194$,这和 $8a_8=\dfrac{9a_6^2-4}{a_5}$ 矛盾. 在第一种情况下得到 $a_5=5$. 因此,只可能是 $a_i=i(i=1,2,\cdots,6)$. 使用数学归纳法可以证明,$a_n=n$.

问题 11 用 $d(a,b)$ 表示,正整数 a 的大于或等于 b 的因子个数. 求所有正整数 n,使得 $d(3n+1,1)+d(3n+2,2)+\cdots+d(4n,n)=2\,006$.

Ivan Landjev

解 用 $D(a,b)$ 表示"大于或等于 b 的因数的集合". 这样,$|D(a,b)|=d(a,b)$. 每一个正整数 k $(1\leqslant k\leqslant 4)$,属于下列集合中至多一个

$$D(3n+1,1), D(3n+2,2),\cdots,D(4n,n) \tag{1}$$

每一个正整数 k $(1\leqslant k\leqslant n,\ 3n+1\leqslant k\leqslant 4n)$,确有一个属于集合(1). 整数 $k(2n+1\leqslant k\leqslant 3n)$ 不出现在集合(1) 中.

设 $n+1\leqslant k\leqslant 2n\Rightarrow k=n+i\ (i=1,2,\cdots,n)$,如果 k 属于集合(1) 中的一个则 $3n+1\leqslant 2(n+i)\leqslant 4n$ 或 $3n+1\leqslant 3(n+i)\leqslant 4n$.

我们推出 $i=\left[\dfrac{n+1}{2}\right],\cdots,n$ 或 $i=1,\cdots,\left[\dfrac{n}{3}\right]$,确有一个属于集合(1). 来自区间 $[n+1,2n]$ 的整数的个数等于 $\left[\dfrac{n}{2}\right]+\left[\dfrac{n}{3}\right]$. 所以,

$$|D(3n+1,1)|+|D(3n+2,2)|+\cdots+|D(4n,n)|=2n+\left[\frac{n}{2}\right]+\left[\frac{n}{3}\right]$$

从而,答案是 $n=708$.

问题 12 设 $m\geqslant 5$, n 是正整数,M 是正 $2n+1$ 边形. 求凸 m 边形的个数,其顶点在 M 的顶点之中,且至少有一个锐角.

Alexander Ivanov

解 容易观察到,在凸 m 边形中,至多有两个锐角,所以如果有两个锐角的话,则其必定出现在同一边处.

固定 $l=0,1,2,\cdots,n-1$,且 A 和 B 是 M 的两个顶点,满足其 l 个顶点在弧 $\overset{\frown}{AB}$ 上. 考虑下列表达式

$$\binom{l}{m-2}+\binom{n}{m-2}-\binom{n-l-1}{m-2}-(l+1)\binom{m-l-1}{m-3}$$

对所有一边 AB 有两个锐角和 AB 的右边有一个锐角的凸 m 边形进行计数.容易看到,关于 $l=0,1,2,\cdots,n-1$ 求和之后,乘以 $2n+1$,计每一个凸 m 边形确有一个锐角的计数.

利用恒等式 $\sum_{s=1}^{n}\binom{s}{t}=\binom{k+1}{s+1}$,我们有

$$\sum_{l=0}^{n-1}\left[\binom{l}{m-2}+\binom{n}{m-2}-\binom{n-l-1}{m-2}-(l+1)\binom{m-l-1}{m-3}\right]=$$

$$\sum_{l=0}^{n-1}\binom{l}{m-2}+n\binom{n}{m-2}-\sum_{s=0}^{n-1}\binom{s}{m-2}-(n-s)\sum_{s=0}^{n-1}\binom{s}{m-3}=$$

$$n\binom{n}{m-2}-n\sum_{s=0}^{n-1}\binom{s}{m-3}+(s+1)\sum_{s=0}^{n-1}\binom{s}{m-3}-\sum_{s=0}^{n-1}\binom{s}{m-3}=$$

$$(m-2)\sum_{s=0}^{n-1}\binom{s+1}{m-2}-\binom{n}{m-2}=(m-2)\binom{n+1}{m-1}-\binom{n}{m-2}=$$

$$\frac{mn-2n-1}{m-1}\binom{n}{m-2}$$

所以,答案是 $\frac{(2n+1)(mn-2n-1)}{m-1}\binom{n}{m-2}$.

编辑手记

有人感到很奇怪，为什么一个奥赛大国，拥有如此之多金牌选手的中国却要不惜重金去购买版权，再找专家翻译而去出版一本东欧小国保加利亚的奥数书. 我们说这是国际化的需要，是专家时代的产物.

德国文学评论家沃尔夫冈·顾彬曾说：

> 世界上好像只有两个地方，一个是中国，一个是国外，无论在什么地方. 国内、国外这个说法让我笑. 我觉得好玩儿. 只有中国人才了解中国这个观点不要多讨论. 如果有道理的话，那么我们也可以认为只有俄国人才了解俄国.
>
> 其实我们已经进入了专家时代. 因此是中国人民大学的王家新带我在德国、奥地利看欧洲作家的故居等. 我呢，带我的中国学生来看北京，因为我是北京名胜古迹的专家. 也会有中国人街上问我路，也在看书时问我某一个汉字的发音. 这都是正常的，因为中国的思想史、文化史等是我的专业.
>
> 相反的，我会问一个专门研究德国语言的中国学者德文某一个词的意思. 如果要赞成他，我不会说"对一个外国人……"为什么不呢？他会觉得我在污蔑他的民族. 他估计我心里想，中国人不能了解德国，只有德国人才知道德意志联邦国是什么. 坦率地说，所有研究德国历史的外国人比我更了解德国政治方面上的情况. 现在写德国历史最了不起的书不是德国人的，是英国人与法国人写的. 目前最发达的汉学不一定是中国的，也可能是美国的，因为美国几十年来欢迎各个国家最优秀的学者. 如果没有中国人、韩国人、日本人等帮美国的忙，美国不会这么发达.
>
> 专家时代要求我们不再分国内、国外. 我们不光早就进入了专家时代，我们也已经进入了合作时代. 优越感没用，我们都是平等的.

保加利亚是IMO的发起国之一,参加IMO远早于中国,而且赛题数学味道纯正,在世界上享有一定声誉,属于"小而美"的范畴.保加利亚还和俄罗斯等国(还有乌克兰、哈萨克斯坦、立陶宛和蒙古)一起发起了一个"欧拉数学竞赛"已经办了5届.实在不可小看.可以认为保加利亚数学奥林匹克的兴起与俄罗斯关系密切.从历史上看,保加利亚自建国之初,就欠了俄国人一个大大的人情——信奉东正教的保加利亚人曾被信奉伊斯兰教的土耳其人统治了500多年.直到1878年,俄土战争爆发,在俄罗斯畃帮助下,保加利亚才摆脱异教徒统治,成为独立国家.

保加利亚的中学生数学能力很强,搞IMO研究的人都知道下面这道著名试题和一个出人意料简单的解法.

设 a,b 是正整数,$ab+1$ 整除 a^2+b^2.证明:$\frac{a^2+b^2}{ab+1}$是完全平方数.

证明 令$\frac{a^2+b^2}{ab+1}=k$,设 k 不是完全平方数,考虑不定方程

$$a^2-kab+b^2=k \tag{1}$$

显然(1)的解(a,b)满足 $ab\geqslant 0$.

因为 k 不是完全平方数,所以 a,b 都不为零,$ab>0$.

现设(a,b)是(1)的解中使 $a+b$ 最小的那个解.

不妨设 $a\geqslant b$.固定 k 与 b,把(1)看成 a 的二次方程,它有一根为 a,设另一根为 a',则由韦达定理可知

$$\begin{cases} a+a'=kb & (2)\\ aa'=b^2-k & (3)\end{cases}$$

由(2)知 a' 亦为整数,因而(a',b)也是(1)的解.由于 $b>0$,所以 $a'>0$(假若 $a'b<0$,则 $a'^2+b^2=k(a'b+1)<0$,且 $a'\neq 0,b\neq 0$).

但由(3),$a'=\frac{b^2-k}{a}\leqslant\frac{b^2-1}{a}\leqslant\frac{a^2-1}{a}<\frac{a^2}{a}=a$.

从而 $a'+b<a+b$,这与 $a+b$ 最小矛盾,所以 k 必为完全平方数.

此题是1988年7月18日—7月19日在堪培拉举行的IMO中有历史以来(联邦德国供题)得分最低的,平均分仅有0.6分(满分7分).澳大利亚四名数论专家做了一天无一人得出结论,全球仅有11名中学生满分.单墫教授曾将其带到1988年召开的纪念华罗庚全国数论会议中请全体参会专家解答.结果仅潘承彪一人做出,但保加利亚中学生的以上出人意料的解答获特别奖.国内香港的萧文强先生,湖南的欧阳维诚先生,陕西师大的罗增儒先生各有新解.

据西班牙《阿贝赛报》网站6月23日报道,突破奖基金会刚刚揭晓了2014年数学突破奖的获奖名单,陶哲轩等5人分别获得了300万美元的巨奖.

突破奖是由Google的布林夫妇,阿里的马云夫妇,俄罗斯企业家Yuri Milner夫妇及Facebook的扎克伯格夫妇等人联合发起并提供资助的一个奖项.该奖旨在表彰将科学作为一生事业并取得重大突破的科学家,每位获奖者都将获得300万美元.

去年12月15日刚刚揭晓了2014年基础物理学和生命科学突破奖,共有2人获基础物

理学突破奖,6人获得生命科学突破奖.在当时的颁奖仪式上,扎克伯格和Milner宣布将启动数学突破奖.今天突破奖基金会颁布的正是该奖的获奖名单,获奖者具体如下:

石溪大学及帝国理工学院的Simon Donaldson,成果为四维流形不变量的发现及代数几何与整体微分几何稳定性关系的研究.

法兰西高等科学研究所的Maxim Kontsevich,因在代数几何、变形理论、辛拓扑、同调代数、动态系统等方面工作产生的深远影响而获奖.

哈佛大学的Jacob Lurie,因高级范畴论及衍生代数几何的基础工作、完全拓展拓扑量子场理论的分类、对椭圆形上同调的模理论解释而获奖.

加州大学洛杉矶分校的陶哲轩,因调和分析、组合论、偏微分方程及解析数论等众多突破获奖.

高等研究院的Richard Taylor,因自守形式理论的众多突破获奖.

扎克伯格表示:数学对于推动人类本世纪的进步和创新至关重要.本年度的获奖者对该领域做出了巨大贡献.

Milner则评论说:数学是最基础的科学,是一切科学的语言.最好的科学思想通过拓展人类知识范围而令所有人受益.

颁奖仪式将于今年11月举行,而这5人也将组成评选委员会,选出明年的获奖者.

Milner指出,"突破奖"的目标是为科学和理性主义营造一个积极形象,对人类未来保持一个乐观的看法.他说,"知识界的光彩在我们的社会被掩盖了.58年前,世界上最著名的人不是演员、运动员或音乐家,而是科学家爱因斯坦.他的面孔出现在全世界的杂志封面和报纸头版以及电视上",但今天的大部分科学家虽然取得了攸关人类未来的重大科学发现,例如治疗绝症和延长寿命的方法,公众对他们却一无所知.

陶哲轩的再次获奖,使国人更加开始思考:到底奥赛和成为顶级数学家是否是相关的.我国的情况更像一位黎巴嫩诗人纪伯伦的一句名言:我们已经走得太远,却忘记了为什么要出发.

保加利亚还是早期社会主义阵营中的一员,与我国关系一直很好,解放初期连中学生都互相访问.解放军将领左权之女左太北就曾回忆说:八一小学的老师对我特别好.1954年的国际夏令营,八一小学推荐了我.当时全国大概一共才选了十几个孩子,北京有两个名额,八一小学分到一个.记得一天正在睡午觉,忽然一个老师就来叫我:"左太北你出来!"老师告诉我:"让你到欧洲去."那次夏令营是去保加利亚.那时候我已经学了地理,就知道欧洲挺远的.那一年我14岁,去了三个月的时间,回来后就升中学了.

我们工作室不遗余力、不计盈亏地大量出版国际上这些有价值的书籍(在2014年北京国际图书博览会上我们的版权代理人"抱怨"说,我们把这家小社的奥赛类图书的版权都买光了).借梁漱溟在《中国文化要义》中的话说"一则向上之心强,一则相与之情厚",数学类图书的出版之于笔者,就是这个意思吧.

刘培杰

2014年10月10日

于哈工大

哈尔滨工业大学出版社刘培杰数学工作室已出版(即将出版)图书目录

书　　名	出版时间	定　价	编号
新编中学数学解题方法全书(高中版)上卷	2007－09	38.00	7
新编中学数学解题方法全书(高中版)中卷	2007－09	48.00	8
新编中学数学解题方法全书(高中版)下卷(一)	2007－09	42.00	17
新编中学数学解题方法全书(高中版)下卷(二)	2007－09	38.00	18
新编中学数学解题方法全书(高中版)下卷(三)	2010－06	58.00	73
新编中学数学解题方法全书(初中版)上卷	2008－01	28.00	29
新编中学数学解题方法全书(初中版)中卷	2010－07	38.00	75
新编中学数学解题方法全书(高考复习卷)	2010－01	48.00	67
新编中学数学解题方法全书(高考真题卷)	2010－01	38.00	62
新编中学数学解题方法全书(高考精华卷)	2011－03	68.00	118
新编平面解析几何解题方法全书(专题讲座卷)	2010－01	18.00	61
新编中学数学解题方法全书(自主招生卷)	2013－08	88.00	261
数学眼光透视	2008－01	38.00	24
数学思想领悟	2008－01	38.00	25
数学应用展观	2008－01	38.00	26
数学建模导引	2008－01	28.00	23
数学方法溯源	2008－01	38.00	27
数学史话览胜	2008－01	28.00	28
数学思维技术	2013－09	38.00	260
从毕达哥拉斯到怀尔斯	2007－10	48.00	9
从迪利克雷到维斯卡尔迪	2008－01	48.00	21
从哥德巴赫到陈景润	2008－05	98.00	35
从庞加莱到佩雷尔曼	2011－08	138.00	136
数学解题中的物理方法	2011－06	28.00	114
数学解题的特殊方法	2011－06	48.00	115
中学数学计算技巧	2012－01	48.00	116
中学数学证明方法	2012－01	58.00	117
数学趣题巧解	2012－03	28.00	128
三角形中的角格点问题	2013－01	88.00	207
含参数的方程和不等式	2012－09	28.00	213

哈尔滨工业大学出版社刘培杰数学工作室已出版(即将出版)图书目录

书　　名	出版时间	定　价	编号
数学奥林匹克与数学文化(第一辑)	2006－05	48.00	4
数学奥林匹克与数学文化(第二辑)(竞赛卷)	2008－01	48.00	19
数学奥林匹克与数学文化(第二辑)(文化卷)	2008－07	58.00	36′
数学奥林匹克与数学文化(第三辑)(竞赛卷)	2010－01	48.00	59
数学奥林匹克与数学文化(第四辑)(竞赛卷)	2011－08	58.00	87
数学奥林匹克与数学文化(第五辑)	2014－09		370

书　　名	出版时间	定　价	编号
发展空间想象力	2010－01	38.00	57
走向国际数学奥林匹克的平面几何试题诠释(上、下)(第1版)	2007－01	68.00	11,12
走向国际数学奥林匹克的平面几何试题诠释(上、下)(第2版)	2010－02	98.00	63,64
平面几何证明方法全书	2007－08	35.00	1
平面几何证明方法全书习题解答(第1版)	2005－10	18.00	2
平面几何证明方法全书习题解答(第2版)	2006－12	18.00	10
平面几何天天练上卷·基础篇(直线型)	2013－01	58.00	208
平面几何天天练中卷·基础篇(涉及圆)	2013－01	28.00	234
平面几何天天练下卷·提高篇	2013－01	58.00	237
平面几何专题研究	2013－07	98.00	258
最新世界各国数学奥林匹克中的平面几何试题	2007－09	38.00	14
数学竞赛平面几何典型题及新颖解	2010－07	48.00	74
初等数学复习及研究(平面几何)	2008－09	58.00	38
初等数学复习及研究(立体几何)	2010－06	38.00	71
初等数学复习及研究(平面几何)习题解答	2009－01	48.00	42
世界著名平面几何经典著作钩沉——几何作图专题卷(上)	2009－06	48.00	49
世界著名平面几何经典著作钩沉——几何作图专题卷(下)	2011－01	88.00	80
世界著名平面几何经典著作钩沉(民国平面几何老课本)	2011－03	38.00	113
世界著名解析几何经典著作钩沉——平面解析几何卷	2014－01	38.00	273
世界著名数论经典著作钩沉(算术卷)	2012－01	28.00	125
世界著名数学经典著作钩沉——立体几何卷	2011－02	28.00	88
世界著名三角学经典著作钩沉(平面三角卷Ⅰ)	2010－06	28.00	69
世界著名三角学经典著作钩沉(平面三角卷Ⅱ)	2011－01	38.00	78
世界著名初等数论经典著作钩沉(理论和实用算术卷)	2011－07	38.00	126
几何学教程(平面几何卷)	2011－03	68.00	90
几何学教程(立体几何卷)	2011－07	68.00	130
几何变换与几何证题	2010－06	88.00	70
计算方法与几何证题	2011－06	28.00	129
立体几何技巧与方法	2014－04	88.00	293
几何瑰宝——平面几何500名题暨1000条定理(上、下)	2010－07	138.00	76,77
三角形的解法与应用	2012－07	18.00	183
近代的三角形几何学	2012－07	48.00	184
一般折线几何学	即将出版	58.00	203
三角形的五心	2009－06	28.00	51
三角形趣谈	2012－08	28.00	212
解三角形	2014－01	28.00	265
三角学专门教程	2014－09	28.00	387
圆锥曲线习题集(上)	2013－06	68.00	255

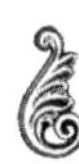

哈尔滨工业大学出版社刘培杰数学工作室
已出版(即将出版)图书目录

书　　名	出版时间	定　价	编号
俄罗斯平面几何问题集	2009－08	88.00	55
俄罗斯立体几何问题集	2014－03	58.00	283
俄罗斯几何大师——沙雷金论数学及其他	2014－01	48.00	271
来自俄罗斯的5000道几何习题及解答	2011－03	58.00	89
俄罗斯初等数学问题集	2012－05	38.00	177
俄罗斯函数问题集	2011－03	38.00	103
俄罗斯组合分析问题集	2011－01	48.00	79
俄罗斯初等数学万题选——三角卷	2012－11	38.00	222
俄罗斯初等数学万题选——代数卷	2013－08	68.00	225
俄罗斯初等数学万题选——几何卷	2014－01	68.00	226
463个俄罗斯几何老问题	2012－01	28.00	152
近代欧氏几何学	2012－03	48.00	162
罗巴切夫斯基几何学及几何基础概要	2012－07	28.00	188

书　　名	出版时间	定　价	编号
超越吉米多维奇——数列的极限	2009－11	48.00	58
Barban Davenport Halberstam 均值和	2009－01	40.00	33
初等数论难题集(第一卷)	2009－05	68.00	44
初等数论难题集(第二卷)(上、下)	2011－02	128.00	82,83
谈谈素数	2011－03	18.00	91
平方和	2011－03	18.00	92
数论概貌	2011－03	18.00	93
代数数论(第二版)	2013－08	58.00	94
代数多项式	2014－06	38.00	289
初等数论的知识与问题	2011－02	28.00	95
超越数论基础	2011－03	28.00	96
数论初等教程	2011－03	28.00	97
数论基础	2011－03	18.00	98
数论基础与维诺格拉多夫	2014－03	18.00	292
解析数论基础	2012－08	28.00	216
解析数论基础(第二版)	2014－01	48.00	287
解析数论问题集(第二版)	2014－05	88.00	343
数论入门	2011－03	38.00	99
数论开篇	2012－07	28.00	194
解析数论引论	2011－03	48.00	100
复变函数引论	2013－10	68.00	269
无穷分析引论(上)	2013－04	88.00	247
无穷分析引论(下)	2013－04	98.00	245

哈尔滨工业大学出版社刘培杰数学工作室已出版(即将出版)图书目录

书　　名	出版时间	定　价	编号
数学分析	2014－04	28.00	338
数学分析中的一个新方法及其应用	2013－01	38.00	231
数学分析例选:通过范例学技巧	2013－01	88.00	243
三角级数论(上册)(陈建功)	2013－01	38.00	232
三角级数论(下册)(陈建功)	2013－01	48.00	233
三角级数论(哈代)	2013－06	48.00	254
基础数论	2011－03	28.00	101
超越数	2011－03	18.00	109
三角和方法	2011－03	18.00	112
谈谈不定方程	2011－05	28.00	119
整数论	2011－05	38.00	120
随机过程(Ⅰ)	2014－01	78.00	224
随机过程(Ⅱ)	2014－01	68.00	235
整数的性质	2012－11	38.00	192
初等数论 100 例	2011－05	18.00	122
初等数论经典例题	2012－07	18.00	204
最新世界各国数学奥林匹克中的初等数论试题(上、下)	2012－01	138.00	144,145
算术探索	2011－12	158.00	148
初等数论(Ⅰ)	2012－01	18.00	156
初等数论(Ⅱ)	2012－01	18.00	157
初等数论(Ⅲ)	2012－01	28.00	158
组合数学	2012－04	28.00	178
组合数学浅谈	2012－03	28.00	159
同余理论	2012－05	38.00	163
丢番图方程引论	2012－03	48.00	172
平面几何与数论中未解决的新老问题	2013－01	68.00	229
线性代数大题典	2014－07	88.00	351
法雷级数	2014－08	18.00	367
历届美国中学生数学竞赛试题及解答(第一卷)1950－1954	2014－07	18.00	277
历届美国中学生数学竞赛试题及解答(第二卷)1955－1959	2014－04	18.00	278
历届美国中学生数学竞赛试题及解答(第三卷)1960－1964	2014－06	18.00	279
历届美国中学生数学竞赛试题及解答(第四卷)1965－1969	2014－04	28.00	280
历届美国中学生数学竞赛试题及解答(第五卷)1970－1972	2014－06	18.00	281

哈尔滨工业大学出版社刘培杰数学工作室 已出版(即将出版)图书目录

书　　名	出版时间	定　价	编号
历届 IMO 试题集(1959—2005)	2006—05	58.00	5
历届 CMO 试题集	2008—09	28.00	40
历届中国数学奥林匹克试题集	2014—10	38.00	394
历届加拿大数学奥林匹克试题集	2012—08	38.00	215
历届美国数学奥林匹克试题集:多解推广加强	2012—08	38.00	209
保加利亚数学奥林匹克	2014—10	38.00	393
历届国际大学生数学竞赛试题集(1994—2010)	2012—01	28.00	143
全国大学生数学夏令营数学竞赛试题及解答	2007—03	28.00	15
全国大学生数学竞赛辅导教程	2012—07	28.00	189
全国大学生数学竞赛复习全书	2014—04	48.00	340
历届美国大学生数学竞赛试题集	2009—03	88.00	43
前苏联大学生数学奥林匹克竞赛题解(上编)	2012—04	28.00	169
前苏联大学生数学奥林匹克竞赛题解(下编)	2012—04	38.00	170
历届美国数学邀请赛试题集	2014—01	48.00	270
全国高中数学竞赛试题及解答.第 1 卷	2014—07	38.00	331
大学生数学竞赛讲义	2014—09	28.00	371

书　　名	出版时间	定　价	编号
整函数	2012—08	18.00	161
多项式和无理数	2008—01	68.00	22
模糊数据统计学	2008—03	48.00	31
模糊分析学与特殊泛函空间	2013—01	68.00	241
受控理论与解析不等式	2012—05	78.00	165
解析不等式新论	2009—06	68.00	48
反问题的计算方法及应用	2011—11	28.00	147
建立不等式的方法	2011—03	98.00	104
数学奥林匹克不等式研究	2009—08	68.00	56
不等式研究(第二辑)	2012—02	68.00	153
初等数学研究(Ⅰ)	2008—09	68.00	37
初等数学研究(Ⅱ)(上、下)	2009—05	118.00	46,47
中国初等数学研究　2009 卷(第 1 辑)	2009—05	20.00	45
中国初等数学研究　2010 卷(第 2 辑)	2010—05	30.00	68
中国初等数学研究　2011 卷(第 3 辑)	2011—07	60.00	127
中国初等数学研究　2012 卷(第 4 辑)	2012—07	48.00	190
中国初等数学研究　2014 卷(第 5 辑)	2014—02	48.00	288
数阵及其应用	2012—02	28.00	164
绝对值方程—折边与组合图形的解析研究	2012—07	48.00	186
不等式的秘密(第一卷)	2012—02	28.00	154
不等式的秘密(第一卷)(第 2 版)	2014—02	38.00	286
不等式的秘密(第二卷)	2014—01	38.00	268

哈尔滨工业大学出版社刘培杰数学工作室已出版(即将出版)图书目录

书　名	出版时间	定　价	编号
初等不等式的证明方法	2010－06	38.00	123
数学奥林匹克在中国	2014－06	98.00	344
数学奥林匹克问题集	2014－01	38.00	267
数学奥林匹克不等式散论	2010－06	38.00	124
数学奥林匹克不等式欣赏	2011－09	38.00	138
数学奥林匹克超级题库(初中卷上)	2010－01	58.00	66
数学奥林匹克不等式证明方法和技巧(上、下)	2011－08	158.00	134,135
近代拓扑学研究	2013－04	38.00	239
新编640个世界著名数学智力趣题	2014－01	88.00	242
500个最新世界著名数学智力趣题	2008－06	48.00	3
400个最新世界著名数学最值问题	2008－09	48.00	36
500个世界著名数学征解问题	2009－06	48.00	52
400个中国最佳初等数学征解老问题	2010－01	48.00	60
500个俄罗斯数学经典老题	2011－01	28.00	81
1000个国外中学物理好题	2012－04	48.00	174
300个日本高考数学题	2012－05	38.00	142
500个前苏联早期高考数学试题及解答	2012－05	28.00	185
546个早期俄罗斯大学生数学竞赛题	2014－03	38.00	285
博弈论精粹	2008－03	58.00	30
数学 我爱你	2008－01	28.00	20
精神的圣徒　别样的人生——60位中国数学家成长的历程	2008－09	48.00	39
数学史概论	2009－06	78.00	50
数学史概论(精装)	2013－03	158.00	272
斐波那契数列	2010－02	28.00	65
数学拼盘和斐波那契魔方	2010－07	38.00	72
斐波那契数列欣赏	2011－01	28.00	160
数学的创造	2011－02	48.00	85
数学中的美	2011－02	38.00	84
王连笑教你怎样学数学——高考选择题解题策略与客观题实用训练	2014－01	48.00	262
最新全国及各省市高考数学试卷解法研究及点拨评析	2009－02	38.00	41
高考数学的理论与实践	2009－08	38.00	53
中考数学专题总复习	2007－04	28.00	6
向量法巧解数学高考题	2009－08	28.00	54
高考数学核心题型解题方法与技巧	2010－01	28.00	86
高考思维新平台	2014－03	38.00	259
数学解题——靠数学思想给力(上)	2011－07	38.00	131
数学解题——靠数学思想给力(中)	2011－07	48.00	132
数学解题——靠数学思想给力(下)	2011－07	38.00	133
我怎样解题	2013－01	48.00	227
和高中生漫谈:数学与哲学的故事	2014－08	28.00	369

哈尔滨工业大学出版社刘培杰数学工作室已出版(即将出版)图书目录

书　　名	出版时间	定　价	编号
2011年全国及各省市高考数学试题审题要津与解法研究	2011－10	48.00	139
2013年全国及各省市高考数学试题解析与点评	2014－01	48.00	282
新课标高考数学——五年试题分章详解(2007～2011)(上、下)	2011－10	78.00	140,141
30分钟拿下高考数学选择题、填空题	2012－01	48.00	146
全国中考数学压轴题审题要津与解法研究	2013－04	78.00	248
新编全国及各省市中考数学压轴题审题要津与解法研究	2014－05	58.00	342
高考数学压轴题解题诀窍(上)	2012－02	78.00	166
高考数学压轴题解题诀窍(下)	2012－03	28.00	167
格点和面积	2012－07	18.00	191
射影几何趣谈	2012－04	28.00	175
斯潘纳尔引理——从一道加拿大数学奥林匹克试题谈起	2014－01	18.00	228
李普希兹条件——从几道近年高考数学试题谈起	2012－10	18.00	221
拉格朗日中值定理——从一道北京高考试题的解法谈起	2012－10	18.00	197
闵科夫斯基定理——从一道清华大学自主招生试题谈起	2014－01	28.00	198
哈尔测度——从一道冬令营试题的背景谈起	2012－08	28.00	202
切比雪夫逼近问题——从一道中国台北数学奥林匹克试题谈起	2013－04	38.00	238
伯恩斯坦多项式与贝齐尔曲面——从一道全国高中数学联赛试题谈起	2013－03	38.00	236
卡塔兰猜想——从一道普特南竞赛试题谈起	2013－06	18.00	256
麦卡锡函数和阿克曼函数——从一道前南斯拉夫数学奥林匹克试题谈起	2012－08	18.00	201
贝蒂定理与拉姆贝克莫斯尔定理——从一个拣石子游戏谈起	2012－08	18.00	217
皮亚诺曲线和豪斯道夫分球定理——从无限集谈起	2012－08	18.00	211
平面凸图形与凸多面体	2012－10	28.00	218
斯坦因豪斯问题——从一道二十五省市自治区中学数学竞赛试题谈起	2012－07	18.00	196
纽结理论中的亚历山大多项式与琼斯多项式——从一道北京市高一数学竞赛试题谈起	2012－07	28.00	195
原则与策略——从波利亚"解题表"谈起	2013－04	38.00	244
转化与化归——从三大尺规作图不能问题谈起	2012－08	28.00	214
代数几何中的贝祖定理(第一版)——从一道IMO试题的解法谈起	2013－08	38.00	193
成功连贯理论与约当块理论——从一道比利时数学竞赛试题谈起	2012－04	18.00	180
磨光变换与范·德·瓦尔登猜想——从一道环球城市竞赛试题谈起	即将出版		
素数判定与大数分解	2014－08	18.00	199
置换多项式及其应用	2012－10	18.00	220
椭圆函数与模函数——从一道美国加州大学洛杉矶分校(UCLA)博士资格考题谈起	2012－10	38.00	219
差分方程的拉格朗日方法——从一道2011年全国高考理科试题的解法谈起	2012－08	28.00	200

哈尔滨工业大学出版社刘培杰数学工作室已出版(即将出版)图书目录

书　　名	出版时间	定　价	编号
力学在几何中的一些应用	2013-01	38.00	240
高斯散度定理、斯托克斯定理和平面格林定理——从一道国际大学生数学竞赛试题谈起	即将出版		
康托洛维奇不等式——从一道全国高中联赛试题谈起	2013-03	28.00	337
西格尔引理——从一道第18届IMO试题的解法谈起	即将出版		
罗斯定理——从一道前苏联数学竞赛试题谈起	即将出版		
拉克斯定理和阿廷定理——从一道IMO试题的解法谈起	2014-01	58.00	246
毕卡大定理——从一道美国大学数学竞赛试题谈起	2014-07	18.00	350
贝齐尔曲线——从一道全国高中联赛试题谈起	即将出版		
拉格朗日乘子定理——从一道2005年全国高中联赛试题谈起	即将出版		
雅可比定理——从一道日本数学奥林匹克试题谈起	2013-04	48.00	249
李天岩-约克定理——从一道波兰数学竞赛试题谈起	2014-06	28.00	349
整系数多项式因式分解的一般方法——从克朗耐克算法谈起	即将出版		
布劳维不动点定理——从一道前苏联数学奥林匹克试题谈起	2014-01	38.00	273
压缩不动点定理——从一道高考数学试题的解法谈起	即将出版		
伯恩赛德定理——从一道英国数学奥林匹克试题谈起	即将出版		
布查特-莫斯特定理——从一道上海市初中竞赛试题谈起	即将出版		
数论中的同余数问题——从一道普特南竞赛试题谈起	即将出版		
范·德蒙行列式——从一道美国数学奥林匹克试题谈起	即将出版		
中国剩余定理——从一道美国数学奥林匹克试题的解法谈起	即将出版		
牛顿程序与方程求根——从一道全国高考试题解法谈起	即将出版		
库默尔定理——从一道IMO预选试题谈起	即将出版		
卢丁定理——从一道冬令营试题的解法谈起	即将出版		
沃斯滕霍姆定理——从一道IMO预选试题谈起	即将出版		
卡尔松不等式——从一道莫斯科数学奥林匹克试题谈起	即将出版		
信息论中的香农熵——从一道近年高考压轴题谈起	即将出版		
约当不等式——从一道希望杯竞赛试题谈起	即将出版		
拉比诺维奇定理	即将出版		
刘维尔定理——从一道《美国数学月刊》征解问题的解法谈起	即将出版		
卡塔兰恒等式与级数求和——从一道IMO试题的解法谈起	即将出版		
勒让德猜想与素数分布——从一道爱尔兰竞赛试题谈起	即将出版		
天平称重与信息论——从一道基辅市数学奥林匹克试题谈起	即将出版		

哈尔滨工业大学出版社刘培杰数学工作室 已出版(即将出版)图书目录

书　　名	出版时间	定　价	编号
哈密尔顿一凯莱定理:从一道高中数学联赛试题的解法谈起	2014-09	18.00	376
艾思特曼定理——从一道 CMO 试题的解法谈起	即将出版		
一个爱尔特希问题——从一道西德数学奥林匹克试题谈起	即将出版		
有限群中的爱丁格尔问题——从一道北京市初中二年级数学竞赛试题谈起	即将出版		
贝克码与编码理论——从一道全国高中联赛试题谈起	即将出版		
帕斯卡三角形	2014-03	18.00	294
蒲丰投针问题——从 2009 年清华大学的一道自主招生试题谈起	2014-01	38.00	295
斯图姆定理——从一道“华约”自主招生试题的解法谈起	2014-01	18.00	296
许瓦兹引理——从一道加利福尼亚大学伯克利分校数学系博士生试题谈起	2014-08	18.00	297
拉格朗日中值定理——从一道北京高考试题的解法谈起	2014-01		298
拉姆塞定理——从王诗宬院士的一个问题谈起	2014-01		299
坐标法	2013-12	28.00	332
数论三角形	2014-04	38.00	341
毕克定理	2014-07	18.00	352
数林掠影	2014-09	48.00	389
我们周围的概率	2014-10	38.00	390
凸函数最值定理:从一道华约自主招生题的解法谈起	2014-10	28.00	391
易学与数学奥林匹克	2014-10	38.00	392
中等数学英语阅读文选	2006-12	38.00	13
统计学专业英语	2007-03	28.00	16
统计学专业英语(第二版)	2012-07	48.00	176
幻方和魔方(第一卷)	2012-05	68.00	173
尘封的经典——初等数学经典文献选读(第一卷)	2012-07	48.00	205
尘封的经典——初等数学经典文献选读(第二卷)	2012-07	38.00	206
实变函数论	2012-06	78.00	181
非光滑优化及其变分分析	2014-01	48.00	230
疏散的马尔科夫链	2014-01	58.00	266
初等微分拓扑学	2012-07	18.00	182
方程式论	2011-03	38.00	105
初级方程式论	2011-03	28.00	106
Galois 理论	2011-03	18.00	107
古典数学难题与伽罗瓦理论	2012-11	58.00	223
伽罗华与群论	2014-01	28.00	290
代数方程的根式解及伽罗瓦理论	2011-03	28.00	108
线性偏微分方程讲义	2011-03	18.00	110
N 体问题的周期解	2011-03	28.00	111
代数方程式论	2011-05	18.00	121
动力系统的不变量与函数方程	2011-07	48.00	137
基于短语评价的翻译知识获取	2012-02	48.00	168
应用随机过程	2012-04	48.00	187
概率论导引	2012-04	18.00	179

哈尔滨工业大学出版社刘培杰数学工作室已出版(即将出版)图书目录

书　　名	出版时间	定　价	编号
矩阵论(上)	2013－06	58.00	250
矩阵论(下)	2013－06	48.00	251
趣味初等方程妙题集锦	2014－09	48.00	388
对称锥互补问题的内点法:理论分析与算法实现	2014－08	68.00	368
抽象代数:方法导引	2013－06	38.00	257
闵嗣鹤文集	2011－03	98.00	102
吴从炘数学活动三十年(1951～1980)	2010－07	99.00	32
吴振奎高等数学解题真经(概率统计卷)	2012－01	38.00	149
吴振奎高等数学解题真经(微积分卷)	2012－01	68.00	150
吴振奎高等数学解题真经(线性代数卷)	2012－01	58.00	151
高等数学解题全攻略(上卷)	2013－06	58.00	252
高等数学解题全攻略(下卷)	2013－06	58.00	253
高等数学复习纲要	2014－01	18.00	384
钱昌本教你快乐学数学(上)	2011－12	48.00	155
钱昌本教你快乐学数学(下)	2012－03	58.00	171
数贝偶拾——高考数学题研究	2014－04	28.00	274
数贝偶拾——初等数学研究	2014－04	38.00	275
数贝偶拾——奥数题研究	2014－04	48.00	276
集合、函数与方程	2014－01	28.00	300
数列与不等式	2014－01	38.00	301
三角与平面向量	2014－01	28.00	302
平面解析几何	2014－01	38.00	303
立体几何与组合	2014－01	28.00	304
极限与导数、数学归纳法	2014－01	38.00	305
趣味数学	2014－03	28.00	306
教材教法	2014－04	68.00	307
自主招生	2014－05	58.00	308
高考压轴题(上)	即将出版		309
高考压轴题(下)	2014－10	68.00	310
从费马到怀尔斯——费马大定理的历史	2013－10	198.00	I
从庞加莱到佩雷尔曼——庞加莱猜想的历史	2013－10	298.00	II
从切比雪夫到爱尔特希(上)——素数定理的初等证明	2013－07	48.00	III
从切比雪夫到爱尔特希(下)——素数定理 100 年	2012－12	98.00	III
从高斯到盖尔方特——虚二次域的高斯猜想	2013－10	198.00	IV
从库默尔到朗兰兹——朗兰兹猜想的历史	2014－01	98.00	V
从比勃巴赫到德布朗斯——比勃巴赫猜想的历史	2014－02	298.00	VI
从麦比乌斯到陈省身——麦比乌斯变换与麦比乌斯带	2014－02	298.00	VII
从布尔到豪斯道夫——布尔方程与格论漫谈	2013－10	198.00	VIII
从开普勒到阿诺德——三体问题的历史	2014－05	298.00	IX
从华林到华罗庚——华林问题的历史	2013－10	298.00	X

哈尔滨工业大学出版社刘培杰数学工作室已出版(即将出版)图书目录

书　　名	出版时间	定　价	编号
三角函数	2014-01	38.00	311
不等式	2014-01	28.00	312
方程	2014-01	28.00	314
数列	2014-01	38.00	313
排列和组合	2014-01	28.00	315
极限与导数	2014-01	28.00	316
向量	2014-09	38.00	317
复数及其应用	2014-08	28.00	318
函数	2014-01	38.00	319
集合	即将出版		320
直线与平面	2014-01	28.00	321
立体几何	2014-04	28.00	322
解三角形	即将出版		323
直线与圆	2014-01	28.00	324
圆锥曲线	2014-01	38.00	325
解题通法(一)	2014-07	38.00	326
解题通法(二)	2014-07	38.00	327
解题通法(三)	2014-05	38.00	328
概率与统计	2014-01	28.00	329
信息迁移与算法	即将出版		330

书　　名	出版时间	定　价	编号
第19～23届"希望杯"全国数学邀请赛试题审题要津详细评注(初一版)	2014-03	28.00	333
第19～23届"希望杯"全国数学邀请赛试题审题要津详细评注(初二、初三版)	2014-03	38.00	334
第19～23届"希望杯"全国数学邀请赛试题审题要津详细评注(高一版)	2014-03	28.00	335
第19～23届"希望杯"全国数学邀请赛试题审题要津详细评注(高二版)	2014-03	38.00	336

书　　名	出版时间	定　价	编号
物理奥林匹克竞赛大题典——力学卷	即将出版		
物理奥林匹克竞赛大题典——热学卷	2014-04	28.00	339
物理奥林匹克竞赛大题典——电磁学卷	即将出版		
物理奥林匹克竞赛大题典——光学与近代物理卷	2014-06	28.00	345

哈尔滨工业大学出版社刘培杰数学工作室已出版(即将出版)图书目录

书　名	出版时间	定　价	编号
历届中国东南地区数学奥林匹克试题集(2004～2012)	2014－06	18.00	346
历届中国西部地区数学奥林匹克试题集(2001～2012)	2014－07	18.00	347
历届中国女子数学奥林匹克试题集(2002～2012)	2014－08	18.00	348
几何变换(Ⅰ)	2014－07	28.00	353
几何变换(Ⅱ)	即将出版		354
几何变换(Ⅲ)	即将出版		355
几何变换(Ⅳ)	即将出版		356
美国高中数学五十讲.第1卷	2014－08	28.00	357
美国高中数学五十讲.第2卷	2014－08	28.00	358
美国高中数学五十讲.第3卷	2014－09	28.00	359
美国高中数学五十讲.第4卷	2014－09	28.00	360
美国高中数学五十讲.第5卷	即将出版		361
美国高中数学五十讲.第6卷	即将出版		362
美国高中数学五十讲.第7卷	即将出版		363
美国高中数学五十讲.第8卷	即将出版		364
美国高中数学五十讲.第9卷	即将出版		365
美国高中数学五十讲.第10卷	即将出版		366
IMO 50年.第1卷(1959－1963)	即将出版		377
IMO 50年.第2卷(1964－1968)	即将出版		378
IMO 50年.第3卷(1969－1973)	2014－09	28.00	379
IMO 50年.第4卷(1974－1978)	即将出版		380
IMO 50年.第5卷(1979－1983)	即将出版		381
IMO 50年.第6卷(1984－1988)	即将出版		382
IMO 50年.第7卷(1989－1993)	即将出版		383
IMO 50年.第8卷(1994－1998)	即将出版		384
IMO 50年.第9卷(1999－2003)	即将出版		385
IMO 50年.第10卷(2004－2008)	即将出版		386

哈尔滨工业大学出版社刘培杰数学工作室
已出版(即将出版)图书目录

书　　名	出版时间	定　价	编号
新课标高考数学创新题解题诀窍:总论	2014－09	28.00	372
新课标高考数学创新题解题诀窍:必修 1～5 分册	2014－08	38.00	373
新课标高考数学创新题解题诀窍:选修 2－1,2－2,1－1,1－2分册	2014－09	38.00	374
新课标高考数学创新题解题诀窍:选修 2－3,4－4,4－5分册	2014－09	18.00	375

联系地址:哈尔滨市南岗区复华四道街 10 号　哈尔滨工业大学出版社刘培杰数学工作室
网　　址:http://lpj.hit.edu.cn/
邮　　编:150006
联系电话:0451－86281378　　13904613167
E-mail:lpj1378@163.com